高等职业教育计算机类课程新形态一体化教材

# 数据库技术与应用（MySQL）

主编　陈尧妃

副主编　陈焕通　胡冬星　颜钰琳

高等教育出版社·北京

内容提要

本书是高等职业教育计算机类课程新形态一体化教材。

本书全面、系统地介绍了数据库设计、MySQL 数据库开发与管理的相关知识和技能，内容包括数据库的分析和设计、MySQL 数据库及表的创建和管理、数据查询统计和更新、视图和索引的使用、事务和游标、存储过程和触发器的使用、MySQL 数据库管理。全书按照“项目导向、任务驱动”的教学方法，以 3 个真实的项目贯穿始终，分别是入门项目“学生信息管理系统”数据库的实施和管理、提高项目“网上商城系统”数据库的设计和实施，以及提高项目“供销存系统”数据库的实施，并根据企业实际设计开发数据库的步骤，分任务逐步完成各项目。

本书配套有微课视频、课程标准、教学设计、授课用 PPT、习题答案等数字化学习资源。与本书配套的数字课程“数据库技术与应用”已在“智慧职教”网站（www.icve.com.cn）上线，学习者可以登录网站进行在线学习及资源下载，授课教师可以调用本课程构建符合自身教学特色的 SPOC 课程，详见“智慧职教”服务指南。教师也可发邮件至编辑邮箱 1548103297@qq.com 获取相关资源。

本书适合作为高职高专及应用型本科院校数据库相关课程的教材，也可作为 MySQL 用户的自学或参考书籍。

**图书在版编目（CIP）数据**

数据库技术与应用：MySQL / 陈尧妃主编．--北京：高等教育出版社，2021.8（2024.8 重印）

ISBN 978-7-04-056058-9

Ⅰ．①数…　Ⅱ．①陈…　Ⅲ．①SQL 语言-程序设计-高等职业教育-教材　Ⅳ．①TP311.132.3

中国版本图书馆 CIP 数据核字（2021）第 078304 号

Shujuku Jishu yu Yingyong

策划编辑　刘子峰　　责任编辑　许兴瑜　　封面设计　张　志　　版式设计　王艳红

插图绘制　于　博　　责任校对　窦丽娜　　责任印制　沈心怡

| | | | |
|---|---|---|---|
| 出版发行 | 高等教育出版社 | 网　址 | http://www.hep.edu.cn |
| 社　址 | 北京市西城区德外大街 4 号 | | http://www.hep.com.cn |
| 邮政编码 | 100120 | 网上订购 | http://www.hepmall.com.cn |
| 印　刷 | 北京印刷集团有限责任公司 | | http://www.hepmall.com |
| 开　本 | 889 mm × 1194 mm　1/16 | | http://www.hepmall.cn |
| 印　张 | 16 | | |
| 字　数 | 530 千字 | 版　次 | 2021 年 8 月第 1 版 |
| 购书热线 | 010-58581118 | 印　次 | 2024 年 8 月第 2 次印刷 |
| 咨询电话 | 400-810-0598 | 定　价 | 46.00 元 |



物 料 号　56058-00

# “智慧职教”服务指南

“智慧职教”是由高等教育出版社建设和运营的职业教育数字教学资源共建共享平台和在线课程教学服务平台，包括职业教育数字化学习中心平台（www.icve.com.cn）、职教云平台（zjy2.icve.com.cn）和云课堂智慧职教 App。用户在以下任一平台注册账号，均可登录并使用各个平台。

- 职业教育数字化学习中心平台（**www.icve.com.cn**）：为学习者提供本教材配套课程及资源的浏览服务。

登录中心平台，在首页搜索框中搜索“数据库技术与应用”，找到对应作者主持的课程，加入课程参加学习，即可浏览课程资源。

- 职教云（**zjy2.icve.com.cn**）：帮助任课教师对本教材配套课程进行引用、修改，再发布为个性化课程（**SPOC**）。

1．登录职教云，在首页单击“申请教材配套课程服务”按钮，在弹出的申请页面填写相关真实信息，申请开通教材配套课程的调用权限。

2．开通权限后，单击“新增课程”按钮，根据提示设置要构建的个性化课程的基本信息。

3．进入个性化课程编辑页面，在“课程设计”中“导入”教材配套课程，并根据教学需要进行修改，再发布为个性化课程。

- 云课堂智慧职教 **App**：帮助任课教师和学生基于新构建的个性化课程开展线上线下混合式、智能化教与学。

1．在安卓或苹果应用市场，搜索“云课堂智慧职教”App，下载安装。

2．登录 App，任课教师指导学生加入个性化课程，并利用 App 提供的各类功能，开展课前、课中、课后的教学互动，构建智慧课堂。

“智慧职教”使用帮助及常见问题解答请访问 **help.icve.com.cn**。

# 前言

数据库技术出现于20世纪60年代，半个多世纪以来，其在理论和实现上都有了很大的发展。如今，数据库技术已经广泛渗透到社会的各个领域，数据库技术与应用类课程不仅是高等院校计算机类相关专业的核心课程，而且也是很多非计算机专业（如电子商务类、财会类）的必修课程。

MySQL是一个开放源代码的数据库管理系统，由于其体积小、速度快、总体拥有成本低的特点，许多中小型网站选择它作为网站数据库。

本书按照“项目导向、任务驱动”的教学方法，以3个易于读者理解和掌握的项目贯穿始终，并根据企业实际设计开发数据库的步骤将项目划分为若干任务，各任务的教学环节包括任务提出、任务分析、相关知识与技能、任务实施以及任务总结。全书共分10个单元，主要内容如下。

单元1介绍数据库开发环境的搭建，任务包括熟悉常用的数据库管理系统，安装配置MySQL。

单元2介绍数据库的创建和管理，任务包括理解关系数据库的基本概念，创建和管理数据库。

单元3介绍表的创建和管理，任务包括选取字段数据类型，创建和管理表，设置约束，使用ALTER TABLE语句修改表的结构，往表中添加数据、备份恢复数据库。

课程介绍

单元4介绍数据的查询和更新，任务包括单表查询，去掉查询结果中重复的行和对查询结果排序，数据汇总统计，多表连接查询，不相关子查询，相关子查询，使用正则表达式查询，数据更新，级联更新、级联删除，带子查询的数据更新。

单元5介绍视图和索引的创建，任务包括创建视图，利用视图简化查询操作，通过视图更新数据，创建索引。

单元6介绍MySQL的日常管理，任务包括导入导出数据，备份恢复数据，管理用户及权限。

单元7介绍数据库的设计，任务包括数据库设计步骤及数据库三级模式，需求分析，概念结构设计，逻辑结构设计，关系规范化。

单元8介绍函数和存储过程，任务包括使用函数，使用变量和流程控制语句，创建简单的存储过程，创建带输入参数的存储过程，创建带输入输出参数的存储过程，使用循环生成足够的测试数据。

单元9介绍事务和游标，任务包括使用事务，使用游标。

单元10介绍触发器的创建，任务包括理解触发器，使用触发器设置数据完整性，使用触发器实现复杂的业务要求。

本书由陈尧妃主编，陈焕通、胡冬星、颜钰琳任副主编。单元 1、2 由胡冬星编写，单元 3、4、7、8 由陈尧妃编写，单元 5、6 由陈焕通编写，单元 9、10 由颜钰琳编写。在本书的编写过程中得到了陈晓龙老师的大力支持和帮助，在此表示感谢。

由于作者水平有限，错误和纰漏在所难免，敬请各位同行和广大读者批评指正。

编　者

2021 年 6 月

# 目录

单元 1

# 搭建数据库开发环境

本单元主要介绍数据管理技术的发展，数据库技术的基本概念，常用的数据库管理系统，以及 MySQL 软件的安装配置。

本单元包含的学习任务和单元学习目标具体如下。

**【学习任务】**

- 任务 1-1　熟悉常用的数据库管理系统。
- 任务 1-2　安装配置 MySQL。

**【学习目标】**

- 了解数据管理技术的发展。
- 理解数据库技术的基本概念。
- 熟悉常用的数据库管理系统。
- 能自主安装 MySQL 软件。
- 能熟练启动、停止 MySQL 服务。
- 能熟练进行 MySQL 客户端连接服务器、退出客户端的操作。

# 任务 1-1 熟悉常用的数据库管理系统

PPT：1-1 熟悉常用的数据库管理系统

【任务提出】

数据库技术出现于 20 世纪 60 年代，主要用于满足管理信息系统对数据管理的要求。多年来，数据库技术在理论和实现上都有了很大的发展，出现了较多的数据库管理系统。

【任务分析】

先了解数据管理技术的发展，理解数据库技术的基本概念和关系数据库的基本概念，再熟悉常用的数据库管理系统。

【相关知识与技能】

1．数据、数据管理与数据处理

**（1）数据**

数据（Data）是描述事物的符号记录。除了常用的数字数据外，文字、图形、图像、声音等信息也都是数据。日常生活中，人们使用交流语言（如汉语）去描述事物。在计算机中，为了存储和处理这些事物，就要提取出与这些事物相关的特征组成一条记录来描述。例如，在学生管理中，可以对学号、姓名、性别和出生年月等情况这样描述：200931010100101，倪骏，男，1999/7/5。

**（2）数据管理与数据处理**

微课 1-1
熟悉常用的数据库管理系统

数据处理是指从某些已知的数据出发，推导加工出一些新的数据，在具体操作中，涉及数据收集、管理、加工和输出等过程。

在数据处理中，数据计算通常比较简单，而数据管理比较复杂。数据管理是指数据的收集、整理、组织、存储、查询和更新等操作，这部分操作是数据处理业务的基本环节，是任何数据处理业务中必不可少的共有部分。因此，学习和掌握好数据管理技术，才能对数据处理提供有力的支持。

2．数据管理技术的发展

从 20 世纪 50 年代开始，计算机的应用由科学研究部门逐渐扩展到企业、行政部门。到了 60 年代，数据处理已成为计算机的主要应用。数据处理是指从某些已知的数据出发，推导加工出一些新的数据。

数据管理是指如何对数据进行分类、组织、存储、检索和维护，它是数据处理的中心问题。随着计算机软硬件的发展，数据管理技术不断地完善，经历了以下 3 个阶段：人工管理阶段、文件管理阶段、数据库管理阶段。

**（1）人工管理阶段**

20 世纪 50 年代中期以前，计算机主要用于科学计算。那时的计算机硬件方面，外存只有卡片、纸带及磁带，没有磁盘等直接存取的存储设备；软件方面，只有汇编语言，没有操作系统和高级语言，更没有管理数据的软件；数据处理的方式是批处理。这些因素决定了当时的数据管理只能依赖人工进行。

人工管理阶段管理数据的特点如下。

① 数据不保存。计算机主要用于科学计算，一般不需要长期保存数据。

② 没有软件系统对数据进行管理。数据需要由应用程序自己管理。

③ 数据不共享。数据是面向应用的，一组数据对应一个程序，造成程序之间存在大量的数据冗余。

④ 只有程序的概念，没有文件的概念。

人工管理阶段程序与数据间的关系结构如图 1-1 所示。

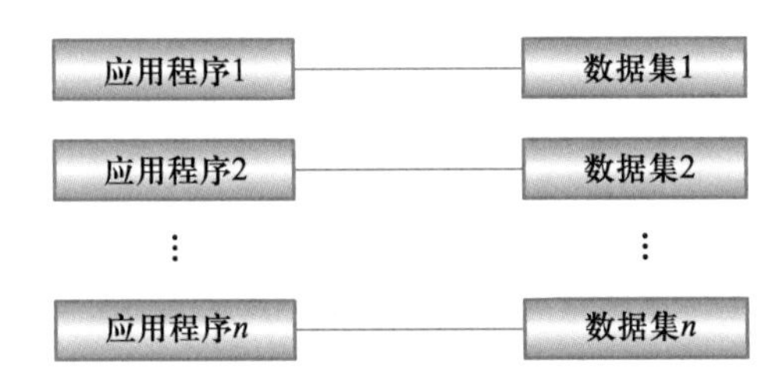


图 1-1
人工管理阶段程序与数据间的关系结构

**（2）文件管理阶段**

20 世纪 50 年代后期到 60 年代中期，计算机的软硬件水平都有了很大的提高，出现了磁盘、磁鼓等直接存取设备，并且操作系统也得到了发展，产生了依附于操作系统的专门的数据管理系统——文件系统，此时，计算机系统由文件系统统一管理数据存取。在该阶段，程序和数据是分离的，数据可长期保存在外设上，以多种文件形式（如顺序文件、索引文件、随机文件等）进行组织。数据的逻辑结构（指呈现在用户面前的数据结构）与数据的存储结构（指数据在物理设备上的结构）之间可以有一定的独立性。在该阶段，实现了以文件为单位的数据共享，但未能实现以记录或数据项为单位的数据共享，数据的逻辑组织还是面向应用的，因此在应用之间存在大量的数据冗余，进而导致数据的一致性差。

文件系统管理数据具有如下特点。

① 数据可以长期保存。由于计算机大量用于数据处理，数据需要长期保存在外存上，反复进行查询、修改、插入和删除等。

② 由专门的软件即文件系统进行数据管理。

③ 数据共享性差。文件系统仍然是面向应用。

④ 数据独立性低。一旦数据的逻辑结构改变，必须修改程序。

文件管理阶段程序与数据间的关系结构如图 1-2 所示。

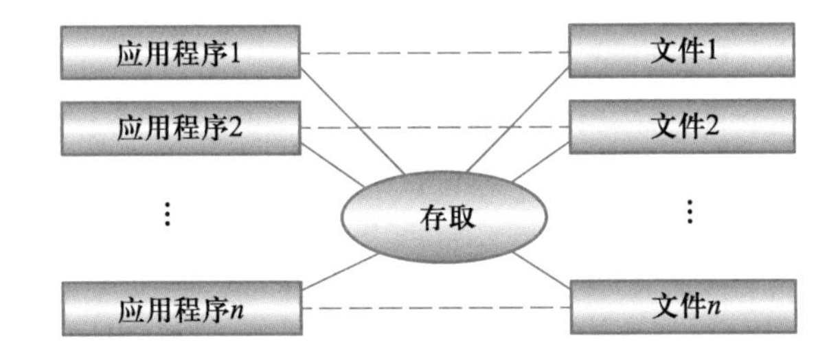


图 1-2
文件管理阶段程序与数据间的关系结构

**（3）数据库管理阶段**

20 世纪 60 年代后期，数据管理进入到数据库管理阶段。该阶段的计算机系统广泛应用于企业管理，需要有更高的数据共享能力，程序和数据必须具有更高的独立性，以便减少应用程序开发和维护的费用。该阶段计算机硬件技术和软件研究水平的快速

笔 记

提高使得数据处理这一领域取得了长足的进步。伴随着大容量、高速度、低价格的存储设备的出现，用来存储和管理大量信息的“数据库管理系统”应运而生，成为当代数据管理的主要方法。数据库系统将一个单位或一个部门所需的数据综合组织在一起构成数据库，由数据库管理系统实现对数据库的集中统一管理。

数据库管理阶段管理数据的特点如下。

① 数据结构化。采用数据模型表示复杂的数据结构，数据模型不仅描述数据本身的特征，还要描述数据之间的联系。

② 数据共享性好，冗余度低。数据不再面向某个应用而是面向整个系统，既减少了数据冗余，节约了存储空间，又能够避免数据之间的不相容性和不一致性。

③ 数据独立性高。数据独立性是指应用程序与数据库的数据结构之间的相互独立。在数据库系统中，数据定义功能（描述数据结构和存储方式）和数据管理功能（数据的查询和更新）由专门的数据管理软件数据库管理系统实现，不需应用程序提供这些处理，这样大大地简化了应用程序的开发和维护。数据库的数据独立性分为两级：数据的物理独立性和逻辑独立性。

④ 数据存取粒度小，增加了系统的灵活性。文件系统中，数据存取的最小单位是记录，而在数据库系统中，可以小到记录中的一个数据项。

⑤ 数据库管理系统对数据进行统一管理和控制。提供 4 个方面的数据控制功能：数据的安全性、数据的完整性、数据库的并发控制、数据库的恢复。

⑥ 为用户提供友好的接口。用户可以使用数据库语言（如 SQL）操作数据库，也可以把普通的高级语言（如 C 语言）和数据库语言结合起来操作数据库。

数据库管理阶段程序与数据间的关系结构如图 1-3 所示。

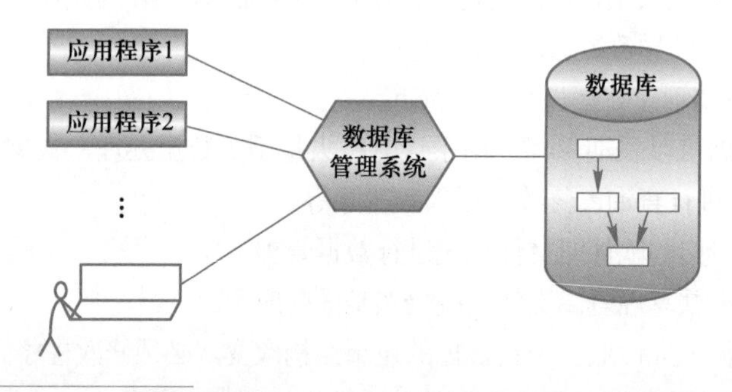


图 1-3
数据库管理阶段程序与数据间的关系结构

3. 数据库技术的基本概念

**（1）数据库（Database，DB）**

数据库就是长期存储在计算机内，有组织、可共享的数据集合。数据库按一定的数据模型组织、描述和存储数据，具有较小的冗余度、较高的数据独立性和易扩展性，并可被各种用户共享。

数据库有如下特征。

- 按一定的数据模型组织、描述和存储数据。
- 可被各种用户共享。
- 冗余度较小。
- 数据独立性较高。
- 易扩展。

笔 记

**（2）数据库管理系统（Database Management System，DBMS）**

数据库管理系统是位于用户与操作系统之间的一层数据管理软件。数据库在建立、运用和维护时由数据库管理系统统一管理、统一控制。数据库管理系统使用户能方便地定义数据和操纵数据，并能够保证数据的安全性、完整性、多用户对数据的并发使用及发生故障后的系统恢复。

数据库管理系统是实际存储的数据和用户之间的一个接口，负责处理用户和应用程序存取、操纵数据库的各种请求。

数据库管理系统的任务是收集并抽取一个应用所需要的大量数据，科学地组织这些数据并将其存储在数据库中，且对这些数据进行高效的处理。

**（3）数据库系统（Database System，DBS）**

数据库系统指在计算机系统中引入数据库后构成的应用系统，一般由数据库、数据库管理系统、用户和应用程序组成。其中，数据库管理系统是数据库系统的核心。

### 4. 常用的数据库管理系统

目前常用的数据库管理系统有 Access、SQL Server、Oracle、MySQL 等，它们各有自己的特点，适用于不同级别的系统。

**（1）Access**

Access 是微软 Office 办公套件中的一个重要成员，它面向小型数据库应用，是世界上流行的桌面数据库管理系统。

Access 简单易学，一个普通的计算机用户即可掌握并使用它。同时，Access 的功能也足以应付一般的小型数据库管理及处理需要。无论用户是要创建一个个人使用的独立桌面数据库，还是部门或中小公司使用的数据库，在需要管理和共享数据时，都可以使用 Access 作为数据库平台，提高个人的工作效率。例如，可以使用 Access 处理公司的客户订单数据、管理自己的个人通信录、记录和处理科研数据等。Access 只能在 Windows 系统下运行。其特点是界面友好、简单易用，和其他 Office 成员一样，极易被一般用户所接受。在初次学习数据库系统时，很多用户也是从 Access 开始。但 Access 存在安全性低、多用户特性弱、处理大量数据时效率比较低等缺点。

**（2）SQL Server**

SQL Server 是微软公司开发的中大型数据库管理系统，面向中大型数据库应用。针对当前的客户机/服务器环境设计，结合 Windows 操作系统的能力，提供了一个安全、可扩展、易管理、高性能的客户机/服务器数据库平台。

SQL Server 继承了微软产品界面友好、易学易用的特点，与其他大型数据库产品相比，在操作性和交互性方面独树一帜。SQL Server 可以与 Windows 操作系统紧密集成，这种安排使 SQL Server 能充分利用操作系统所提供的特性，无论是应用程序开发速度还是系统事务处理运行速度，都能得到较大提升。另外，SQL Server 可以借助浏览器实现数据库查询功能，并支持内容丰富的可扩展标记语言（eXtensible Markup Language，XML），提供了全面支持 Web 功能的数据库解决方案。对于在 Windows 平台上开发的各种企业级信息管理系统来说，无论是 C/S（客户机/服务器）架构还是 B/S（浏览器/服务器）架构，SQL Server 都是一个很好的选择。

**（3）Oracle** ORACLE 甲骨文

Oracle 是美国 Oracle（甲骨文）公司开发的大型关系数据库管理系统，面向大

笔 记

型数据库应用，在集群技术、高可用性、商业智能、安全性、系统管理等方面都有了新的突破，是一个完整的、简单的、新一代智能化的、协作各种应用的软件基础平台。

Oracle 数据库被认为是业界目前比较成功的关系数据库管理系统。对于数据量大、事务处理繁忙、安全性要求高的企业，Oracle 是比较理想的选择（当然用户必须在费用方面做出充足的考虑，因为 Oracle 数据库在同类产品中是比较贵的）。随着 Internet 的普及带动了网络经济的发展，Oracle 适时地将自己的产品紧密地和网络计算结合起来，成为 Internet 应用领域数据库厂商中的佼佼者。Oracle 数据库可以在 UNIX、Windows 等主流操作系统平台上运行，支持所有的工业标准，并获得了最高级别的 ISO 标准安全性认证。Oracle 采用完全开放的策略，使客户可以选择最适合的解决方案，同时对开发商提供全力的支持。

**（4）MySQL**

MySQL 是一个开放源代码的数据库管理系统，由瑞典 MySQL AB 公司开发，目前属于 Oracle 旗下产品。目前 MySQL 被广泛应用于 Internet 的中小型网站。由于其体积小、速度快、总体拥有成本低的特点，使得许多中小型网站选择 MySQL 作为网站数据库。

与其他的大型数据库（如 Oracle、DB2、SQL Server 等）相比，MySQL 有它的不足之处，如规模小、功能有限等，但是这并没有减少其受欢迎的程度。对于一般的个人用户和中小型企业来说，MySQL 提供的功能已经绰绰有余，而且因为 MySQL 是开放源码软件，所以可以大大降低总体拥有成本。目前 Internet 上流行的网站构架方式是 LAMP（Linux+Apache+MySQL+PHP），即使用 Linux 作为操作系统，Apache 作为 Web 服务器，MySQL 作为数据库，PHP 作为服务器端脚本解释器。由于这 4 个软件都是自由或开放源码软件，因此使用这种方式即可建立一个稳定、免费的网站系统。

【任务总结】

目前常用的数据库管理系统较多，它们各有其特点，适用于不同级别的系统。读者可以到书店或网上搜集相关资料，进行学习。

## 任务 1-2 安装配置 MySQL

PPT：1-2 安装配置 MySQL

微课 1-2
安装配置 MySQL

【任务提出】

MySQL 是目前最流行的关系数据库管理系统之一。在 Web 应用方面，MySQL 可以说是最好的 RDBMS（关系数据库管理系统）应用软件之一。

【任务分析】

MySQL 支持多种平台，不同平台下的安装与配置过程也不相同。在 Windows 平台下，可以使用从官网下载 MSI 安装软件包进行安装或免安装的 ZIP 包进行配置，也可以使用集成安装环境。

【相关知识与技能】

1. MySQL 软件介绍、工具介绍

**（1）从官网上下载 MySQL**

网址为 https://dev.mysql.com/downloads/mysql/。

**（2）使用集成安装环境**

如 WampServer 就是 Windows Apache MySQL PHP 集成安装环境，即在 Windows 下的 Apache、MySQL 和 PHP 的服务器软件。

**（3）使用客户端图形工具**

- 图形化工具极大地方便了数据库的操作和管理，常用的图形化管理工具有 MySQL Workbench、phpMyAdmin、Navicat、SQLyog 等。
- Navicat for MySQL 是基于 Windows 平台的客户端图形工具。注意，Navicat 只是客户端图形管理工具，所以计算机上必须装有 MySQL 服务才能使用。

微课 1-3
MySQL 相关软件使用介绍

2. 在 Windows 平台下，使用 MSI 安装软件包安装 MySQL

**（1）下载安装软件包**

从官网单击“Go to Download Page”按钮下载 MSI 安装软件包，如图 1-4 所示。在打开的界面中选择“No thanks，just start my download.”选项即可开始下载，如图 1-5 所示。

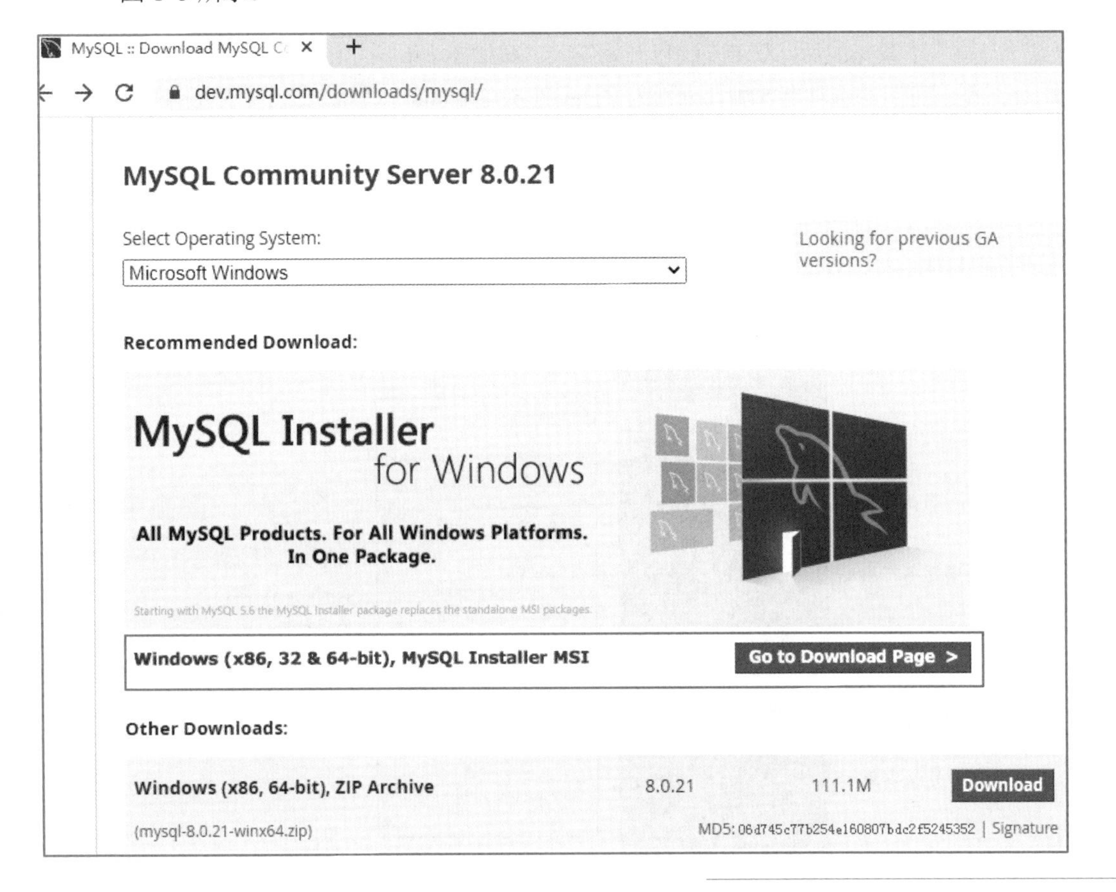


图 1-4
从官网上下载 MSI 安装软件包

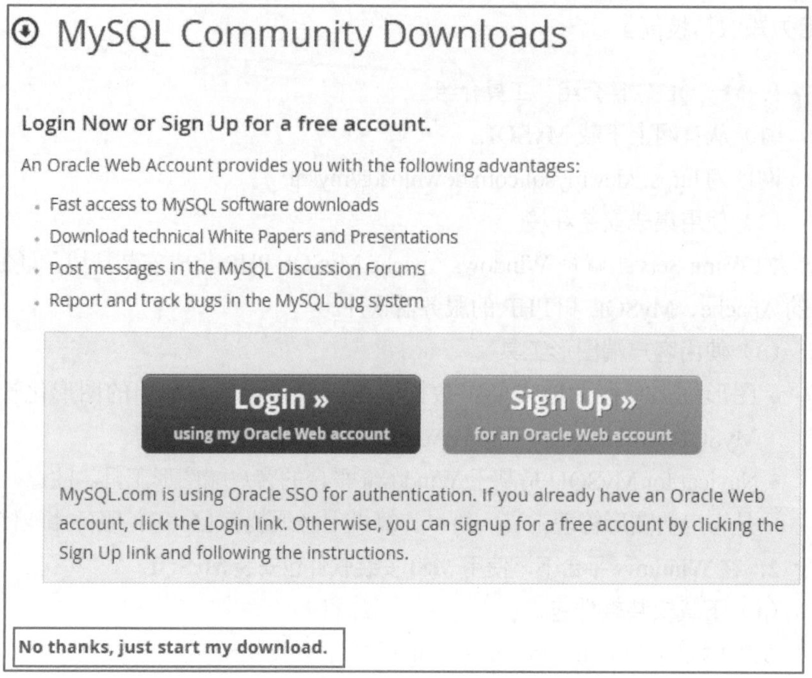

MySQL Community Downloads
Login Now or Sign Up for a free account.
An Oracle Web Account provides you with the following advantages:
Fast access to MySQL software downloads
Download technical White Papers and Presentations
Post messages in the MySQL Discussion Forums
Report and track bugs in the MySQL bug system
Login » using my Oracle Web account
Sign Up » for an Oracle Web account
MySQL.com is using Oracle SSO for authentication. If you already have an Oracle Web account, click the Login link. Otherwise, you can signup for a free account by clicking the Sign Up link and following the instructions.
No thanks, just start my download.

图 1-5
选择“No thanks, just start my download.”选项开始下载

**（2）按照提示安装**

下载完成后，双击安装包开始安装。在如图 1-6 所示的界面中选择需要的安装类型。可用的选项有 5 种，分别为“Developer Default”（默认安装）、“Server only”（仅安装服务产品）、“Client only”（仅安装客户端产品）、“Full”（安装所有产品）和“Custom”（自定义安装）。选择完毕后单击“Next”（下一步）按钮进入安装进度显示界面，单击“Execute”（执行）按钮开始安装，如图 1-7 所示。

选择安装类型
默认安装
仅安装服务产品
仅安装客户端产品
安装所有产品
自定义安装
MySQL Installer
MySQL. Installer
Adding Community
Choosing a Setup Type
Installation
Installation Complete
Choosing a Setup Type
Please select the Setup Type that suits your use case.
Developer Default
Installs all products needed for MySQL development purposes.
Server only
Installs only the MySQL Server product.
Client only
Installs only the MySQL Client products, without a server.
Full
Installs all included MySQL products and features.
Custom
Manually select the products that should be installed on the system.
Setup Type Description
Installs the MySQL Server and the tools required for MySQL application development. This is useful if you intend to develop applications for an existing server.
This Setup Type includes:
* MySQL Server
* MySQL Shell
The new MySQL client application to manage MySQL Servers and InnoDB cluster instances.
* MySQL Router
High availability router daemon for InnoDB cluster setups to be installed on application
Next >
Cancel

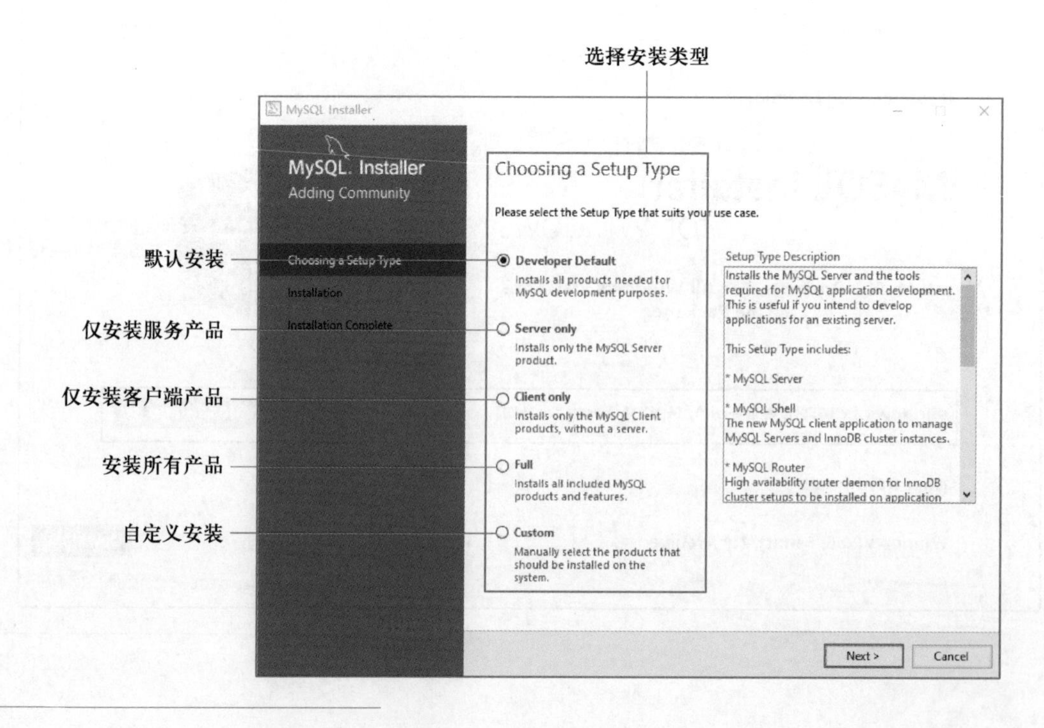

图 1-6
选择安装类型

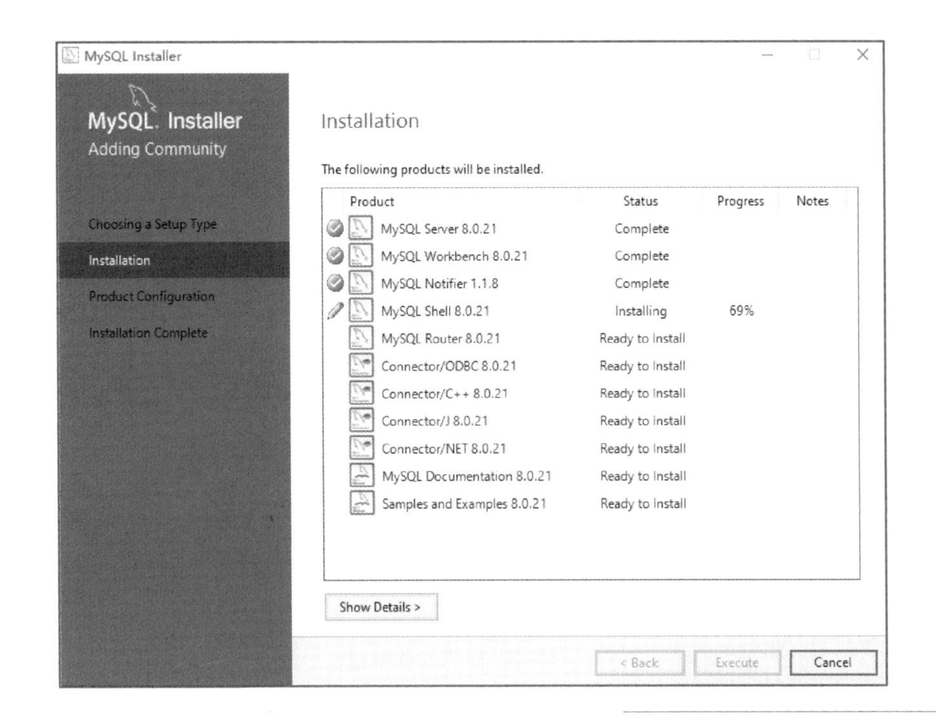


图 1-7
安装进度显示界面

接下来进入产品配置窗口，如图 1-8 所示。单击“Next”按钮开始进行产品配置，在“高可用性”界面中选择“Standalone MySQL Server/Classic MySQL Replication”单选按钮，然后单击“Next”按钮，如图 1-9 所示，在如图 1-10 所示界面中设置 MySQL 端口，默认端口为 3306。若该端口已被使用，可以修改端口号；在“认证方法”界面中选择“Use Strong Password Encryption for Authentication（RECOMMENDED）”单选按钮，然后单击“Next”按钮，如图 1-11 所示；在如图 1-12 所示的界面中设置超级用户 root 的密码并牢记；在如图 1-13 所示的界面中设置 MySQL 服务名，默认名称为 MySQL80；最后单击“Finish”按钮完成配置，如图 1-14 所示。

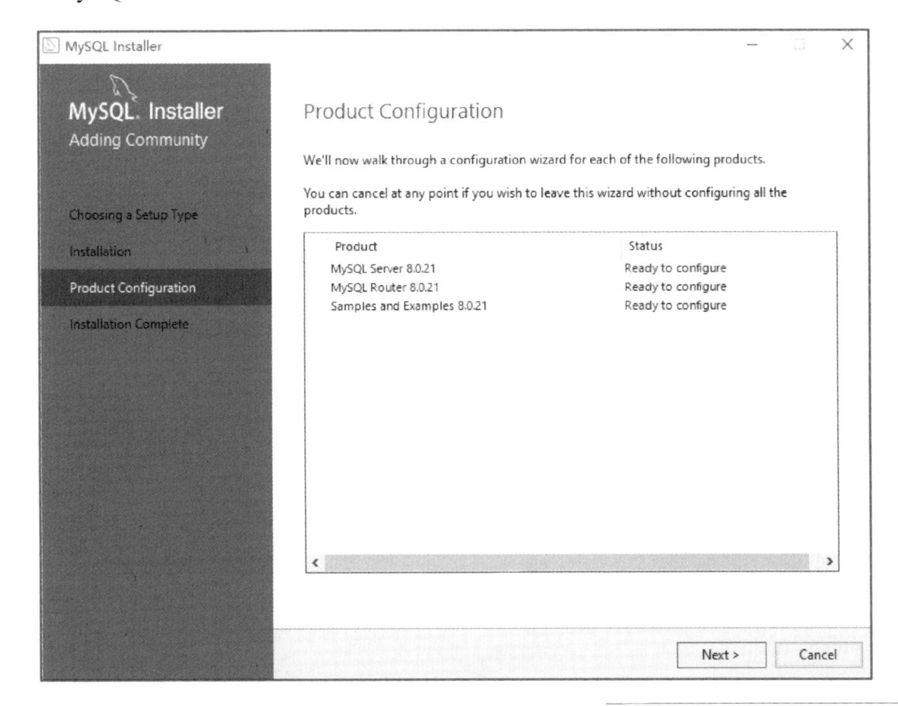


图 1-8
产品配置窗口

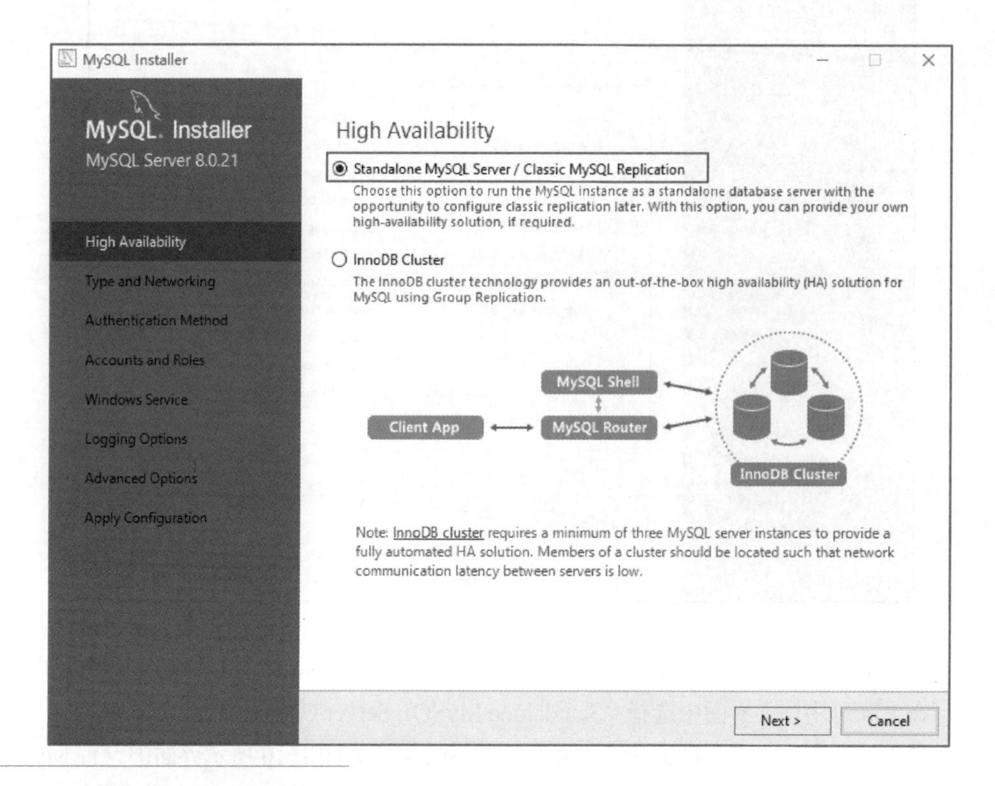


图 1-9
高可用性设置

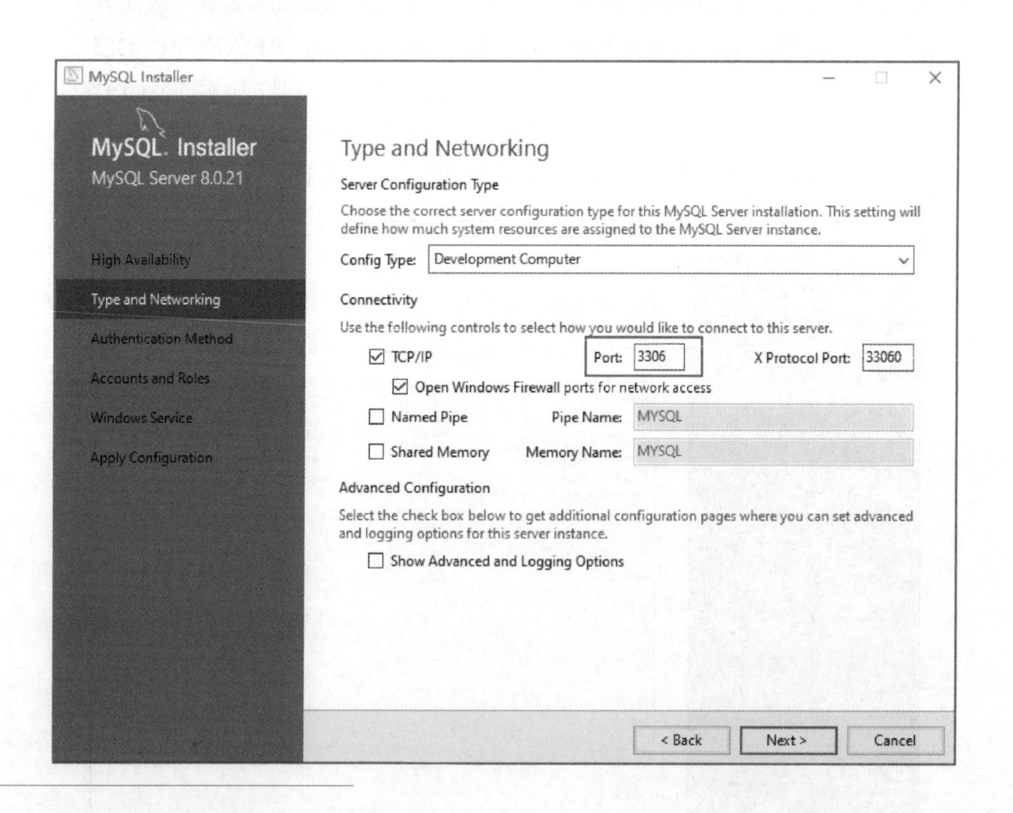


图 1-10
端口设置

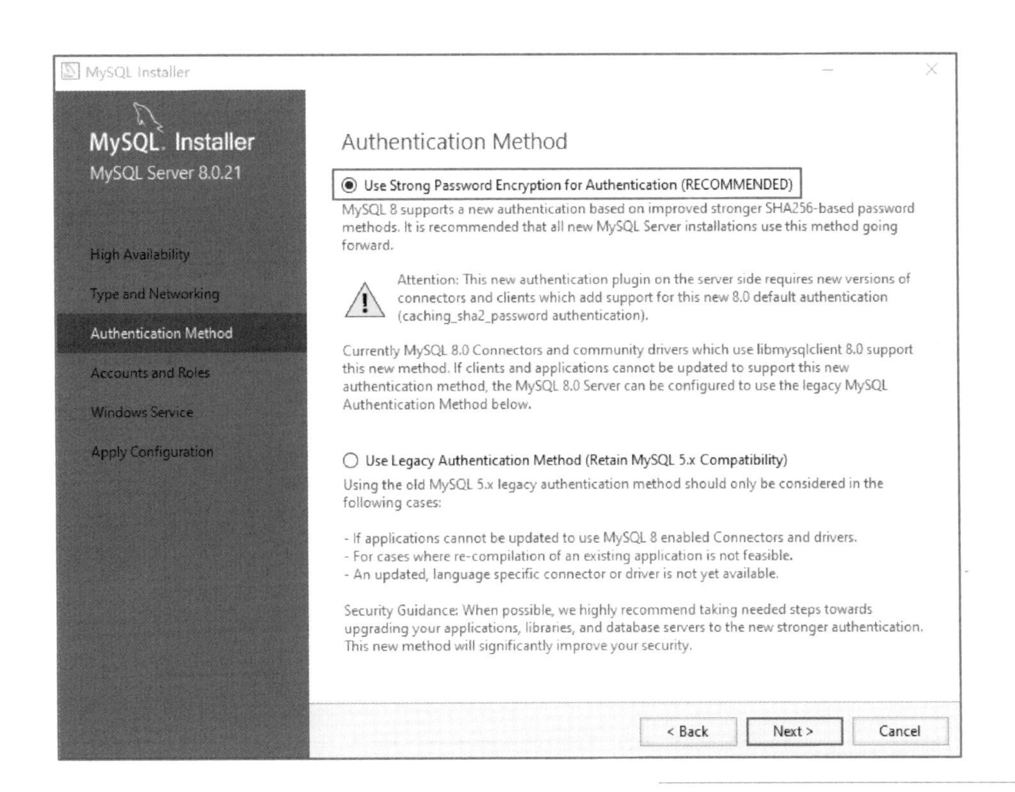

图 1-11
认证方法设置

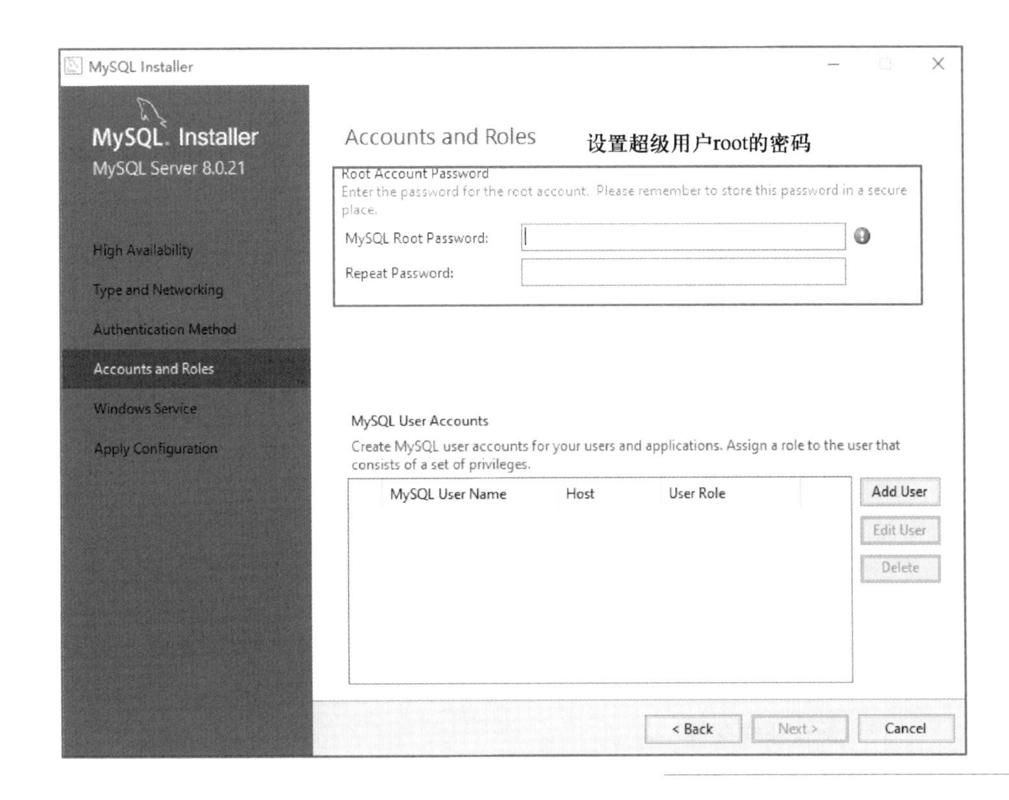

图 1-12
超级用户 root 的密码设置

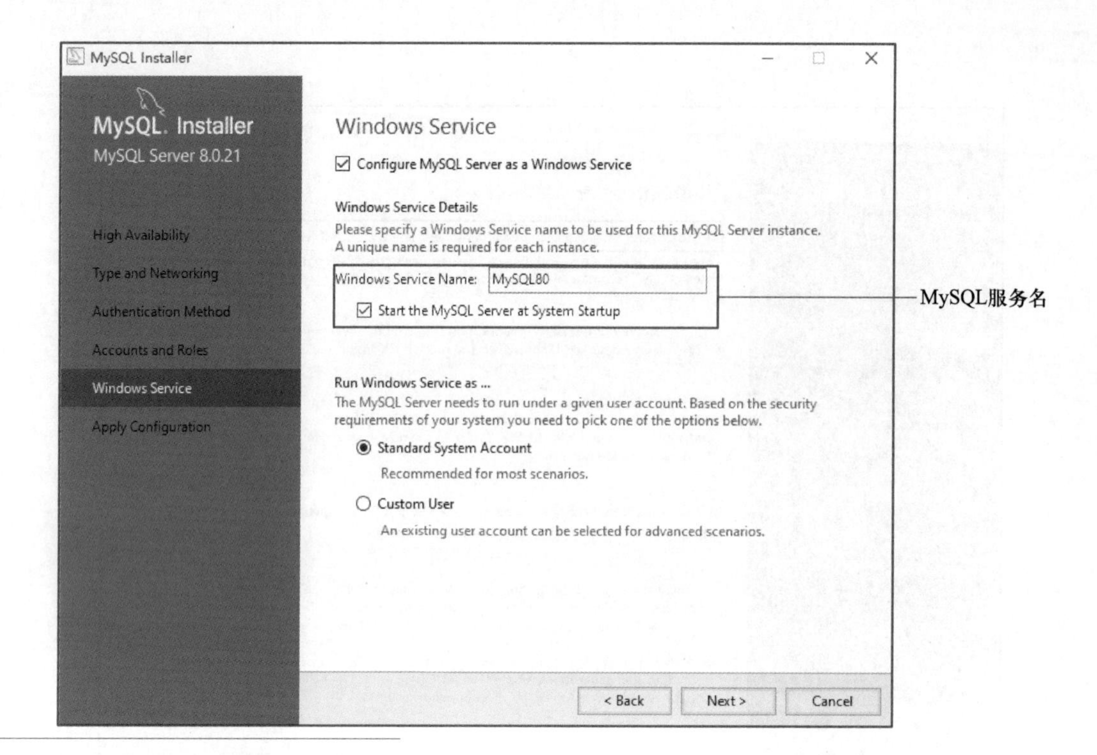


图 1-13
MySQL 服务器名称设置

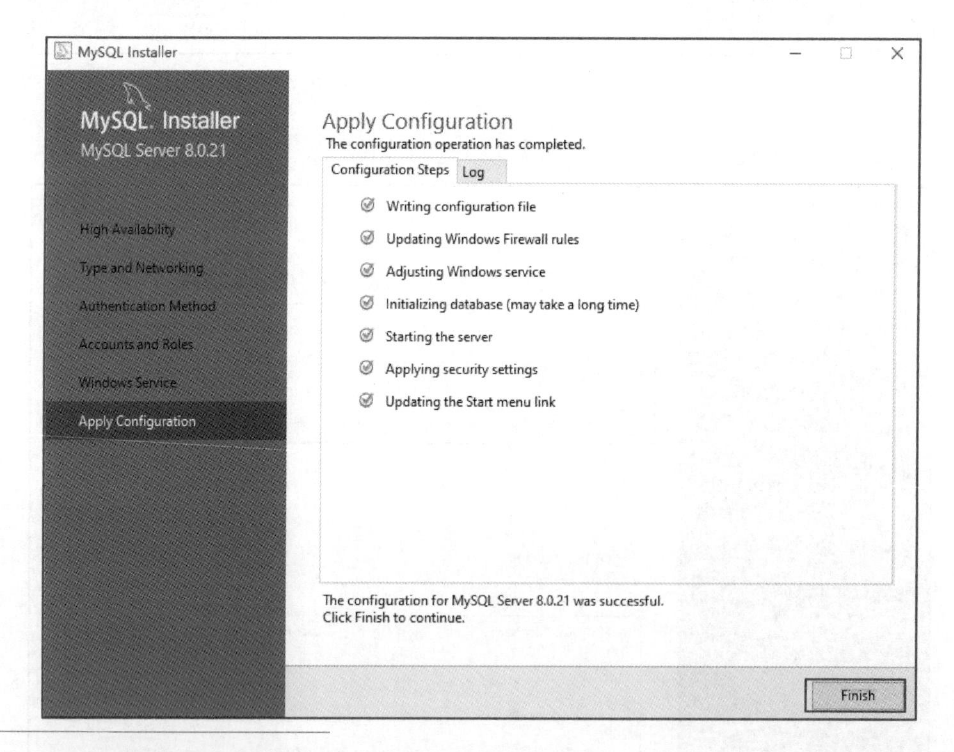


图 1-14
配置完成

配置完毕后进入安装完成界面，单击“Finish”按钮就完成安装了，如图 1-15 所示。

**（3）配置环境变量**

MySQL 安装完成后，将 MySQL 安装目录下的 bin 文件夹路径添加到 Windows 的“环境变量”→“系统变量”→“Path”中。具体操作如下：

右击“计算机”图标，选择“属性”→“高级系统设置”选项，打开“系统属性”对话框，选择“高级”选项卡，单击“环境变量”按钮，如图 1-16 所示。

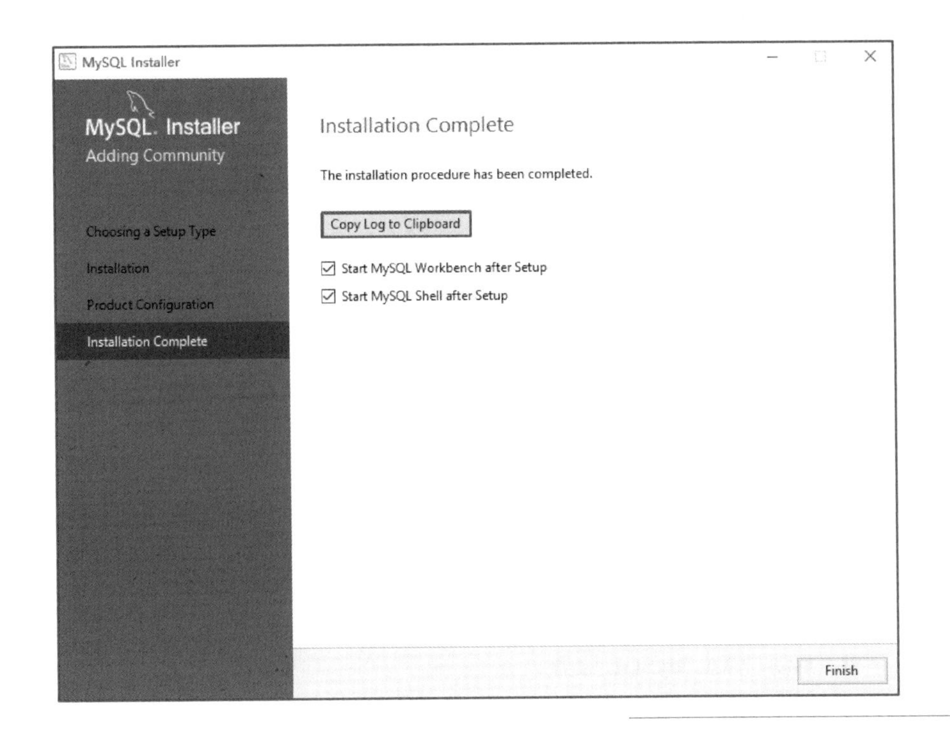


图 1-15
安装完成

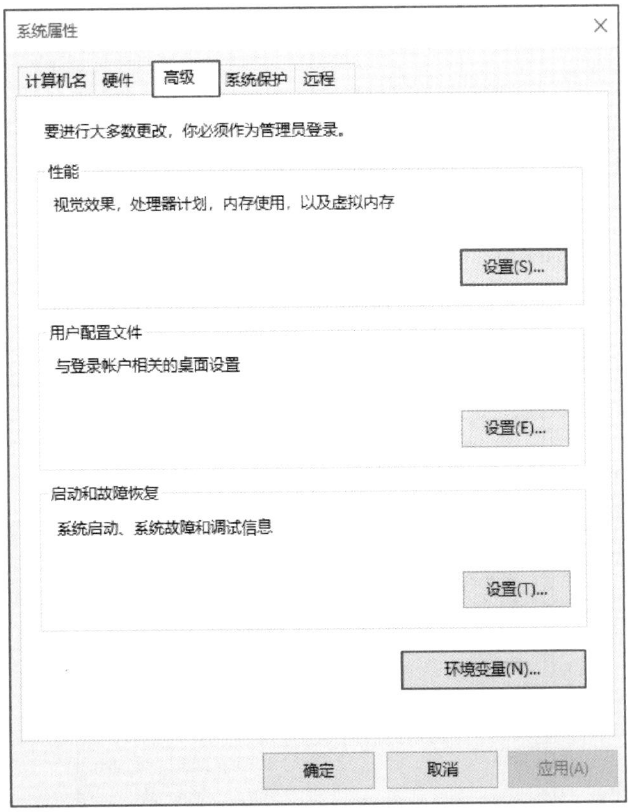

图 1-16
“系统属性”对话框

打开“环境变量”对话框后，在“系统变量”列表中双击“Path”变量，打开“编辑环境变量”对话框，在其中单击“新建”按钮，添加 MySQL 安装目录下的 bin 文件夹路径，单击“确定”按钮完成添加，如图 1-17 所示。

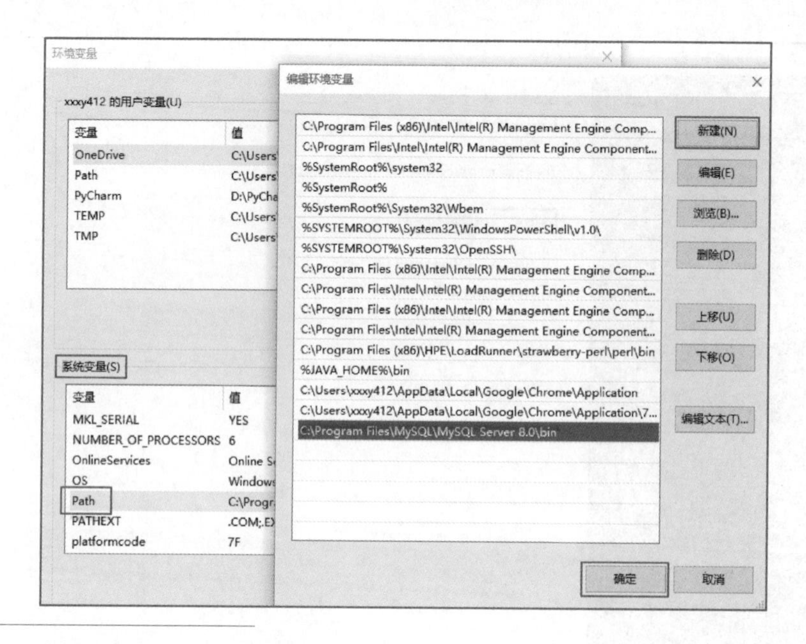


图 1-17
编辑环境变量

**3．启动、停止 MySQL 服务**

使用 MySQL 的第一步是启动 MySQL 服务，服务启动后才能连接使用。启动和停止 MySQL 服务有以下两种方式：

**（1）通过 Windows 的服务管理器**

右击“计算机”图标，选择“管理”→“服务和应用程序”→“服务”选项，右击“MySQL 服务”选项并在弹出的快捷菜单中选择“启动”命令即可启动服务；右击“MySQL 服务”选项并在弹出的快捷菜单中选择“停止”命令即可停止服务。

建议设置服务的启动类型为“手动”。具体操作方法为：右击“MySQL 服务”选项并在弹出的快捷菜单中选择“属性”命令，在弹出的对话框中设置“启动类型”为“手动”，如图 1-18 所示。

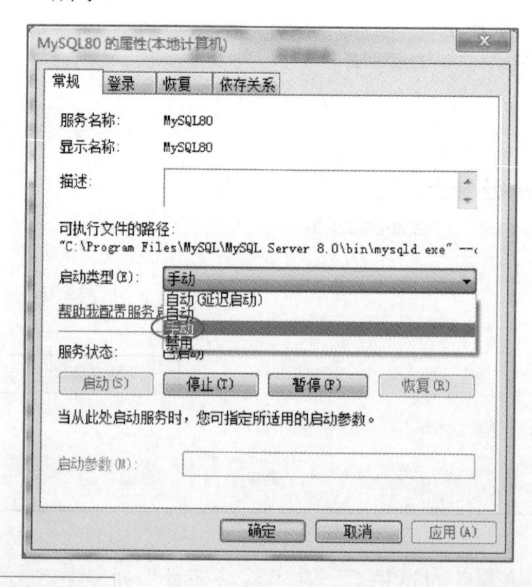


图 1-18
设置启动类型为手动

**（2）使用 net 命令**

- 启动服务：以管理员身份运行 cmd，在窗口中输入“net start 服务名”。
- 停止服务：以管理员身份运行 cmd，在窗口中输入“net stop 服务名”，如图 1-19 所示。

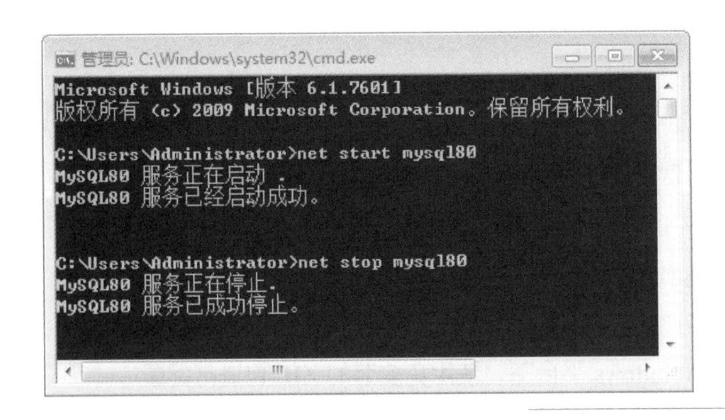


图 1-19
使用 net 命令启动、停止服务

4．客户端连接服务器

MySQL 服务启动后，即可在客户端连接服务器，开始使用。

**（1）连接服务器**

方法 1：**使用 MySQL Command Line Client 窗口。**

启动 MySQL 服务后，打开 MySQL 8.0 Command Line Client 窗口，输入密码连接服务，如图 1-20 所示。

图 1-20
MySQL Command Line Client 窗口

如果输入密码，窗口一闪退出，存在的问题可能有两种：第一种是 MySQL 服务没有启动；第二种是输入密码错误。这时需要先检查 MySQL 的服务是否启动，确定服务启动后，检查密码的正确性，注意字母的大小写。

微课 1-4
问题解决：打开 MySQL 输入密码，一闪退出

方法 2：**使用 mysql 程序命令连接。**

以管理员身份运行 cmd，在窗口中输入如下 mysql 程序命令：

```
mysql -h 服务器所在地址 -u 用户名 -p 用户密码 -P 端口号
```

其中，如果是连接本地服务器，-h 127.0.0.1 或者-h localhost 也可以省略。端口号若是默认的 3306，-P 3306 往往省略。

如果密码在-p 后直接给出，密码就以明文显示，为了保护用户密码，可以先输入：

```
mysql -u root -p
```

按回车后再输入用户密码，如图 1-21 所示。

微课 1-5
问题解决：mysql 命令不是内部或外部命令

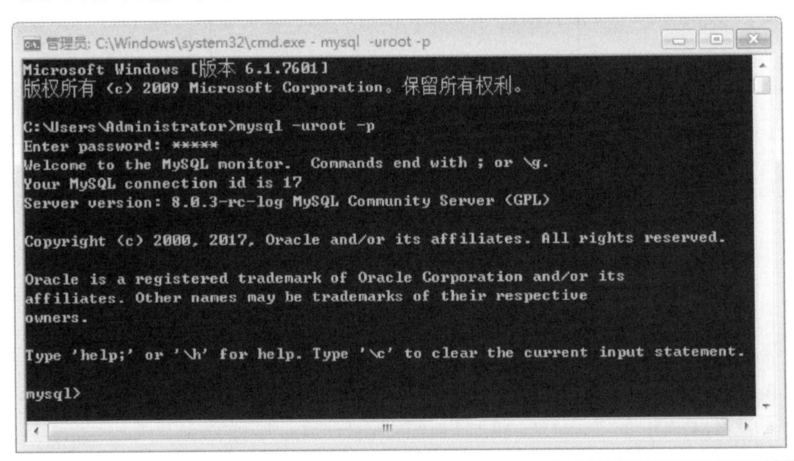


图 1-21
使用 mysql 程序命令连接服务器

注意：

如果使用 mysql 程序命令提示错误信息“不是内部或外部命令……”，那是因为用户没有将 MySQL 软件的 bin 目录添加到系统的环境变量中。先按照图 1-16 和图 1-17 所示配置环境变量，再重新以管理员身份运行 cmd，在窗口中输入 mysql 程序命令即可。

**（2）退出客户端**

退出客户端可使用 exit 或 quit 命令，或者使用快捷命令\q。

**5. 在 Windows 平台下，使用免安装的 ZIP 包进行配置**

对于初学者来说，安装 MySQL，使用 MSI 安装软件包会比较直观简单，但安装、卸载相对耗时。建议有基础的读者直接使用免安装的 ZIP 包进行配置。下面介绍在 Windows 10 环境下通过 MySQL 免安装的 ZIP 包配置 MySQL 8.0.21。

**（1）下载 ZIP 包**

单击图 1-22 中的“Download”按钮，在打开的界面中选择“No thanks, just start my download.”选项，即开始下载 ZIP 包。

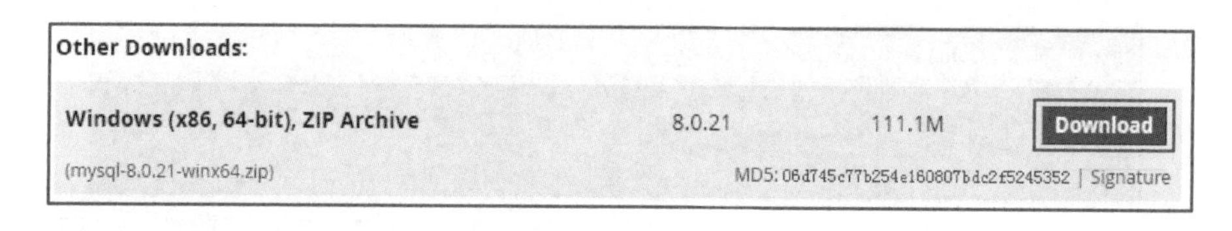


图 1-22
下载 ZIP 包

**（2）解压，创建 my.ini 配置文件**

下载完成后，将 ZIP 包解压到相应的目录（可以自己选择目录，这里安装的目录为 C:\mysql-8.0.21-winx64）。打开解压的文件夹，在该文件夹下创建 my.ini 配置文件（先新建文本文档，输入相关信息后，再重命名文件），如图 1-23 所示。

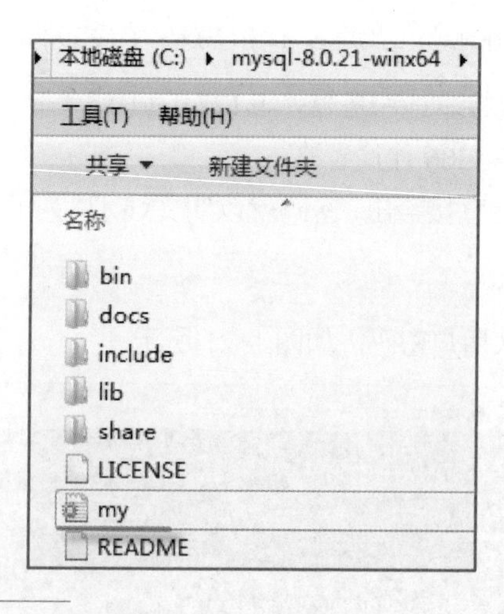


图 1-23
在解压的文件夹下创建 my.ini 配置文件

在 my.ini 配置文件中输入以下基本信息：

```
[mysqld]
# 设置 3306 端口，若 3306 端口号已使用，修改为其他端口号即可
port=3306
# 设置 MySQL 的安装目录，将加下画线的路径修改为实际的安装目录，注意将路径中的\修改为/
```

```
basedir= C:/mysql-8.0.21-winx64
# 设置 MySQL 数据库数据的存放目录，将加下画线的路径修改为实际的安装目录
datadir= C:/mysql-8.0.21-winx64/data
# 允许最大连接数
max_connections=200
# 服务端使用的字符集默认为 utf8mb4
character-set-server=utf8mb4
# 创建新表时将使用的默认存储引擎
default-storage-engine=INNODB
[mysql]
# 设置 MySQL 客户端默认字符集
default-character-set=utf8mb4
[client]
# 设置 MySQL 客户端连接服务端时默认使用的端口
port=3306
default-character-set=utf8mb4
```

**（3）配置环境变量**

将 MySQL 安装目录下的 bin 文件夹路径添加到 Windows 的“环境变量”→“系统变量”→“Path”中，如图 1-24 所示。

图 1-24
配置环境变量

**（4）初始化**

以管理员身份运行 cmd，在窗口中输入：

```
mysqld --initialize --console
```

执行完成后，其中“Atemporary password is generated for root@localhost:”后的内容就是 MySQL 超级管理员 root 用户的初始密码（不包含首空格）。记住该密码，后面连接服务需要使用，如图 1-25 所示。

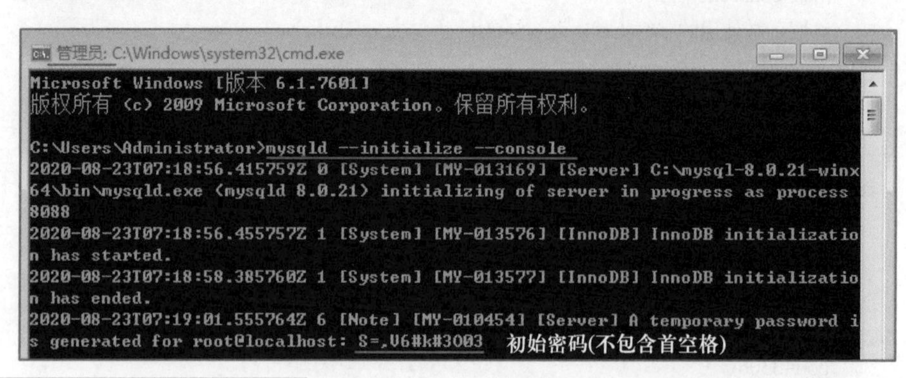


图 1-25
初始化

若没有配置环境变量，则需要先切换到解压的文件夹中，进入 bin 目录，如图 1-26 所示。

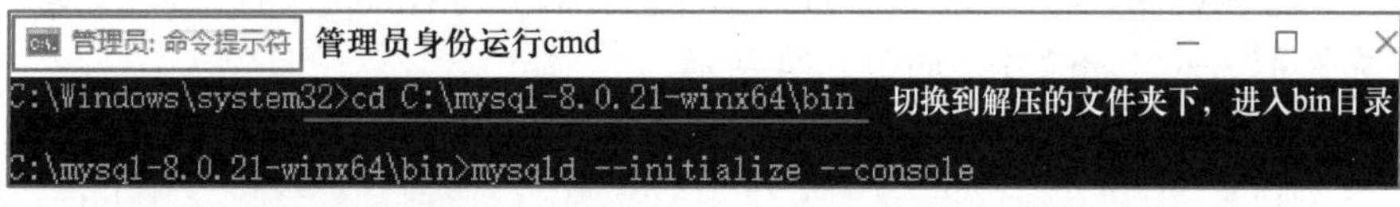


图 1-26
进入 bin 目录

**（5）安装服务**

在 cmd 窗口中输入：

```
mysqld --install 服务器名称
```

这里可以不写服务器名称，默认名称是 mysql，如图 1-27 所示。

```
C:\Users\Administrator>mysqld --install
Service successfully installed.
```

图 1-27
安装服务

**（6）启动服务**

在 cmd 窗口中输入：net start 服务器名称，如图 1-28 所示。

```
C:\Users\Administrator>net start mysql
MySQL 服务正在启动 .
MySQL 服务已经启动成功。
```

图 1-28
启动服务

**（7）连接服务**

在 cmd 窗口中输入 mysql 程序命令：

```
mysql –h 服务器所在地址 -u 用户名 -p 用户密码
```

如图 1-29 所示，用户密码就是初始化时生成的密码（不包含首空格），建议复制粘贴过来，手动输入容易出错。若忘记该密码，可以删除初始化生成的 data 文件夹（生成的 data 文件夹和 bin 文件夹在相同的路径下），重新初始化后再连接服务。

```
管理员: C:\Windows\system32\cmd.exe - mysql -h127.0.0.1 -uroot -p    管理员身份运行cmd
Microsoft Windows [版本 6.1.7601]
版权所有 (c) 2009 Microsoft Corporation。保留所有权利。

C:\Users\Administrator>mysqld --initialize --console    初始化
2020-08-23T07:18:56.415759Z 0 [System] [MY-013169] [Server] C:\mysql-8.0.21-winx
64\bin\mysqld.exe (mysqld 8.0.21) initializing of server in progress as process
8088
2020-08-23T07:18:56.455757Z 1 [System] [MY-013576] [InnoDB] InnoDB initializatio
n has started.
2020-08-23T07:18:58.385760Z 1 [System] [MY-013577] [InnoDB] InnoDB initializatio
n has ended.
2020-08-23T07:19:01.555764Z 6 [Note] [MY-010454] [Server] A temporary password i
s generated for root@localhost: S=,V6#k#3003

C:\Users\Administrator>mysqld --install    安装服务
Service successfully installed.

C:\Users\Administrator>net start mysql    启动服务
MySQL 服务正在启动 .
MySQL 服务已经启动成功。

C:\Users\Administrator>mysql -h127.0.0.1 -uroot -p    连接服务
Enter password: ************
Welcome to the MySQL monitor.  Commands end with ; or \g.
Your MySQL connection id is 8
Server version: 8.0.21
```

图 1-29
连接服务

**（8）修改 root 密码**

使用如下 ALTER USER 语句修改 root 用户的初始密码，如图 1-30 所示。

```
ALTER USER user() IDENTIFIED BY '新密码';
```

```
mysql> ALTER USER user() IDENTIFIED BY '12345';
Query OK, 0 rows affected (0.01 sec)    新密码
```

图 1-30
修改 root 密码

**6．查看当前 MySQL 版本、端口号等信息**

连接服务后，输入 status 命令或者快捷命令\s，如图 1-31 所示。

```
mysql> status
--------------
C:\Program Files\MySQL\MySQL Server 8.0\bin\mysql.exe  Ver 8.0.21 for Win64 on x86_64 (MySQL Community Server - GPL)

Connection id:          9
Current database:
Current user:           root@localhost
SSL:                    Cipher in use is TLS_AES_256_GCM_SHA384
Using delimiter:        ;
Server version:         8.0.21 MySQL Community Server - GPL
Protocol version:       10
Connection:             localhost via TCP/IP
Server characterset:    utf8mb4
Db     characterset:    utf8mb4
Client characterset:    utf8mb4
Conn.  characterset:    utf8mb4
TCP port:               3306
Binary data as:         Hexadecimal
Uptime:                 1 hour 15 min 4 sec

Threads: 2  Questions: 120  Slow queries: 0  Opens: 147  Flush tables: 3  Open tables: 59  Queries per second avg: 0.026
```

图 1-31
查看当前 MySQL
版本、端口号等信息

【任务实施】

① 下载并安装 MySQL。

② 通过 Windows 的服务管理器手动启动、停止 MySQL 服务。

③ 使用 net 命令停止、启动 MySQL 服务。

④ 使用 mysql 程序命令连接服务。

⑤ 查看当前 MySQL 版本、端口号等信息。

【任务总结】

MySQL 的安装和配置相对比较简单，但是在操作过程中可能会出现问题，需要多实践、多总结。

## 巩固知识点

文本 参考答案

一、选择题

1．下面没有反映数据库优点的是（　　）。

A．数据面向应用程序　　B．数据冗余度低

C．数据独立性高　　D．数据共享性好

2．（　　）是位于用户与操作系统之间的一层数据管理软件，数据库在建立、使用和维护时由其统一管理、统一控制。

A．DBMS　　B．DB

C．DBS　　D．DBA

3．（　　）是长期存储在计算机内有序的、可共享的数据集合。

A．DATA　　B．INFORMATION

C．DB　　D．DBS

4．文字、图形、图像、声音、学生的档案记录、货物的运输情况等，这些都是（　　）。

A．DATA　　B．INFORMATION

C．DB　　D．其他

5．（　　）是数据库系统的核心组成部分，它的主要用途是利用计算机有效地组织数据、存储数据、获取和管理数据。

A．数据库　　B．数据

C．数据库管理系统　　D．数据库管理员

6．在数据管理技术的发展过程中，经历了人工管理阶段、文件系统阶段和数据库系统阶段，在这几个阶段中，数据独立性最高的是（　　）阶段。

A．人工管理　　B．文件系统

C．数据库系统　　D．数据项管理

7．DB 中存储的是（　　）。

A．数据　　B．数据模型

C．数据与数据间的联系　　D．信息

8．DBS 的特点是（　　）、数据独立、减少数据冗余、避免数据不一致和加强了数据保护。

A．共享　　B．存储

C．应用　　D．保密

9．数据库（DB）、数据库系统（DBS）、数据库管理系统（DBMS）三者之间的关系是（　　）。

A．DBS 包括 DB 和 DBMS　　B．DBMS 包括 DB 和 DBS

C．DB 包括 DBS 和 DBMS　　D．DBS 就是 DB，也就是 DBMS

10．以下能停止 MySQL 服务的指令是（　　）。

A．net start 服务器名称　　B．net stop 服务器名称

C．quit　　D．mysql

11．数据库管理系统的英文缩写为（　　）。

A．DB　　B．DBMS

C．DBA　　D．MDBS

12．下列关于数据库的叙述中，错误的是（　　）。

A．数据库中只保存数据

B．数据库中的数据具有较高的数据独立性

C．数据库按照一定的数据模型组织数据

D．数据库是大量有组织、可共享数据的集合

13．与文件系统阶段相比，关系数据库技术的数据管理方式具有许多特点，但不包括（　　）。

A．支持面向对象的数据模型　　B．具有较高的数据和程序独立性

C．数据结构化　　D．数据冗余小，实现了数据共享

14．下列关于数据的描述中，错误的是（　　）。

A．数据是描述事物的符号记录

B．数据和它的语义是不可分的

C．数据指的就是数字

D．数据是数据库中存储的基本对象

15．以下关于 MySQL 的叙述中，正确的是（　　）。

A．MySQL 是一种开放源码的软件

B．MySQL 只能运行在 Linux 平台上

C．MySQL 是桌面数据库管理系统

D．MySQL 是单用户数据库管理系统

16．数据库应用系统是由数据库、数据库管理系统（及其开发工具）、应用系统、（　　）和用户构成的。

A．DBMS　　B．DB

C．DBS　　D．DBA

二、填空题

1．数据库是被长期存放在计算机内的、有组织的、统一管理的相关（　　）的集合。

2．数据库的发展过程经历了人工管理阶段、（　　）、（　　）这 3 个阶段。

3．（　　）是位于用户与操作系统之间的一层数据管理软件，它属于系统软件，它为用户或应用程序提供访问数据库的方法。数据库在建立、使用和维护时由其统一管理、统一控制。

三、简答题

1．与文件管理相比，用数据库管理数据有哪些优点？

2．试述数据、数据库、数据库系统、数据库管理系统的概念。

3．数据库管理系统的主要功能有哪些？

单元 2

# 创建和管理数据库

数据库实施的第一步是创建数据库。本单元介绍关系数据库的基本概念，以及如何使用SQL语句创建和管理数据库。

本书以入门项目“学生信息管理系统”数据库的实施和管理贯穿单元2～单元6的内容。

学生信息管理是高校学生管理工作的重要组成部分，是一项十分细致复杂的工作。随着计算机网络的发展和普及，学生信息管理网络化已经成为当今的发展潮流。长期以来，学生信息管理一直采用手工方式进行，劳动强度大，工作效率低，极易出差错，不便于查询、分类、汇总和对数据信息进行科学分析，所以迫切地需要一套学生信息管理系统。

学生信息管理系统涉及学生从入学到毕业离校整个管理过程中的方方面面，主要包括学生成绩管理、学生住宿管理、学生助贷管理、学生任职管理、学生考勤管理、学生奖惩管理、学生就业管理等子系统。本书采用了学生信息管理系统中的学生成绩管理子系统和学生住宿管理子系统。

本单元包含的学习任务和单元学习目标具体如下。

**【学习任务】**

- 任务 2-1　理解关系数据库的基本概念。
- 任务 2-2　创建和管理数据库。

**【学习目标】**

- 理解数据模型、关系数据库的基本概念。
- 理解 SQL 的组成及特点。
- 掌握创建和管理数据库的 SQL 语句。
- 能熟练地在 MySQL 中编写 SQL 语句完成数据库的创建和管理。

# 任务 2-1　理解关系数据库的基本概念

PPT：2-1　理解关系数据库的基本概念

微课 2-1
理解关系数据库的基本概念

笔 记

【任务提出】

进行数据库的实施，必须先理解数据库中的数据存储在哪里、以哪种方式存储，即需要先理解数据库的基本概念。

【任务分析】

关系数据库基本概念包括关系模型三要素、关系、关系模式、关系数据库、关系的性质等。

【相关知识与技能】

1．数据模型

**（1）为什么要建立数据模型**

用计算机处理现实世界中的具体事物，往往需要先用数据模型这个工具来抽象化并表示现实世界中的数据和信息。

为什么要建立数据模型呢？首先，正如盖大楼的设计图一样，数据模型可使所有的项目参与者都有一个共同的数据标准；其次，数据模型可以避免出现不必要的问题；第三，使用数据模型可以及早发现问题；最后，使用数据模型可以加快开发速度。

数据模型是连接客观信息世界和数据库系统数据逻辑组织的桥梁，也是数据库设计人员与用户之间进行交流的基础。

**（2）数据模型的分类**

数据模型分为两个不同的层次。

1）概念数据模型

概念数据模型简称概念模型，是面向数据库用户的现实世界的数据模型，主要用于描述现实世界的概念化结构，与具体的 DBMS 无关。概念数据模型必须转换成逻辑数据模型，才能在 DBMS 中实现。

2）逻辑数据模型

逻辑数据模型是用户从数据库中所看到的数据模型，是具体的 DBMS 所支持的数据模型，有层次模型、网状模型、关系模型、面向对象模型等。其中出现最早的是层次模型，而关系模型是目前最重要的一种模型。

**（3）数据模型的三要素**

数据模型的组成要素是数据结构、数据操作、数据完整性约束。

1）数据结构

数据结构是对系统静态特性的描述，是对象类型的集合，包括与数据类型、内容、性质有关的对象，与数据之间联系有关的对象。

在数据库系统中，通常按照其数据结构的类型来命名数据模型，如层次结构、网状结构、关系结构的数据模型分别是层次模型、网状模型、关系模型。

2）数据操作

数据操作是指对数据库中各种数据对象允许执行的操作的集合，包括操作及有关

笔 记

的规则。操作主要指检索和更新（如插入、删除、修改）两类操作。

3）数据完整性约束

数据完整性约束是一组完整性规则的集合，是给定的数据模型中数据及其联系所具有的制约和存储规则，用以限定符合数据模型的数据库状态以及状态的变化，以保证数据的正确、有效和相容。

**（4）关系模型**

关系模型是目前最重要的一种数据模型，也是目前主要采用的数据模型。该模型于1970年由美国IBM公司San Jose研究室的研究员E.F.Codd提出。

1）关系模型的数据结构

关系模型中数据的逻辑结构是一张二维表，称为关系，它由行和列组成。

2）关系模型的数据操作

操作主要包括查询、插入、删除、更新（修改）。数据操作是集合操作，操作对象和操作结果都是关系，即若干元组的集合。

3）关系模型的数据完整性约束

数据完整性约束包括实体完整性、参照完整性和用户定义的完整性。

**2. 关系数据库的基本概念**

关系：一个关系对应一张二维表，这张二维表是指含有有限个不重复行的二维表，如图2-1所示。

字段（属性）：二维表的每一列称为一个字段，每一列的标题称为字段名（属性名）。例如，图2-1所示的表中包含4个字段，其中字段名有学号、姓名、性别、出生年月。

记录（元组）：二维表的每一行称为一条记录，记录由若干相关属性值组成。例如，图2-1所示的表中，第一条记录中各属性值为200931010100101、倪骏、男、1991-7-5。

关系模式：关系模式是对关系的描述。一般表示为：关系名（属性名1，属性名2，…，属性名$n$），如学生（学号，姓名，性别，出生年月）。

关系数据库：关系数据库是数据以“关系”的形式即表的形式存储的数据库。在关系数据库中，信息存放在二维表中，一个关系数据库可包含多个表。

关系数据库管理系统（Relational Database Management System，RDBMS）：目前常用的数据库管理系统如MySQL、SQL Server、Oracle等都是关系数据库管理系统。

字段名　字段(属性)

| 学号 | 姓名 | 性别 | 出生年月 |
|---|---|---|---|
| 200931010100101 | 倪骏 | 男 | 1991-7-5 |
| 200931010100102 | 陈国成 | 男 | 1992-7-18 |
| 200931010100207 | 王康俊 | 女 | 1991-12-1 |
| 200931010100208 | 叶毅 | 男 | 1991-1-20 |
| 200931010100321 | 陈虹 | 女 | 1990-3-27 |
| 200931010100322 | 江苹 | 女 | 1990-5-4 |
| 200931010190118 | 张小芬 | 女 | 1991-5-24 |
| 200931010190119 | 林芳 | 女 | 1991-9-8 |

记录(元组)

图2-1
关系

笔 记

### 3. 关系的性质

**（1）关系的每一个分量都必须是不可再分的数据项**

满足此条件的关系称为规范化关系，否则称为非规范化关系。

例如，一个人的英文名字可以分为姓和名，因此经常看到如下学生信息，见表 2-1。

表 2-1 学生信息表

| Sno | Name | | Sex |
|---|---|---|---|
| | FirstName | LastName | |
| 200931010100101 | Jun | Ni | 男 |
| 200931010100102 | Guochen | Chen | 男 |
| 200931010100207 | Kangjun | Wang | 女 |

在表 2-1 中，Name 含有 FirstName 和 LastName 两项，出现了“表中有表”的现象，为非规范化关系。可将 Name 分成 FirstName 和 LastName 两列，将其规范化，则变为规范化的关系，见表 2-2。

表 2-2 规范化后的学生信息表

| Sno | FirstName | LastName | Sex |
|---|---|---|---|
| 200931010100101 | Jun | Ni | 男 |
| 200931010100102 | Guochen | Chen | 男 |
| 200931010100207 | Kangjun | Wang | 女 |

**（2）关系中每一列中的值必须是同一类型**

如图 2-1 所示的关系中，“姓名”列的值都为字符类型，而“出生年月”列的值都为日期类型。

**（3）不同列中的值可以是同一类型，但不同的属性列应有不同的属性名**

在同一个表中，属性列的属性名不能相同。

**（4）列的顺序无所谓**

在关系中，列的次序可以任意调换，没有先后顺序。例如，可把表 2-2 中列的次序任意调换，见表 2-3。

表 2-3 关系（学生）

| FirstName | LastName | Sno | Sex |
|---|---|---|---|
| Jun | Ni | 200931010100101 | 男 |
| Guochen | Chen | 200931010100102 | 男 |
| Kangjun | Wang | 200931010100207 | 女 |

**（5）行的顺序无所谓**

在关系中，行的次序也可以任意调换。

**（6）任意两个元组不能完全相同**

在关系中，任意两个元组不能完全相同。

【任务总结】

MySQL、SQL Server、Oracle 等都是目前常用的关系数据库管理系统。在关系数据库中，数据存放在二维表（关系）中，一个关系数据库可包含多张表。表的每一列称为一个字段（属性），表的每一行称为一条记录（元组）。

## 任务 2-2 创建和管理数据库

PPT：2-2 创建和管理数据库

【任务提出】

MySQL 数据库有系统数据库和用户数据库，创建数据库是用户进行数据库实施操作的第一步。

【任务分析】

SQL 中创建数据库的语句为 CREATE DATABASE。在创建数据库前需要先理解 SQL 及 CREATE DATABASE 语句。

【相关知识与技能】

1. 系统数据库

MySQL 8.0 自带 4 个系统数据库，分别为 information_schema、mysql、performance_schema、sys。

**（1）information_schema**

该数据库保存了 MySQL 服务器所有数据库的信息，如数据库名、数据库的表、访问权限、数据库表的数据类型、数据库索引的信息等。

微课 2-2
创建和管理数据库

**（2）mysql**

该数据库是 MySQL 的核心数据库，主要负责存储数据库的用户、权限设置、关键字等 MySQL 自己需要使用的控制和管理信息。例如，在 mysql.user 表中存储了 root 用户的密码。

**（3）performance_schema**

该数据库主要用于收集数据库服务器的性能参数，可用于监控服务器在一个较低级别的运行过程中的资源消耗、资源等待等情况。

**（4）sys**

该数据库中所有的数据源都来自 performance_schema，目标是把 performance_schema 的复杂度降低，让数据库管理员能更好地阅读这个库中的内容。

**2. SQL 简介**

**（1）SQL 概述**

SQL（Structured Query Language，即结构化查询语言）的主要功能就是同各种数据库建立联系、进行沟通。SQL 是于 1974 年被提出的一种介于关系代数和关系演算之间的语言，1987 年被确定为关系数据库管理系统国际标准语言，即 SQL-86。随着其标准化的不断发展，相继出现了 SQL-89、SQL-92、SQL：1999、SQL：2003、SQL：2008、SQL：2011 等。

目前，绝大多数流行的关系数据库管理系统，如 Access、SQL Server、Oracle 等都采用 SQL 标准。同时数据库厂家在 SQL 标准的基础上进行不同程度的扩充，形成了各自数据库的检索语言。

**（2）SQL 的组成**

SQL 之所以能够为用户和业界所接受并成为国际标准，是因为它是一个综合的、通用的、功能极强同时又简洁易学的语言。其功能包括如下 3 个方面。

① 数据定义语言（DDL）：用于定义数据库、表、视图、索引等，包括这些对象的创建（CREATE）、修改（ALTER）和删除（DROP）。

② 数据操纵语言（DML）：分为数据查询和数据更新。查询（SELECT）是数据库中最常见的操作，更新分为插入（INSERT）、修改（UPDATE）和删除（DELETE）3 种操作。

③ 数据控制语言（DCL）：包括对表、视图等数据库对象的授权，语句有 GRANT、REVOKE 等。

**（3）SQL 的特点**

1）综合统一

SQL 集数据定义、数据操纵、数据控制于一体，语言风格统一，可以独立完成数据库生命周期中的全部活动。

2）高度非过程化

用 SQL 进行数据操作，用户只需提出“做什么”，而不必指明“怎么做”，存取路径的选择及 SQL 语句的操作过程都由系统自动完成，这不仅大大减轻了用户负担，而且有利于提高数据的独立性。

3）面向集合的操作方式

采用集合操作方式，不仅查找结果可以是元组的集合，而且插入、删除、修改等操作的对象也可以是元组的集合。

4）以同一种语法结构提供两种使用方式

SQL 能够独立实现对数据库的操作，又能嵌入到高级语言（如 C 语言）程序中，供程序员设计程序时使用。而在两种不同的使用方式下，SQL 的语法结构基本上是一致的。

5）语言简洁，易学易用

SQL 十分简洁，并且语法简单，容易学习和使用。

3. 创建数据库

创建数据库使用的 SQL 语句是 CREATE DATABASE，其语法形式如下：

```
CREATE DATABASE 数据库名;
```

如果同名的数据库已经存在，则运行提示出错，可以先判断同名的数据库是否存在，如果存在则不创建，不存在则创建该数据库。对应的语句如下：

```
CREATE DATABASE IF NOT EXISTS 数据库名;
```

数据库的命名不能随心所欲，必须是规范的，命名规则如下。

① 不能与其他数据库重名。

② 名称可以由任意字母、阿拉伯数字、下画线（_）和“$”组成，并可以使用上述任意字符开头，但不能使用单独的数字，否则会造成它与数值相混淆。

③ 不能使用 MySQL 关键字作为数据库名。

④ 默认情况下，在 Windows 环境中，数据库名、表名的大小写是不敏感的，而在 Linux 环境中，大小写是敏感的。为了便于数据库在平台间进行移植，建议读者采

笔记

用小写来定义数据库名。

说明：

反引号``（Esc 下面这个键）：为了区分 MySQL 的保留字与用户自己定义的标识符（如数据库名、表名、字段名、视图名、索引名、约束名等）而引入的符号。如果用户定义的标识符不规范，与某个保留字相同，这时必须要加上反引号，否则会出错。

【例 1】 为学生信息管理系统创建数据库，数据库名为 School。

```
CREATE DATABASE School;
```

**4. 数据库物理文件存储位置**

MySQL 的每个数据库都对应存放在一个与数据库同名的文件夹中，MySQL 的数据库文件包括 MySQL 创建的数据库文件和 MySQL 所用存储引擎创建的数据库文件。

查看 MySQL 数据库物理文件存放位置的语句如下：

```
SHOW GLOBAL variables LIKE "%DATADIR%";
```

若使用 MSI 安装软件包安装的 MySQL 8.0，数据库的默认存储路径为 C:\ProgramData\MySQL\MySQL Server 8.0\Data\

**5. 指定数据库编码**

MySQL 不同版本中出现的默认编码有 latin1、gbk、utf8、utf8mb4。查看 MySQL 全局编码设置的语句如下：

```
SHOW VARIABLES LIKE '%CHAR%';
```

MySQL 5.5.24、MySQL 8.0.3 和 MySQL 8.0.21 的默认编码分别如图 2-2～图 2-4 所示。

```
mysql> show variables like '%char%';
+--------------------------+------------------------------------------------+
| Variable_name            | Value                                          |
+--------------------------+------------------------------------------------+
| character_set_client     | gbk                                            |
| character_set_connection | gbk                                            |
| character_set_database   | latin1                                         |
| character_set_filesystem | binary                                         |
| character_set_results    | gbk                                            |
| character_set_server     | latin1                                         |
| character_set_system     | UTF8                                           |
| character_sets_dir       | C:\wamp\bin\mysql\mysql5.5.24\share\charsets\  |
```

图 2-2
MySQL 5.5.24 的默认编码

```
mysql> show variables like '%char%';
+--------------------------+----------------------------------------------------+
| Variable_name            | Value                                              |
+--------------------------+----------------------------------------------------+
| character_set_client     | UTF8                                               |
| character_set_connection | UTF8                                               |
| character_set_database   | UTF8                                               |
| character_set_filesystem | binary                                             |
| character_set_results    | UTF8                                               |
| character_set_server     | UTF8                                               |
| character_set_system     | UTF8                                               |
| character_sets_dir       | C:\Program Files\MySQL\MySQL Server 8.0\share\charsets\ |
```

图 2-3
MySQL 8.0.3 的默认编码

```
mysql> show variables like '%char%';
+--------------------------+----------------------------------------------------+
| Variable_name            | Value                                              |
+--------------------------+----------------------------------------------------+
| character_set_client     | utf8mb4                                            |
| character_set_connection | utf8mb4                                            |
| character_set_database   | utf8mb4                                            |
| character_set_filesystem | binary                                             |
| character_set_results    | utf8mb4                                            |
| character_set_server     | utf8mb4                                            |
| character_set_system     | UTF8                                               |
| character_sets_dir       | C:\Program Files\MySQL\MySQL Server 8.0\share\charsets\ |
```

图 2-4
MySQL 8.0.21 的默认编码

笔记

其中 latin1 不支持中文，gbk 是在国家标准 GB2312 基础上扩容后兼容 GB2312 的标准。gbk 编码专门用来解决中文编码，不论中英文都是双字节的。UTF8 是用以解决国际上字符的一种多字节编码，它对英文使用 8 位（即 1 字节），对中文使用 24 位（3 字节）来编码。网页数据一般采用 UTF-8 编码，设置数据库编码方式为 utf8 可以避免因编码不统一造成的乱码问题。遵循的标准是：数据库、表、字段和页面的编码要统一。

而 utf8 只支持最长 3 字节的 UTF-8 字符，MySQL 在 5.5.3 版本之后增加了 utf8mb4 编码，mb4 即 most bytes 4 的意思，专门用来兼容 4 字节的 Unicode。例如，可以用 utf8mb4 字符编码直接存储 Emoj 表情，而不是存储表情的替换字符。

为了获取更好的兼容性，新版本建议使用 utf8mb4 而非 utf8，事实上，最新版的 phpmyadmin 默认字符集就是 utf8mb4。诚然，对于 CHAR 类型数据，使用 utf8mb4 存储会多消耗一些空间，因此，MySQL 官方建议使用 VARCHAR 替代 CHAR。

MySQL 8.0 开始默认的编码都是 utf8 或 utf8mb4，用户不用额外设置编码。

若是低版本 MySQL，创建数据库时一定要注意数据库的默认编码，若不是 utf8，就要设置数据库的编码方式为 utf8，以避免因编码不统一造成的乱码问题。

创建数据库时指定数据库编码为 utf8 的语句如下：

```
CREATE DATABASE 数据库名 CHARACTER SET utf8;
```

修改指定数据库的编码为 utf8 的语句如下：

```
ALTER DATABASE 数据库名 CHARACTER SET utf8;
```

使用上面的语句只是细粒度的编码改动，如何针对 MySQL 本身进行改动呢？主要有两种方法：直接使用 SET 命令进行改动，但这种改动并不能永久生效，仅仅针对当前会话；通过修改配置文件进行改动，这种改动是永久生效的，也是比较推荐的。

① 通过 SET 命令修改，无法永久生效。对应的语句如下：

```
SET character_set_client = utf8;
SET character_set_connection = utf8;
SET character_set_database = utf8;
SET character_set_results = utf8;
SET character_set_server = utf8;
SET character_set_system = utf8;
```

也可以使用下述语句：SET NAMES utf8;

它相当于下面的 3 条指令：

```
SET character_set_client = utf8;
SET character_set_results = utf8;
SET character_set_connection = utf8;
```

② 通过更改配置文件，即修改 MySQL 的安装目录下的 my.ini 文件里的默认编码永久生效。

在 MySQL 数据库的安装目录下打开 my.ini，找到“default-character-set”，将其改为 utf8，找到“character-set-server”，将其改为 utf8，重启 MySQL 服务。

注意：

由于 MySQL 中的数据编码格式已经精确到“字段”，因此只要在创建数据库之前更改配置文件修改默认编码或在创建数据库时指定数据库编码格式，那么在这之后所创建的“表”和“字段”的编码格式都会以此格式为默认编码格式。但若创建数据库时没有指定编码，在创建部分表之后再更改数据库的编码，那么必须在更改数据库编码后，再一一更改之前所创建的所有“表”和“字段”的编码格式。

**6. 管理数据库**

管理数据库常用的语句见表 2-4。

表 2-4 管理数据库

| 语句 | 功能 |
| --- | --- |
| USE 数据库名; | 选择数据库，该数据库为当前数据库 |
| ALTER DATABASE 数据库名 CHARACTER SET UTF8; | 修改指定数据库的编码为 UTF8 |
| DROP DATABASE 数据库名; | 删除数据库 |
| DROP DATABASE IF EXISTS 数据库名; | 如果存在数据库，则删除 |
| SELECT DATABASE(); | 显示当前使用的数据库名 |
| SHOW DATABASES; | 显示当前服务中的所有数据库名称 |
| SHOW CREATE DATABASE 数据库名; | 显示创建该数据库的 CREATE DATABASE 语句 |

【例 2】 显示当前服务中的所有数据库名称。

```
SHOW databases;
```

【例 3】 显示创建 School 数据库的 CREATE DATABASE 语句。

```
SHOW CREATE DATABASE School;
```

【例 4】 选择 School 数据库为当前数据库。

```
USE School;
```

**7. MySQL 的 3 种注释方式**

在编写 SQL 语句时，可以用以下 3 种方式对 SQL 语句进行注释说明，增加代码的可读性。

```
#单行注释
-- 单行注释（--后要有空格）
/*多行注释，又称块注释*/
```

## 【任务总结】

创建数据库是数据库实施操作的第一步。若是低版本 MySQL，创建数据库时一定要注意数据库的默认编码，若不是 utf8，就要设置数据库的编码方式为 utf8，避免因编码不统一造成的乱码问题。

使用 DROP DATABASE 命令时要非常谨慎，在执行该命令时，MySQL 不会给出任何提醒确认消息。

## 巩固知识点

文本 参考答案

一、选择题

1. 关系数据模型的3个组成部分中，不包括（ ）。
   A. 数据完整性　　B. 数据结构
   C. 数据操作　　D. 并发控制
2. 关系数据模型的3个要素是（ ）。
   A. 关系数据结构、关系操作集合和关系规范化理论
   B. 关系数据结构、关系规范化理论和关系完整性的约束
   C. 关系规范化理论、关系操作集合和关系完整性约束
   D. 关系数据结构、关系操作集合和关系完整性约束
3. E-R模型用于数据库设计的（ ）阶段。
   A. 需求分析　　B. 概念结构设计
   C. 逻辑结构设计　　D. 物理结构设计
4. MySQL是一个（ ）的数据库管理系统。
   A. 关系型　　B. 网状型
   C. 层次型　　D. 以上都不是
5. 二维表由行和列组成，每一列表示关系的一个（ ）。
   A. 属性　　B. 元组
   C. 集合　　D. 记录
6. 二维表由行和列组成，每一行表示关系的一个（ ）。
   A. 属性　　B. 元组
   C. 集合　　D. 记录
7. 在关系数据库中，一个关系对应（ ）。
   A. 一张表　　B. 一个数据库
   C. 一张报表　　D. 一个模块
8. 用二维表形式来表示实体及实体间联系的数据模型称为（ ）。
   A. 面向对象数据模型　　B. 关系模型
   C. 层次模型　　D. 网状模型
9. 关系数据库管理系统的标准语言是（ ）。
   A. HTML　　B. SQL
   C. XML　　D. Visual Basic
10. SQL通常称为（ ）。
    A. 结构化查询语言　　B. 结构化控制语言
    C. 结构化定义语言　　D. 结构化操纵语言
11. 下列关于SQL的叙述中，错误的是（ ）。
    A. SQL是一种面向记录操作的语言
    B. SQL具有灵活强大的查询功能
    C. SQL是一种非过程化的语言

D．SQL 功能强，简洁易学

12．MySQL 提供的单行注释语句是使用（ ）开始的一行内容。

A．“/*” B．“#”

C．“{” D．“/”

13．标准 SQL 本身不提供的功能是（ ）。

A．数据定义 B．查询

C．修改、删除 D．绑定到数据库

14．若要创建一个数据库，应该使用的语句是（ ）。

A．CREATE DATABASE B．CREATE TABLE

C．CREATE INDEX D．CREATE VIEW

15．数据库管理系统的数据操纵语言（DML）所实现的操作一般包括（ ）。

A．建立、授权、修改 B．建立、授权、删除

C．建立、插入、修改、排序 D．查询、插入、修改、删除

16．关系数据库模型是以（ ）方式组织数据结构。

A．树状 B．网状

C．文本 D．二维表

17．数据库管理系统能实现对数据库中数据的查询、插入、修改和删除等操作。这种功能称为（ ）。

A．数据定义功能 B．数据管理功能

C．数据操纵功能 D．数据控制功能

18．下列不属于数据库模型的是（ ）。

A．关系 B．网状

C．逻辑 D．层次

19．在关系模型中，同一个关系中的不同属性的数据类型（ ）。

A．可以相同 B．不能相同

C．可相同，但数据类型不同 D．必须相同

20．在关系模型中，同一个关系中的不同属性，其属性名（ ）。

A．可以相同 B．不能相同

C．可相同，但数据类型不同 D．必须相同

21．修改数据库的命令为（ ）。

A．CREATE DATABASE B．USE DATABASE

C．ALTER DATABASE D．DROP DATABASE

22．使用数据库的命令为（ ）。

A．CREATE DATABASE B．USE DATABASE

C．ALTER DATABASE D．DROP DATABASE

23．下列关于 SQL 的叙述中，正确的是（ ）。

A．SQL 是专供 MySQL 使用的结构化查询语言

B．SQL 是一种过程化的语言

C．SQL 是关系数据库的通用查询语言

D．SQL 只能以交互方式对数据库进行操作

24．MySQL 数据库的数据模型是（　　）。

A．关系模型　　B．层次模型

C．物理模型　　D．网状模型

25．按功能对 SQL 分类，对数据库各种对象进行创建、删除、修改的操作属于（　　）。

A．DDL　　B．DML

C．DCL　　D．DLL

26．当使用 CREATE DATABASE 命令在 MySQL 中创建数据库时，为避免因数据库同名而出现的错误，通常可在该命令中加入（　　）。

A．IF NOT EXISTS　　B．NOT EXISTS

C．NOT EXIST　　D．NOT EXIST IN

27．数据库中的数据完整性，不包括（　　）。

A．数据删除、更新完整性　　B．参照完整性

C．用户自定义完整性　　D．实体完整性

28．在下列关于“关系”的描述中，不正确的是（　　）。

A．行的顺序是有意义的，其次序不可以任意调换

B．列是同质的，即每一列中的分量是同一类型的数据

C．任意两个元组不能完全相同

D．列的顺序无所谓，即列的次序可以任意调换

29．设当前用户正在操作数据库 db1，现该用户要求跳转到另一个数据库 db2，下列可使用的 SQL 语句是（　　）。

A．USE db2;　　B．JUMP db2;

C．GO db2;　　D．FROM db1 TO db2;

二、填空题

1．数据定义语言是指用来创建、修改和删除各种对象的，对应的命令语句是（　　）、（　　）和（　　）。

2．数据库的数据模型包含（　　）、（　　）和（　　）3 个要素。

3．SQL、DCL 和 DML 缩写词的意义是（　　）、（　　）和（　　）。

4．数据定义语言的缩写词为（　　）。

5．数据操纵语言是指用来查询、添加、修改和删除数据库中数据的语句，这些语句包括 SELECT、（　　）、（　　）和（　　）。

6．SQL 中，创建数据库使用的语句是（　　）。

三、简答题

1．简述数据模型的三要素。

2．简述 SQL 的组成及特点。

单元3

# 创建和管理表

在数据库中，表是实际存储数据的地方，其他数据对象（如索引、视图等）是依附于表对象而存在的，所以创建和管理表是最基本、最重要的操作。本单元介绍表的创建和管理。

学生成绩管理是学生信息管理的重要部分，也是学校教学工作的重要组成部分。学生成绩管理子系统的开发能大大减轻教务管理人员和教师的工作量，同时能使学生及时了解选修课程成绩。其主要功能包括学生信息管理、课程信息管理、成绩管理等，具体如下。

① 完成数据的录入和修改，并提交数据库保存，主要包括班级信息、学生信息、课程信息、学生成绩等。

- 班级信息包括班级编号、班级名称、学生所在的学院名称、专业名称、入学年份等。
- 学生信息包括学生的学号、姓名、性别、出生年月等。
- 课程信息包括课程编号、课程名称、课程学分、课程学时等。
- 学生成绩包括学生各门课程的平时成绩、期末成绩、总评成绩等。

② 实现基本信息的查询，主要包括班级信息的查询、学生信息的查询、课程信息的查询和学生成绩的查询等。

③ 实现信息的查询统计，主要包括各班学生信息的统计、学生选修课程情况的统计、开设课程的统计、学生成绩的统计等。

学生的住宿管理面对大量的数据信息，要简化烦琐的工作模式，使管理更趋合理化和科学化，就必须运用计算机管理信息系统。其主要功能包括学生信息管理、宿舍管理、学生入住管理、宿舍卫生管理等，具体如下。

① 完成数据的录入和修改，并提交数据库保存，主要包括班级信息、学生信息、宿舍信息、入住信息、卫生检查信息等。

- 班级信息包括班级编号、班级名称、学生所在的学院名称、专业名称、入学年份等。
- 学生信息包括学生的学号、姓名、性别、出生年月等。
- 宿舍信息包括宿舍所在的楼栋、所在楼层、房间号、总床位数、宿舍类别、宿舍电话等。
- 入住信息包括入住的宿舍、床位、入住日期、离开宿舍时间等。
- 卫生检查信息包括检查的宿舍、检查时间、检查人员、检查成绩、存在的问题等。

② 实现基本信息的查询，主要包括班级信息的查询、学生信息的查询、宿舍信息的查询、入住信息的查询和宿舍卫生情况等。

③ 实现信息的查询统计，主要包括各班学生信息的统计、学生住宿情况的统计、各班宿舍情况统计、宿舍入住情况统计、宿舍卫生情况统计等。

根据需求对数据库进行设计，School 数据库有如下关系模式：

```
班级（班级编号，班级名称，所在学院，所属专业，入学年份）
学生（学号，姓名，性别，出生年月，班级编号）
课程（课程编号，课程名称，课程学分，课程学时）
成绩（学号，课程编号，平时成绩，期末成绩）
宿舍（宿舍编号，楼栋，楼层，房间号，总床位数，宿舍类别，宿舍电话）
入住（学号，宿舍编号，床位号，入住日期，离寝日期）
卫生检查（检查号，宿舍编号，检查时间，检查人员，成绩，存在问题）
```

本单元完成入门项目“学生信息管理系统”数据库 School 中各表的创建、表约束的设置、表结构的修改、表中数据的添加、数据库的备份和恢复，包含的学习任务和学习目标具体如下。

**【学习任务】**

- 任务 3-1　选取字段数据类型。
- 任务 3-2　创建和管理表。
- 任务 3-3　设置约束。
- 任务 3-4　使用 ALTER TABLE 语句修改表结构。
- 任务 3-5　向表中添加数据、备份恢复数据库。

**【学习目标】**

- 理解 MySQL 中常用数据类型。
- 掌握创建和管理表的 SQL 语句。
- 理解数据完整性、约束。
- 理解备份和恢复数据库的重要性。
- 能根据实际需求为各关系字段选取合适数据类型。
- 能在 MySQL 中熟练编写 SQL 语句完成表的创建、修改及管理。
- 能灵活地对表设置约束。
- 能往表中插入或导入测试数据。
- 能在 MySQL 中熟练地备份和恢复数据库。

# 任务 3-1　选取字段数据类型

【任务提出】

PPT：3-1　选取字段数据类型

数据类型决定了数据在计算机中的存储格式，代表不同的信息类型。要能根据实际采用的 DBMS 为各关系中的属性选取合适的数据类型，以保证数据能存储到各关系中并进行灵活处理。

【任务分析】

不同 DBMS 所支持的数据类型并不完全相同，而且与标准的 SQL 也有一定差异。为字段选取数据类型必须先理解 MySQL 支持的常用数据类型，然后根据实际需求为各关系字段选取合适数据类型。

【相关知识与技能】

MySQL 支持的常用数据类型有数值型、字符型、日期和时间型。

1．数值型数据类型

数值型数据包括整型、浮点数类型和定点数类型。定点数类型能精确指定小数点两边的位数，而浮点数类型只能近似表示。表 3-1～表 3-3 分别列出了 MySQL 支持的整型数据类型、浮点数类型和定点数类型。

微课 3-1
选取字段数据类型

表 3-1　整型数据类型

| 数据类型名称 | 说明 | 存储需求/字节 |
|---|---|---|
| TINYINT | 很小的整数 | 1 |
| SMALLINT | 小的整数 | 2 |
| MEDIUMINT | 中等大小的整数 | 3 |
| INT(INTEGER) | 普通大小的整数 | 4 |
| BIGINT | 大整数 | 8 |

表 3-2　浮点数类型

| 数据类型名称 | 说明 |
|---|---|
| FLOAT | 单精度浮点类型 |
| DOUBLE | 双精度浮点类型 |

表 3-3　定点数类型

| 数据类型名称 | 说明 |
|---|---|
| DECIMAL[(M,D)] | 定点数类型，表示一共能存 *M* 位，其中小数点后占 *D* 位，*M* 和 *D* 称为精度和标度。 |

在定义字段的数据类型为整型时，可以在后面带一个整数，如定义 EnterYear 字段的数据类型为 INT(4)，后面的数字 4 表示该字段值的显示宽度，与取值范围无关。

笔 记

例如，INT(4)和INT(10)的存储范围是一样的。

如果字段值的位数小于指定宽度，左边用空格填充；如果输入的值位数大于指定宽度，只要不超过该类型整数的取值范围，该值可以插入。所以整型数据类型后面带一个整数是没有多大意义的。

FLOAT、DOUBLE 存储的数据容易产生误差，存储的是近似值而非精确数据。而DECIMAL 则以字符串的形式保存数值，存储的是精确数据，故精确数据只能选择用DECIMAL 类型。因为在 MySQL 中没有货币类型，所以存放与金钱有关的数据选择使用DECIMAL。

2. 字符型数据类型

表 3-4 列出了 MySQL 支持的常用字符型数据类型。

表 3–4 字符型数据类型

| 数据类型名称 | 说明 | 优缺点 |
| --- | --- | --- |
| CHAR(*n*) | 固定长度字符串类型。*n* 表示能存放的最多字符数，取值范围为 0～255。若存入字符数小于 *n*，则以空格补于其后，查询时再将空格去掉，所以 CHAR 类型存储的字符串末尾不能有空格 | 比较浪费空间，但是效率高，适用于电话号码、身份证号等值的长度基本一样的字段 |
| VARCHAR(*n*) | 可变长度字符串类型。在创建表时就指定 *n* 的值，*n* 表示能存放的最多字符数，取值范围为 0～65535。不会删除尾部空格 | 比较节省空间，但是效率低，适用于数据长度变化较大的字段，如地址 |
| TEXT | 可存储 0～65535 字节长文本数据 | 这种类型实际中使用量很大，一般用来直接存储一个比较大的文本，如一篇文章、一篇新闻稿等 |
| BLOB | 二进制字符串 | 主要存储图片、音频信息，但基本不被使用到。图片、视频一般都存储在磁盘中，然后将存储在磁盘中的路径存储在数据库中 |
| ENUM(值 1,值 2,值 3…) | 又称为枚举类型，在创建表时，ENUM 类型的取值范围就以列表形式指定 ENUM(可能出现的元素列表) | 事先将可能出现的结果都设计好，实际存储的数据必须是列表中的一个元素，如 Sex ENUM('男','女') |

3. 日期和时间型数据类型

表 3-5 列出了 MySQL 支持的常用日期和时间型数据类型。

表 3–5 日期和时间型数据类型

| 数据类型名称 | 格式 | 说明 |
| --- | --- | --- |
| YEAR | yyyy | 只存储年份 |
| DATE | yyyy-mm-dd | 存储年月日 |
| TIME | hh:mm:ss | 存储时分秒 |
| DATETIME | yyyy-mm-dd hh:mm:ss | 存储年月日时分秒 |
| TIMESTAMP | yyyy-mm-dd hh:mm:ss | 存储年月日时分秒，取值范围小于 DATETIME。以 UTC（世界标准时间）格式存储，会先转换为本地时区后再存放；当查询时，会转换为本地时区后再显示 |

【任务实施】

微课 3-2
任务实施：为字段选取合适数据类型

为学生成绩管理子系统数据库中表的字段选取合适数据类型。

【例 1】 为班级 Class 表中的字段选取合适数据类型，结果见表 3-6。

Class（ClassNo，ClassName，College，Specialty，EnterYear）

表 3-6　Class 表字段数据类型

| 字段名 | 数据类型 | 长度 | 字段说明 |
| --- | --- | --- | --- |
| ClassNo | VARCHAR | 10 | 班级编号 |
| ClassName | VARCHAR | 30 | 班级名称 |
| College | VARCHAR | 30 | 所在学院 |
| Specialty | VARCHAR | 30 | 所属专业 |
| EnterYear | INT | — | 入学年份 |

【练习 1】 为学生 Student 表中的字段选取数据类型。

Student（Sno，Sname，Sex，Birth，ClassNo）
字段说明：学号，姓名，性别，出生年月，班级编号

注意：

ClassNo 字段的数据类型要与 Class 表中 ClassNo 字段的数据类型一致，因为同一数据库描述同一数据，存储格式必须一致。

【练习 2】 为课程 Course 表中的字段选取数据类型。

Course（Cno，Cname，Credit，ClassHour）
字段说明：课程编号，课程名称，课程学分，课程学时

【练习 3】 为成绩 Score 表中的字段选取数据类型。

Score（Sno，Cno，Uscore，EndScore）
字段说明：学号，课程编号，平时成绩，期末成绩

下面为学生住宿管理系统数据库中的字段选取合适数据类型。

【练习 4】 为宿舍 Dorm 表中的字段选取数据类型。

Dorm（DormNo，Build，Storey，RoomNo，BedsNum，DormType，Tel）
字段说明：宿舍编号，楼栋，楼层，房间号，总床位数，宿舍类别，宿舍电话

【练习 5】 为入住 Live 表中的字段选取数据类型。

Live（Sno，DormNo，BedNo，InDate，OutDate）
字段说明：学号，宿舍编号，床位号，入住日期，离寝日期

【练习 6】 为卫生检查 CheckHealth 表中的字段选取数据类型。

CheckHealth（CheckNo，DormNo，CheckDate，CheckMan，Score，Problem）
字段说明：检查号，宿舍编号，检查时间，检查人员，检查成绩，存在问题

【任务总结】

字段数据类型的选取非常关键，关系到实际使用中的数据能否存储到数据库表中，所以必须考虑全面，应遵循存储空间够用但不浪费的原则。

## 任务 3-2 创建和管理表

PPT：3-2 创建和管理表

微课 3-3
创建表

【任务提出】

数据库中包含了很多对象，其中最重要、最基本、最核心的对象就是表。表是实际存储数据的地方，其他的数据库对象都依附于表对象而存在。在数据库中创建表是整个数据库应用的开始，也是数据库应用中至关重要的一项基础操作。

【任务分析】

本任务要求使用 CREATE TABLE 语句完成表的简单定义，包括字段名称、字段属性（如字段数据类型、长度、是否允许为空、字段默认值、是否自动编号）等。

【相关知识与技能】

**1．CREATE TABLE 语句**

CREATE TABLE 语句的语法形式如下：

```
CREATE TABLE [IF NOT EXISTS] 表名
(列名1 列属性,
 列名2 列属性,
 ……,
 列名n 列属性
);
```

列属性包括字段数据类型、长度、是否允许为空、字段默认值、是否为自动编号等。

注意：

① [IF NOT EXISTS]：[ ]表示为可选关键字。作用是避免表已经存在时 MySQL 报告错误。

② 数据类型中，CHAR、VARCHAR 数据类型必须指明长度，如 VARCHAR(10)。INT 类型后边的括号中的值并不会影响其存储值的范围，仅仅指示了整数值的显示宽度。例如，INT(8)和 INT(10)的存储范围是一样的。

③ DECIMAL(M,D)数据类型必须指明 M（精度）和 D（小数位数）。

④ NULL 表示允许为空，字段定义时默认为允许为空，可以省略。NOT NULL 表示不允许为空。

⑤ 设置字段默认值：DEFAULT 默认值。

⑥ 在标准 SQL 中，字符型常量使用的是单引号，MySQL 对 SQL 的扩展允许使用单引号和双引号两种。

【例 1】 使用 CREATE TABLE 语句在 School 数据库中创建班级 Class 表。其表结构见表 3-7。

表 3-7　班级表 Class

| 字段名 | 字段说明 | 数据类型 | 长度 | 允许空值 |
| --- | --- | --- | --- | --- |
| ClassNo | 班级编号 | VARCHAR | 10 | 否 |
| ClassName | 班级名称 | VARCHAR | 30 | 否 |
| College | 所在学院 | VARCHAR | 30 | 否 |
| Specialty | 所属专业 | VARCHAR | 30 | 否 |
| EnterYear | 入学年份 | INT | — | 是 |

```
USE School;
CREATE TABLE Class
(ClassNo VARCHAR(10) NOT NULL,
ClassName VARCHAR(30) NOT NULL,
College VARCHAR(30) NOT NULL,
Specialty VARCHAR(30) NOT NULL,
EnterYear INT);
```

注意：

① 标点符号必须为英文标点符号，列与列之间的定义使用逗号分隔。

② 在对 MySQL 数据表进行操作之前，必须首先使用 USE 语句选择数据库。在 CREATE TABLE 语句前使用语句：USE School;。

2．常用表操作语句

常用表操作语句见表 3-8。

表 3-8　常用表操作语句

| 语句 | 功能 |
| --- | --- |
| SHOW TABLES; | 显示当前数据库中所有的表名 |
| DESCRIBE 表名;　可简写成：DESC 表名;<br>或 SHOW COLUMNS FROM 表名;<br>SHOW FULL COLUMNS FROM 表名; | 查看表基本结构<br>（FULL 为全面查看，包括字段编码） |
| SHOW CREATE TABLE 表名; | 查看表的完整 CREATE TABLE 语句 |
| SHOW CREATE TABLE 表名\G | \G 的作用是将结果旋转 90° 变成纵向显示 |
| DROP TABLE 表名; | 删除表 |

【例 2】 显示 School 数据库中所有的表名。查看班级 Class 表的完整 CREATE TABLE 语句。

```
USE School;
SHOW TABLES;
SHOW CREATE TABLE Class;
```

3．存储引擎

MySQL 中的数据用各种不同的技术存储在文件或者内存中，不同的技术使用不同的存储机制、索引技巧、锁定水平并且最终提供广泛的不同的功能和能力。通过选择不同的技术，能够获得额外的速度或者功能，从而改善应用的整体功能。这些不同的技术以及配套的相关功能在 MySQL 中被称为存储引擎。

存储引擎就是存储数据、建立索引、更新查询数据等技术的实现方式，存储引擎是基于表的，所以存储引擎也可称为表类型。Oracle、SQL Server 等数据库只有一种存储引擎，而 MySQL 提供了插件式的存储引擎架构，所以 MySQL 存在多种存储引擎，用户可以根据不同的需求为数据表选择不同的存储引擎。

查看 MySQL 支持的存储引擎的语句为：

```
SHOW ENGINES;
```

在 MySQL 8.0 中查看得到的结果如图 3-1 所示。

| Engine | Support | Comment | Transactions | XA | Savepoints |
|---|---|---|---|---|---|
| MEMORY | YES | Hash based, stored in me | NO | NO | NO |
| MRG_MYISAM | YES | Collection of identical My | NO | NO | NO |
| CSV | YES | CSV storage engine | NO | NO | NO |
| FEDERATED | NO | Federated MySQL storag | (Null) | (Null) | (Null) |
| PERFORMANCE_SCHEMA | YES | Performance Schema | NO | NO | NO |
| MyISAM | YES | MyISAM storage engine | NO | NO | NO |
| InnoDB | DEFAULT | Supports transactions, ro | YES | YES | YES |
| BLACKHOLE | YES | /dev/null storage engine | NO | NO | NO |
| ARCHIVE | YES | Archive storage engine | NO | NO | NO |

图 3-1
MySQL 8.0 支持的存储引擎

MySQL 5.5 版本之前，MyISAM 是 MySQL 默认的存储引擎。从 MySQL 5.5 版本开始，InnoDB 成为 MySQL 默认的存储引擎。两种存储引擎各有其优点，两者最大的区别就是 InnoDB 支持事务、外键和行级锁。两者的简单比较见表 3-9。

表 3–9 MyISAM 和 InnoDB 存储引擎的比较

| 比较项 | MyISAM 存储引擎 | InnoDB 存储引擎 |
|---|---|---|
| 外键 | 不支持外键，如果增加外键，不会提示错误，只是外键不起作用 | 支持外键 |
| 事务 | 不支持事务 | 支持事务 |
| 行表锁 | 只支持表级锁，即用户在操作 MyISAM 表时，即使操作一条记录也会锁住整张表，并发性差 | 支持行级锁，操作时只锁某一行，对其他行没有影响，并发性高 |
| 缓存 | 只会缓存索引，不缓存真实数据 | 不仅缓存索引还缓存真实数据 |
| 表空间 | 小 | 大 |
| 使用场景 | 主要面向联机分析处理（OLAP）数据库应用 | 主要面向联机事务处理（OLTP）数据库应用 |

### 4. 指定存储引擎

可以在创建表时指定存储引擎或修改表的存储引擎。MySQL 8.0 默认的存储引擎为 InnoDB，用户不用额外指定存储引擎。

**（1）创建表时指定存储引擎**

```
CREATE TABLE 表名(
    ......
) ENGINE = 存储引擎;
```

**（2）修改表的存储引擎**

```
ALERT TABLE 表名 ENGINE=存储引擎;
```

5. 设置编码统一

MySQL 8.0 默认的编码是 utf8 或 utf8mb4，在 MySQL 8.0 中创建数据库、创建表可以不用指定编码。但同一数据库中各张表的编码必须设置统一，不要出现部分表的编码是 utf8，而部分表的编码是 utf8mb4，否则在不同编码的表之间无法设置外键约束。

若 MySQL 低版本默认的编码不是 utf8，建议在创建数据库时直接设置数据库的编码方式为 utf8，之后该数据库中所建的“表”和“字段”都会以此格式为默认编码格式。若没有在创建数据库时直接设置数据库的编码，也可以在创建表时指定编码 utf8 或修改表的编码，但对初学者来说容易出错。因为若在创建部分表之后再更改数据库的编码，那么必须在更改数据库编码后，逐一更改之前所创建的所有“表”和“字段”的编码格式。

**（1）创建表时指定编码 utf8**

```
CREATE TABLE 表名 (
    ……
) DEFAULT CHARSET=utf8;
```

**（2）创建表时指定存储引擎和编码**

```
CREATE TABLE 表名 (
    ……
) ENGINE = InnoDB DEFAULT CHARSET=utf8;
```

**（3）修改表的编码但字段的编码没有修改**

```
ALTER TABLE 表名 CHARACTER SET utf8;
```

**（4）修改表及表中字段的编码**

```
ALTER TABLE 表名 CONVERT TO CHARACTER SET utf8;
```

注意：

MySQL 中的数据编码格式已经精确到“字段”，修改表的编码还要注意表中字段的编码是否已修改。

【任务实施】

【练习 1】 在 School 数据库中创建 Student 表，其表结构见表 3–10。

表 3–10　学生表 Student

| 字段名 | 字段说明 | 数据类型 | 长度 | 允许空值 | 默认值 |
|---|---|---|---|---|---|
| Sno | 学号 | VARCHAR | 15 | 否 | — |
| Sname | 姓名 | VARCHAR | 10 | 否 | — |
| Sex | 性别 | CHAR | 4 | 否 | 男 |
| Birth | 出生年月 | DATE | — | 是 | — |
| ClassNo | 班级编号 | VARCHAR | 10 | 否 | — |

微课 3–4
任务实施：创建简单表

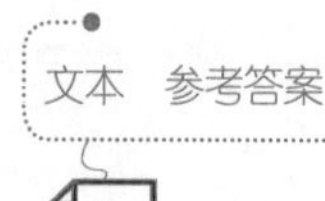


笔 记

【练习2】 在School数据库中创建Course表，其表结构见表3-11。

表3-11 课程表Course

| 字段名 | 字段说明 | 数据类型 | 长度 | 允许空值 |
| --- | --- | --- | --- | --- |
| Cno | 课程编号 | VARCHAR | 10 | 否 |
| Cname | 课程名称 | VARCHAR | 30 | 否 |
| Credit | 课程学分 | DECIMAL(4,1) | — | 是 |
| ClassHour | 课程学时 | INT | — | 是 |

【练习3】 在School数据库中创建Score表，其表结构见表3-12。

表3-12 成绩表Score

| 字段名 | 字段说明 | 数据类型 | 长度 | 允许空值 |
| --- | --- | --- | --- | --- |
| Sno | 学号 | VARCHAR | 15 | 否 |
| Cno | 课程编号 | VARCHAR | 10 | 否 |
| Uscore | 平时成绩 | DECIMAL(4,1) | — | 是 |
| EndScore | 期末成绩 | DECIMAL(4,1) | — | 是 |

【练习4】 在School数据库中创建Dorm表，其表结构见表3-13。

表3-13 宿舍表Dorm

| 字段名 | 字段说明 | 数据类型 | 长度 | 允许空值 |
| --- | --- | --- | --- | --- |
| DormNo | 宿舍编号 | VARCHAR | 10 | 否 |
| Build | 楼栋 | VARCHAR | 30 | 否 |
| Storey | 楼层 | VARCHAR | 10 | 否 |
| RoomNo | 房间号 | VARCHAR | 10 | 否 |
| BedsNum | 总床位数 | INT | — | 是 |
| DormType | 宿舍类别 | VARCHAR | 10 | 是 |
| Tel | 宿舍电话 | VARCHAR | 15 | 是 |

【练习5】 在School数据库中创建Live表，其表结构见表3-14。

表3-14 入住表Live

| 字段名 | 字段说明 | 数据类型 | 长度 | 允许空值 |
| --- | --- | --- | --- | --- |
| Sno | 学号 | VARCHAR | 15 | 否 |
| DormNo | 宿舍编号 | VARCHAR | 10 | 否 |
| BedNo | 床位号 | VARCHAR | 2 | 否 |
| InDate | 入住日期 | DATE | — | 否 |
| OutDate | 离寝日期 | DATE | — | 是 |

【练习6】 在School数据库中创建CheckHealth表，其表结构见表3-15。

表 3-15 卫生检查表 CheckHealth

| 字段名 | 字段说明 | 数据类型 | 长度 | 允许空值 | 默认值 |
| --- | --- | --- | --- | --- | --- |
| CheckNo | 检查号 | INT | — | 否 | — |
| DormNo | 宿舍编号 | VARCHAR | 10 | 否 | — |
| CheckDate | 检查时间 | DATETIME | — | 否 | 当前系统时间 |
| CheckMan | 检查人员 | VARCHAR | 10 | 否 | — |
| Score | 成绩 | DECIMAL(5,2) | — | 否 | — |
| Problem | 存在问题 | VARCHAR | 50 | 是 | — |

注意：

MySQL 中设置字段默认值为当前系统时间，使用 DEFAULT CURRENT_ TIMESTAMP。

在 MySQL5.6.5 版本之前，DEFAULT CURRENT_TIMESTAMP 只适用于 TIMESTAMP，而且一张表中最多允许一个 TIMESTAMP 字段采用该特性。从 MySQL 5.6.5 开始，DEFAULT CURRENT_TIMESTAMP 同时适用于 TIMESTAMP 和 DATETIME，且不限制数量。

【任务总结】

通过本任务的学习，完成了使用 CREATE TABLE 语句创建简单表，包括定义表中各字段的列名、数据类型、长度、允许空值、字段默认值等。

同一数据库中各张表的编码必须设置统一，不要出现部分表的编码是 utf8，而部分表的编码是 utf8mb4。若 MySQL 低版本默认的编码不是 utf8，建议在创建表前先查看数据库的默认编码，如果不是，先修改数据库的默认编码再创建表。

## 任务 3-3 设置约束

PPT：3-3 设置约束

【任务提出】

数据库中的数据是从外界输入的，由于种种原因，数据的输入会造成无效操作或错误信息。数据完整性正是为了防止数据库中存在不符合语义规定的数据和防止因错误信息的输入/输出造成无效操作或错误信息而提出的。

微课 3-5
设置主键和外键

【任务分析】

数据完整性是指数据的精确性和可靠性。数据完整性分为 4 类：实体完整性、参照完整性、域完整性和用户自定义的完整性。其中，实体完整性和参照完整性是任何关系表必须满足的完整性约束条件。数据库采用多种方法来保证数据完整性，包括主键、外键、约束、触发器等。

【相关知识与技能】

### 1. 主键和实体完整性

#### （1）主键

主键：又称为主码，用于唯一标识表中每一行的属性或最小属性组，主键中的各个属性称为主属性，不包含在主键中的属性称为非主属性。

主键可以是单个属性，也可以是属性组。

例如，学生（学号，姓名，性别，出生年月，班级编号）的主键是学号。而因为一个学生要选修多门课程，一门课程有多个学生选修，所以，成绩（学号，课程编号，平时成绩，期末成绩）的主键是学号+课程编号。

**（2）实体完整性**

实体完整性规则：若属性A是关系R的主属性，则属性A不能取空值。实体完整性用于保证关系数据库表中的每条记录都是唯一的，建立主键的目的是为了实现实体完整性。

微课 3-6
编程实现主键约束设置

**2. 设置主键约束（PRIMARY KEY）**

**（1）在 CREATE TABLE 语句创建表同时设置主键**

若主键由一个字段组成，可以在定义列的同时设置主键。语法规则如下：

```
字段名 数据类型 PRIMARY KEY
```

也可以在定义完所有列之后设置主键：

```
[CONSTRAINT 约束名] PRIMARY KEY(字段名)
```

其中，主键约束名的取名规则推荐采用：PK_表名。“[Constraint 约束名]”可以省略，如果省略，约束名会采用系统默认生成的。

【例1】 在School数据库中设置表Class中的ClassNo字段为主键。

```
USE School;
CREATE TABLE Class
(ClassNo VARCHAR(10) NOT NULL PRIMARY KEY,   #在定义列的同时设置主键
ClassName VARCHAR(30) NOT NULL,
College VARCHAR(30) NOT NULL,
Specialty VARCHAR(30) NOT NULL,
EnterYear INT);

CREATE TABLE Class
(ClassNo VARCHAR(10) NOT NULL,
ClassName VARCHAR(30) NOT NULL,
College VARCHAR(30) NOT NULL,
Specialty VARCHAR(30) NOT NULL,
EnterYear INT,
PRIMARY KEY(ClassNo)    #在定义完所有列之后设置主键
);
```

若主键由多个字段组成，则只能在定义完所有列之后设置主键，即[CONSTRAINT 约束名] PRIMARY KEY(字段名)，多个字段名之间使用逗号分隔。

【例2】 在School数据库中设置表Score中的Sno、Cno字段为主键。

```
CREATE TABLE Score
(Sno VARCHAR(15) NOT NULL,
Cno VARCHAR(10) NOT NULL,
Uscore DECIMAL(4,1),
EndScore DECIMAL(4,1),
PRIMARY KEY(Sno,Cno)    #只能在定义完所有列之后设置主键
```

```
);
```

（2）使用 ALTER TABLE 语句修改表添加主键约束

若表已经创建完成，而没有设置主键约束，不用删除旧表再创建一张新表，只要使用 ALTER TABLE 语句修改表添加约束即可。

语句语法如下：

```
ALTER TABLE 表名
    ADD [CONSTRAINT 约束名] PRIMARY KEY(字段名);
```

【例 3】 在 School 数据库中设置表 Student 中的 Sno 字段为主键。

```
ALTER TABLE Student
    ADD PRIMARY KEY(Sno);
```

3. 设置表的属性值自动增加

在数据库应用中，经常希望在每次插入新记录时，系统自动生成某字段的值，这可以通过为该字段添加 AUTO_INCREMENT 关键字来实现。在 MySQL 中，AUTO_INCREMENT 列的初始值默认为 1，每新增一条记录，字段值自动加 1。一个表只能有一个字段设置为 AUTO_INCREMENT，并且该字段必须为主键的一部分，且设置为 AUTO_INCREMENT 字段的数据类型必须为整数类型。

设置表的属性值自动增加的语法如下：

```
字段名 整数数据类型 AUTO_INCREMENT PRIMARY KEY
```

【例 4】 在 School 数据库中创建数据表 Teacher，字段包括 ID、TeacherName、College，指定 ID 字段的值自动递增。

```
USE School;
CREATE TABLE Teacher
(ID INT AUTO_INCREMENT PRIMARY KEY,
TeacherName VARCHAR(50),
College VARCHAR(50)
);
```

4. 唯一约束

UNIQUE 约束应用于表中的非主键列，用于指定一个或多个列的组合的值具有唯一性，以防止在列中输入重复的值。例如，身份证号码列中不可能出现重复的身份证号码，所以可以在此列上建立 UNIQUE 约束，以确保不会输入重复的身份证号码。

UNIQUE 约束与 PRIMARY KEY 约束的不同之处如下。

- 一张表可以设置多个 UNIQUE 约束，而 PRIMARY KEY 约束在一个表中只能有一个。
- 设置了 UNIQUE 约束的列值必须唯一，如果字段允许为空，可以有一个空值，且最多一个空值。而设置了 PRIMARY KEY 约束的列值必须唯一，而且不允许为空。

微课 3-7
设置唯一约束

5. 设置唯一约束（UNIQUE）

（1）在 CREATE TABLE 语句创建表的同时设置唯一约束

若唯一约束由一个字段组成，可以在定义列的同时设置唯一约束，语法规则如下：

```
字段名 数据类型 UNIQUE
```

也可以在定义完所有列之后设置唯一约束：

[CONSTRAINT 约束名] UNIQUE(字段名)。其中“[Constraint 约束名]”可以省略，如果省略，约束名会采用系统默认生成的。

【例 5】 在 School 数据库中设置表 Class 中的 ClassName 字段值为唯一。

```
USE School;
CREATE TABLE Class
(ClassNo VARCHAR(10) NOT NULL PRIMARY KEY,
ClassName VARCHAR(30) NOT NULL UNIQUE,   #在定义列的同时设置唯一约束
College VARCHAR(30) NOT NULL,
Specialty VARCHAR(30) NOT NULL,
EnterYear INT);

CREATE TABLE Class
(ClassNo VARCHAR(10) NOT NULL PRIMARY KEY,
ClassName VARCHAR(30) NOT NULL,
College VARCHAR(30) NOT NULL,
Specialty VARCHAR(30) NOT NULL,
EnterYear INT,
UNIQUE(ClassName)    #在定义完所有列之后设置唯一约束
);
```

若唯一约束由多个字段联合组成，则只能在定义完所有列之后设置唯一约束：[CONSTRAINT 约束名] UNIQUE(字段名)。多个字段名之间使用逗号分隔。

**（2）使用 ALTER TABLE 语句修改表添加唯一约束**

语句语法如下：

```
ALTER TABLE 表名
    ADD [CONSTRAINT 约束名] UNIQUE(字段名);
```

【例 6】 在 School 数据库中设置表 Course 中的 Cname 字段值为唯一。

```
ALTER TABLE Course
    ADD UNIQUE(Cname);
```

### 6．外键和参照完整性

**（1）外键**

数据库中有多张表，表与表之间会存在关系。如 Student（Sno，Sname，Sex，Birth，ClassNo）和 Class（ClassNo，ClassName，College，Specialty，EnterYear），因为先有班级后有班级的学生，这两个表之间存在着关系，Student 表中的 ClassNo 参照（引用）了 Class 表的主键 ClassNo。在向 Student 表中插入新行或修改其中的数据时，ClassNo 这列的数据值必须在 Class 表中已经存在，否则将不能执行插入或者修改操作。

外键：A 表中有列 X，该列不是所在表 A 的主键，但可以是主属性，它参照了另一张表 B 的主键字段或者具有唯一约束的字段 Y，称列 X 为所在表 A 的外键。被参照的那个表 B 被称为主表，而表 A 被称为从表。列 X 被称为参照列，列 Y 被称为被参照列。外键又被称为外码。

例如，Student 表中的 ClassNo 参照了 Class 表的主键 ClassNo，称 Student 表中的字段 ClassNo 为 Student 表的外键，Class 表称为主表，Student 表称为从表。

**（2）参照完整性**

参照完整性规则：参照完整性是基于外键的，如果表中存在外键，当外键列允许为空时外键值可为空，否则外键的值必须与主表中的某条记录的被参照列的值相同。

例如，Student 表中的 ClassNo 参照 Class 表的主键 ClassNo，则 Student 表中的 ClassNo 列的值必须与 Class 表中某条记录的主键 ClassNo 列的值相同。

参照完整性用于确保相关联表间的数据保持一致。当添加、删除或修改数据库表中的记录时，可以借助于参照完整性来保证相关表间数据的一致性。

7．设置外键约束（FOREIGN KEY）

**（1）在 CREATE TABLE 语句创建表同时设置外键**

微课 3-8
编程实现外键约束设置

在定义完所有列之后设置外键：[CONSTRAINT 约束名] FOREIGN KEY(外键字段名) REFERENCES 主表名(被参照字段名)。

外键约束名的取名规则推荐采用：FK_从表名_主表名。

【例 7】 在 School 数据库中给 Student 表的 ClassNo 字段设置外键约束，使该字段的值参照 Class 表的主键字段 ClassNo。

```
CREATE TABLE IF NOT EXISTS Student
(Sno VARCHAR(15) NOT NULL PRIMARY KEY,
Sname VARCHAR(10) NOT NULL,
Sex CHAR(4) NOT NULL ,
Birth DATE,
ClassNo VARCHAR(10) NOT NULL ,
FOREIGN KEY(ClassNo) REFERENCES Class(ClassNo)
#设置外键约束，使该字段的值参照 Class 表的主键字段 ClassNo
);
```

**（2）使用 ALTER TABLE 语句修改表添加外键约束**

语句语法如下：

```
ALTER TABLE 表名
    ADD [CONSTRAINT 约束名] FOREIGN KEY(外键字段名) REFERENCES 主表名(被参照字段名);
```

【例 8】 在 School 数据库中给 Score 表的 Sno 字段设置外键约束，使该字段的值参照 Student 表的主键字段 Sno，外键约束名为 FK_Score_Student。

```
ALTER TABLE Score
    ADD CONSTRAINT FK_Score_Student FOREIGN KEY(Sno) REFERENCES   Student(Sno);
```

微课 3-9
问题解决：字段设置外键约束时出错（Cannot add foreign key constraint）

若设置外键约束时出错，提示 ERROR1215 (HY000):Cannot add foreign key constraint，可能存在的问题有：外键参照的字段还没有设置主键约束或者唯一约束；外键字段的数据类型和被参照字段的数据类型不相同；外键列和被参照列的编码方式不相同，如外键列所在表的编码为 utf8，而被参照的主键列所在表的编码为 utf8mb4。

① 外键列必须参照另外一张表的主键字段或者唯一约束字段。

② 外键列的数据类型必须和主表的被参照列的数据类型相同。

③ 外键列必须和主表的被参照列的编码方式相同。
④ 外键列的字段名可以和被参照列的字段名不同。
⑤ MyISAM 存储引擎不支持外键。MySQL 5.5.8 之前默认的存储引擎是 MyISAM。

【任务实施】

在 School 数据库中设置以下约束。

【练习 1】 设置表 Class 中的 ClassNo 字段为主键。

【练习 2】 设置表 Student 中的 Sno 字段为主键。

【练习 3】 设置表 Course 中的 Cno 字段为主键。

【练习 4】 设置表 Score 中的 Sno 和 Cno 字段为主键。

微课 3-10
任务实施：设置主键和外键

【练习 5】 设置宿舍表 Dorm 的字段 DormNo 为主键。

【练习 6】 设置入住表 Live 的字段 Sno、InDate 为主键。

【练习 7】 给 Student 表的 ClassNo 字段设置外键约束，使该字段的值参照 Class 表的主键字段 ClassNo，外键约束名为 FK_Student_Class。

【练习 8】 给 Score 表的 Sno 字段设置外键约束，使该字段的值参照 Student 表的主键字段 Sno，外键约束名为 FK_Score_Student。

【练习 9】 给 Score 表的 Cno 字段设置外键约束，使该字段的值参照 Course 表的主键字段 Cno，外键约束名为 FK_Score_Course。

文本 参考答案

【练习 10】 设置入住表 Live 的字段 Sno 参照 Student 表的主键 Sno。

【练习 11】 设置入住表 Live 的字段 DormNo 参照 Dorm 表的主键 DormNo。

【练习 12】 删除 School 数据库中原有的 CheckHealth 表，根据表 3-16 的要求重新创建该表。

表 3-16 新的 CheckHealth 表结构

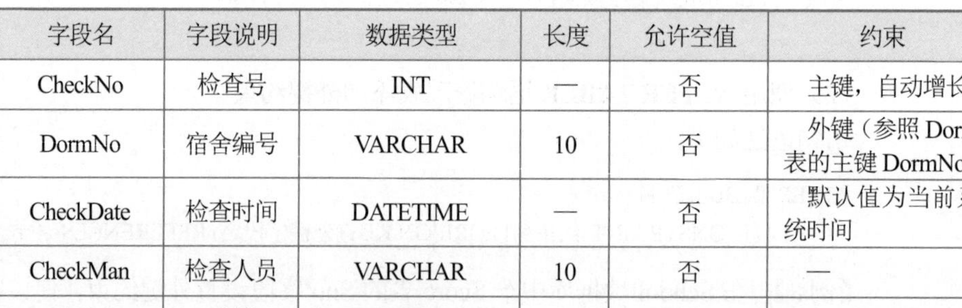

| 字段名 | 字段说明 | 数据类型 | 长度 | 允许空值 | 约束 |
|---|---|---|---|---|---|
| CheckNo | 检查号 | INT | — | 否 | 主键，自动增长 |
| DormNo | 宿舍编号 | VARCHAR | 10 | 否 | 外键（参照 Dorm 表的主键 DormNo） |
| CheckDate | 检查时间 | DATETIME | — | 否 | 默认值为当前系统时间 |
| CheckMan | 检查人员 | VARCHAR | 10 | 否 | — |
| Score | 成绩 | DECIMAL(5,2) | — | 否 | — |
| Problem | 存在问题 | VARCHAR | 50 | 是 | — |

【任务总结】

主键约束用于满足实体完整性，要求主键列数据唯一，并且不允许为空。

设置了唯一约束的列值必须唯一，如果允许为空可以最多有一个空值。一张表可以设置多个唯一约束。

外键约束用于满足参照完整性。

外键不能是所在表的主键，但可以是主属性。主表中的被参照的列必须是主键字段或是具有唯一约束的字段。

# 任务 3-4　使用 ALTER TABLE 语句修改表结构

PPT：3-4　使用 ALTER TABLE 语句修改表结构

【任务提出】

使用 CREATE TABLE 语句创建表后，经常会根据实际需要进一步对已存在的表做一些必要的修改操作，如增加新的字段、修改某些字段、删除字段、修改表名等。另外，为了保证表中数据的完整性和数据库内数据的一致性，必须给表添加约束。

【任务分析】

修改表的 SQL 语句是 ALTER TABLE 语句。本任务旨在使用 ALTER TABLE 语句进行表结构的修改和约束的设置。

微课 3-11
使用 ALTER TABLE 语句修改表结构

【相关知识与技能】

1. 修改表的存储引擎

语句语法如下：

```
ALTER TABLE 表名
    ENGINE=更改后的存储引擎名;
```

2. 修改表的编码

① 修改表的编码但字段的编码没有修改。

语句语法如下：

```
ALTER TABLE 表名 CHARACTER SET 编码;
```

② 修改表及表中字段的编码。

语句语法如下：

```
ALTER TABLE 表名 CONVERT TO CHARACTER SET 编码;
```

注意：

MySQL 中的数据编码格式已经精确到了“字段”，修改表的编码还要注意表中字段的编码修改了没有。

3. 添加新字段

语句语法如下：

```
ALTER TABLE 表名
    ADD 新字段名 数据类型;
```

可以在表的指定列之后添加一个字段，语法如下：

```
ALTER TABLE 表名
    ADD 新字段名 数据类型 AFTER 字段名 2;    #在字段名 2 后添加新字段
```

【例 1】 在 School 数据库的 Class 表中新增加字段 ID，设置其类型为 INT。

```
USE School;
ALTER TABLE Class
    ADD ID INT;
```

**4. 修改已有字段的数据类型**

语句语法如下：

```
ALTER TABLE 表名
    MODIFY 字段名 新数据类型;
```

【例2】 修改School数据库中Class表的ClassName字段的长度为40。

```
ALTER TABLE   Class
    MODIFY ClassName VARCHAR(40);
```

**5. 修改已有字段名和数据类型**

语句语法如下：

```
ALTER TABLE 表名
    CHANGE 旧字段名 新字段名 数据类型;
```

**6. 删除已有字段**

语句语法如下：

```
ALTER TABLE 表名
    DROP 字段名;
```

【例3】 删除School数据库中班级表Class的ID字段。

```
ALTER TABLE Class
      DROP ID;
```

**7. 添加默认值**

语句语法如下：

```
ALTER TABLE 表名
    ALTER COLUMN 字段名 SET DEFAULT 默认值;
```

【例4】 在School数据库中添加Class表的College字段的默认值为“信息工程学院”。

```
ALTER TABLE Class
    ALTER COLUMN College SET DEFAULT '信息工程学院';
```

**8. 删除默认值**

语句语法如下：

```
ALTER TABLE 表名
    ALTER COLUMN 字段名 DROP DEFAULT;
```

【例5】 在School数据库中删除Class表的College字段的默认值。

```
ALTER TABLE Class
    ALTER COLUMN College DROP DEFAULT;
```

**9. 添加约束**

**（1）添加主键约束**

语句语法如下：

```
ALTER TABLE 表名
```

```
    ADD [CONSTRAINT 约束名] PRIMARY KEY(主键字段名);
```

【例 6】 在 School 数据库中设置表 Class 的 ClassNo 字段为主键。

```
ALTER TABLE Class
    ADD CONSTRAINT PK_Class PRIMARY KEY(ClassNo);
```

**（2）添加外键约束**

语句语法如下：

```
ALTER TABLE 表名
  ADD [CONSTRAINT 约束名]
    FOREIGN KEY(外键字段名) REFERENCES 主表(主键字段名);
```

【例 7】 给 School 数据库中 Student 表的 ClassNo 字段设置外键约束，使该字段的值参照 Class 表的主键字段 ClassNo，外键约束名为 FK_Student_Class。

```
ALTER TABLE Student
  ADD CONSTRAINT FK_Student_Class
    FOREIGN KEY(ClassNo)  REFERENCES  Class(ClassNo);
```

**（3）添加唯一约束**

语句语法如下：

```
ALTER TABLE 表名
    ADD [CONSTRAINT 约束名] UNIQUE(字段名);
```

【例 8】 给 School 数据库中 Class 表的 ClassName 字段设置唯一约束，约束名为 UQ_ClassName。

```
ALTER TABLE Class
    ADD CONSTRAINT UQ_ClassName UNIQUE(ClassName);
```

### 10. 删除约束

**（1）删除主键约束**

语句语法如下：

```
ALTER TABLE 表名
    DROP PRIMARY KEY;
```

【例 9】 在 School 数据库中删除 Class 表中的主键约束。

```
ALTER TABLE Class
    DROP PRIMARY KEY;
```

若删除该主键约束出错，提示如图 3-2 所示的错误，原因是 Class 表的主键字段 ClassNo 目前有被外键参照，必须先删除参照它的外键约束，才能删除该主键约束。

```
mysql> alter table class drop primary key;
ERROR 1025 (HY000): Error on rename of '.\school\#sql-4d8_16' to '.\school\class
' (errno: 150 - Foreign key constraint is incorrectly formed)
```

图 3-2
删除主键约束提示出错

微课 3-12
问题解决：删除主键约束时出错（errno150 Foreign Key Constraint is incorrectly formed）

**（2）删除外键约束**

语句语法如下：

```
ALTER TABLE 表名
    DROP FOREIGN KEY 外键约束名;
```

【例 10】 在 School 数据库中删除 Student 表的 ClassNo 字段上的外键约束。

```
SHOW CREATE TABLE Student;  #通过查看表的完整 CREATE TABLE 语句，得到外键约束名
ALTER TABLE Student
    DROP   FOREIGN   KEY 外键约束名;
```

具体操作如图 3-3 所示。

```
mysql> USE School;
Database changed
mysql> show create table student\G
*************************** 1. row ***************************
       Table: student
Create Table: CREATE TABLE `student` (
  `Sno` varchar(15) NOT NULL,
  `Sname` varchar(10) NOT NULL,
  `Sex` char(4) NOT NULL,
  `Birth` date DEFAULT NULL,
  `ClassNo` varchar(10) NOT NULL,
  PRIMARY KEY (`Sno`),
  KEY `ClassNo` (`ClassNo`),
  CONSTRAINT `student_ibfk_1` FOREIGN KEY (`ClassNo`) REFERENCES `class` (`class
no`)
) ENGINE=InnoDB DEFAULT CHARSET=utf8
1 row in set (0.00 sec)

mysql> ALTER TABLE Student
    -> DROP FOREIGN KEY `student_ibfk_1`;
Query OK, 0 rows affected (0.16 sec)
Records: 0  Duplicates: 0  Warnings: 0
```

图 3-3
删除外键约束

**（3）删除唯一约束**

语句语法如下：

```
ALTER TABLE 表名
    DROP INDEX 唯一约束名;
```

【例 11】 在 School 数据库中删除 Class 表的 ClassName 字段中的唯一约束，约束名为 UQ_ClassName。

```
ALTER TABLE Class
      DROP INDEX UQ_ClassName;
```

**11. 重命名数据表**

语句语法如下：

```
ALTER TABLE 旧表名 RENAME TO 新表名;
```

或者

```
RENAME TABLE 旧表名 TO 新表名;
```

**【任务实施】**

在 School 数据库中实现以下操作。

【练习 1】 在班级表 Class 中新增加字段 ID，其数据类型为 INT。

【练习 2】 删除班级表 Class 中的 ID 字段的操作。

【练习 3】 修改 Class 表中 ClassName 字段的长度为 40。

【练习 4】 添加唯一约束，给 Class 表的 ClassName 字段设置唯一约束，约束名为 UQ_ClassName。

【练习 5】 添加默认值，添加 Class 表中 College 字段的默认值为“信息工程学院”。

微课 3-13
任务实施：使用 ALTER TABLE 语句修改表结构

【练习 6】 在班级表 Class 中新增加字段 ID，其类型为 INT，设置为自动编号。

注意：

一个表只能有一个字段设置为 AUTO_INCREMENT，且该字段必须为主键的一部分。

【任务总结】

使用 CREATE TABLE 语句创建表后，若需要修改表结构，不用删除旧表再创建一张新表，只要使用 ALTER TABLE 语句修改表结构即可。使用 ALTER TABLE 语句可以进行增加新的字段、修改已有字段、删除字段、修改表名等操作，还可以进行添加约束、删除约束、重命名表等操作。

## 任务 3-5　向表中添加数据、备份恢复数据库

PPT：3-5　向表中添加数据、备份恢复数据库

【任务提出】

表创建好后，就可以向表中添加数据，将数据保存到表中。使用 INSERT 语句向表中添加新的记录，也可以从外部文件导入数据。

【任务分析】

添加数据指向表中插入一条记录或多条记录。从外部文件中导入数据常用的方法是从外部文本文件中导入。

微课 3-14
向表中添加数据、备份恢复数据库

【相关知识与技能】

1．添加记录

向表中添加记录使用的是 INSERT 语句，语法如下：

```
INSERT INTO 表名[(列名 1,列名 2,……,列名 n)]
VALUES(常量 1,……,常量 n);
```

其功能是将 VALUES 后面的常量插入到表中新记录的对应列中。其中常量 1 插入到表新记录的列名 1 中，常量 2 插入到列名 2 中，……，常量 $n$ 插入到列名 $n$ 中。即表名后面列名的顺序与 VALUES 后面常量的顺序须一一对应。

【例 1】 向 School 数据库的 Student 表中插入一条新记录，其中学号为'200931010190125'，姓名为'陈红'，性别为'女'，班级编号为'200901901'。

```
INSERT INTO Student (Sno,Sname,Sex,ClassNo)
VALUES('200931010190125','陈红','女','200901901');
```

注意：

字符型常量和日期时间型常量要用单引号括起来，数值型常量则不需要单引号括起来。如果表中的某些属性列在 INSERT 子句中的表名后没有出现，则新记录中的这些列中的值为空值 NULL。表中不允许空（NOT NULL）的列，必须有相应的值插入，否则会出错。

【例2】 向 School 数据库的 Student 表中插入一条新记录，其中学号为'200931010190120'、姓名为'何园'，性别为'男'，出生年月为'1991/11/18'，班级编号为'200901901'。

```
INSERT INTO Student (Sno,Sname,Sex,Birth,ClassNo)
VALUES('200931010190120','何园','男','1991/11/18', '200901901');
```

注意：

如果插入表中所有列的数据，则 INSERT 语句中表名后面的列名可以省略，但插入数据的顺序必须与表中列的顺序完全一致，否则不能省略表名后面的列名。

可以将例2的 INSERT 语句简化为如下语句：

```
INSERT INTO Student
VALUES('200931010190120','何园','男','1991/11/18', '200901901');
```

2. 导入数据

微课 3-15
导入数据

导入数据的语句语法如下：

```
LOAD DATA INFILE '文件的路径和文件名' INTO TABLE 表名;
```

【例3】 将文本文件 D:/class.txt 的数据导入到 School 数据库的 Class 表中。

```
USE School;
LOAD DATA INFILE 'D:/class.txt' INTO TABLE Class;
```

注意：

① 外部文本文件的数据要符合表的要求，包括各列的数据类型一致，满足主键、外键、唯一约束。

② \是MySQL的转义字符，在 MySQL 中，路径 D:\class.txt 要写成 D:/class.txt。

③ 导入数据的时候若出现错误提示“The MySQL server is running with the --secure-file-priv option so it cannot execute this statement”，问题源于 MySQL 设置的权限。

- 解决方法1：将导入数据文件放到指定路径。

先使用语句查看 secure-file-priv 当前的值是什么：

```
show variables like '%secure%';
```

如图 3-4 所示。

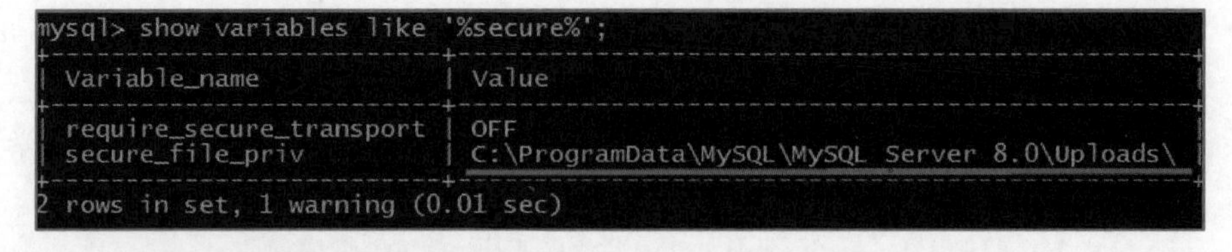
```
mysql> show variables like '%secure%';
+--------------------------+------------------------------------------------+
| Variable_name            | Value                                          |
+--------------------------+------------------------------------------------+
| require_secure_transport | OFF                                            |
| secure_file_priv         | C:\ProgramData\MySQL\MySQL Server 8.0\Uploads\ |
+--------------------------+------------------------------------------------+
2 rows in set, 1 warning (0.01 sec)
```

图 3-4
查看指定路径

这表示导入的数据必须在这个值的指定路径中才可以实现。

若执行例3的语句出现上述错误，首先将 class.txt 放到 C:\ProgramData\MySQL\MySQL Server 8.0\Uploads 下，然后修改语句为：

```
LOAD DATA INFILE 'C:/ProgramData/MySQL/MySQL Server 8.0/Uploads/class.txt' INTO TABLE Class;
```

- 解决方法2：查看并修改 my.ini 文件。

MySQL 8.0 安装没有路径可以选择，默认安装在 C:\Program Files\MySQL。my.ini

文件位置在 C:\ProgramData\MySQL\MySQL Server 8.0，注意：ProgramData 是隐藏文件。打开 my.ini 文件，找到如图 3-5 所示的代码。

```
# Secure File Priv.
secure-file-priv="C:/ProgramData/MySQL/MySQL Server 8.0/Uploads"
```

图 3-5
my.ini 文件中的路径

修改该代码中的路径，重启 MySQL 服务。

3．备份数据库

在系统运行过程中，可能会遭遇硬件故障、黑客攻击、操作失误等意外情况，数据库会遭到破坏。而学生往往会忽略数据库的备份。

备份数据库常用的方法是使用 MySQL 自带的可执行程序命令 mysqldump，该命令将数据库中的数据备份成一个脚本文件或文本文件。表的结构和表中的数据将存储在生成的脚本文件或文本文件中。

语句语法如下：

```
mysqldump  -uroot -p --databases  数据库名>路径和备份文件名
```

如果密码在-p 后直接给出，密码就以明文显示，为了保护用户密码，可以先不输入密码而继续输入语句的后续内容，输入完毕后，按回车键，再输入用户密码。

选项--databases 可以省略，但是省略后导致的是备份文件名中没有 CREATE DATABASE 和 USE 语句。mysqldump 语尾结尾没有；。

mysqldump 是 MySQL 自带的可执行程序命令，在 MySQL 安装目录下的 bin 文件夹中。该程序命令在 DOS 窗口中使用，如果在 DOS 窗口中使用该命令提示错误“不是内部或外部命令……”，有以下两种解决方法。

- 解决方法 1：将 MySQL 安装目录下的 bin 文件夹路径添加到 Windows 的“环境变量”→“系统变量”→“Path”中。再重新打开 DOS 窗口输入 mysqldump 命令。
- 解决方法 2：在 DOS 窗口中，使用 cd 命令切换到 bin 目录下，如，cd C:\Program Files\MySQL\MySQL Server 8.0\bin，然后输入 mysqldump 命令。

【例 4】 备份 School 数据库到 d:\schoolbak.sql 或 d:\schoolbak.txt。

```
mysqldump -u root -p --databases School>d:\schoolbak.sql
```

4．恢复数据库

使用 MySQL 的 source 命令执行备份文件：

```
source 路径/备份文件名
```

或者使用快捷命令：\. 路径/备份文件名。

注意：

*\.后面必须要有空格。*

若通过 mysqldump 备份时没有使用--databases 选项，则备份文件中不包含 CREATE DATABASE 和 USE 语句，那么在恢复时必须先执行这两个语句，否则提示出错：No database selected。

【例 5】 通过备份文件 D:\schoolbak.sql 恢复 School 数据库。

```
source D:/schoolbak.sql
```

注意：

若已存在 School 数据库，务必先执行语句 DROP DATABASE School；删除原有 School 数据库，再执行 source 语句。

【任务总结】

没有数据就没有一切，数据库备份就是一种防患于未然的强力手段，没有了数据，应用再花哨也是镜中花，水中月。

## 巩固知识点

一、选择题

1．现有一个关系：借阅（书号，书名，库存数，读者号，借期，还期），假如同一本书允许一个读者多次借阅，但不能同时对一种书借多本。则该关系模式的主键是（　　）。

A．书号　　B．读者号

C．书号，读者号　　D．书号，读者号，借期

2．使用 ALTER TABLE 修改表时，如果要修改表的名称，可以使用（　　）子句。

A．CHANGE　NAME　　B．SET NAME

C．RENAME　　D．NEW　NAME

3．MySQL 的字符型系统数据类型主要包括（　　）。

A．INT、MONEY、CHAR　　B．DATETIME、BINARY、INT

C．CHAR、VARCHAR、TEXT　　D．CHAR、VARCHAR、INT

4．在书店的“图书”表中，定义了书号、书名、作者号、出版社号、价格等属性，其主键应是（　　）。

A．书号　　B．作者号

C．出版社号　　D．书号、作者号

5．在 SQL 中，修改表中数据的语句是（　　）。

A．UPDATE　　B．ALTER

C．SELECT　　D．DELETE

6．关系数据库中表和数据库的关系是（　　）。

A．一个数据库可以包含多个表　　B．一个表只能包含两个数据库

C．一个表可以包含多个数据库　　D．一个数据库只能包含一个表

7．创建表时，不允许某列为空可以使用（　　）。

A．NOT NULL　　B．NO NULL

C．NOT　BLANK　　D．NO　BLANK

8．设有关系模式 EMP（职工号，姓名，年龄，技能），假设职工号唯一，每个职工有多项技能，则 EMP 表的主键是（　　）。

A．职工号　　B．姓名、技能

C．技能　　D．职工号、技能

9．在 SQL 中，若要修改某张表的结构，应该使用的语句是（　　）。

A．ALTER　DATABASE　　B．CREATE　DATABASE

C．CREATE TABLE D．ALTER TABLE

10．以下关于关系数据库表的性质说法错误的是（ ）。

A．数据项不可再分

B．同一列数据项要有相同的数据类型

C．记录的顺序可以任意排列

D．字段的顺序不可以任意排列

11．现有一个关系：选修（学号，姓名，课程号，课程名，平时成绩，期末成绩，学期成绩），其中一个学生可以选修多门课程，而一门课程可以被多个学生选修，则该关系的主键是（ ）。

A．学号 B．课程号

C．学号、课程号 D．课程号、学期成绩

12．支持主外键、索引及事务的存储引擎是（ ）。

A．MYISAM B．INNODB

C．MEMORY D．CHARACTER

13．表中某一字段设为主键后，则该字段值（ ）。

A．必须是有序的 B．可取值相同

C．不能取值相同 D．可为空

14．要快速而完全地清空一个表，可以使用（ ）语句。

A．TRUNCATE TABLE B．DELETE TABLE

C．DROP TABLE D．CLEAR TABLE

15．不可以在（ ）数据类型的字段中创建主键。

A．TEXT B．CHAR

C．SMALLINT D．DATETIME

16．选课表中学号+课程编号设为主键后，则该组字段值（ ）。

A．都可为空

B．学号不能为空，课程号可为空

C．课程号不能为空，学号可为空

D．两字段值皆不能为空

17．语句“ALTER TABLE 表名 ADD 列名 列的描述”可以向表中（ ）。

A．删除一个列 B．添加一个列

C．修改一个列 D．添加一张表

18．下面有关主键的叙述正确的是（ ）。

A．表必须定义主键

B．一个表中的主键可以是一个或多个字段

C．在一个表中主键只可以是一个字段

D．表中的主键的数据类型可以是任何类型

19．语句 DROP TABLE 可以（ ）。

A．删除一张表 B．删除一个视图

C．删除一个索引 D．删除一个游标

20．参照完整性的作用是（ ）控制。

A．字段数据的输入 B．记录中相关字段之间的数据有效性

C．表中数据的完整性　　　　D．相关表之间的数据一致性

21．数据库的完整性是指数据的（　　）。

A．正确性和相容性　　　　B．合法性和不被恶意破坏

C．正确性和不被非法存取　　　　D．合法性和相容性

22．在 SQL 中，删除表的对应命令是（　　）。

A．DELETE　　　　B．CREATE

C．DROP　　　　D．ALTER

23．学号字段中含有“1”、“2”、“3”……等值，该字段可以设置成数值类型，也可以设置为（　　）类型。

A．MONEY　　　　B．CHAR

C．TEXT　　　　D．DATETIME

24．以下关于外键和相应的主键之间的关系，正确的是（　　）。

A．外键并不一定要与相应的主键同名

B．外键一定要与相应的主键同名

C．外键一定要与相应的主键同名而且唯一

D．外键一定要与相应的主键同名，但并不一定唯一

25．主键的组成（　　）。

A．只有一个属性　　　　B．不能多于 3 个属性

C．必须是多个属性　　　　D．一个或多个属性

26．创建表的命令为（　　）。

A．CREATE TABLE　　　　B．RENAME TABLE

C．ALTER TABLE　　　　D．DROP TABLE

27．删除表的命令为（　　）。

A．CREATE TABLE　　　　B．RENAME TABLE

C．ALTER TABLE　　　　D．DROP TABLE

28．在 MySQL 中图片以（　　）格式存储。

A．VARCHAR　　　　B．TEXT

C．BLOB　　　　D．BOOL

29．查看表 XS 的表结构应该用以下命令中的（　　）。

A．SHOW TABLES XS　　　　B．DESC XS

C．SHOW DATABASES XS　　　　D．DESC XS 学号

30．在 MySQL 中，使用关键字 AUTO_INCREMENT 设置自增属性时，该属性列的数据类型可以是（　　）。

A．INT　　　　B．DATETIME

C．VARCHAR　　　　D．DOUBLE

31．以下关于 PRIMARY KEY 和 UNIQUE 的描述中，错误的是（　　）。

A．UNIQUE 约束只能定义在表的单个列上

B．一个表上可以定义多个 UNIQUE，只能定义一个 PRIMARY KEY

C．在空值列上允许定义 UNIQUE，不能定义 PRIMARY KEY

D．PRIMARY KEY 和 UNIQUE 都可以约束属性值的唯一性

32. 在 MySQL 中，下列有关 CHAR 和 VARCHAR 的比较中，不正确的是（　　）。

A. CHAR 是固定长度的字符类型，VARCHAR 则是可变长度的字符类型

B. 由于 CHAR 固定长度，所以在处理速度上要比 VARCHAR 快，但是会占更多的存储空间

C. CHAR 和 VARCHAR 的最大长度都是 255

D. 使用 CHAR 字符类型时，将自动删除末尾的空格

33. 为字段设定默认值，需要使用的关键字是（　　）。

A. NULL　　B. TEMPORARY

C. EXIST　　D. DEFAULT

34. 下列关于 AUTO_INCREMENT 的描述中，不正确的是（　　）。

A. 一个表只能有一个 AUTO_INCREMENT 属性

B. 该属性必须定义为主键的一部分

C. 在默认情况下，AUTO_INCREMENT 的开始值是 1 ，每条新记录递增 1

D. 只有 INT 类型能够定义为 AUTO_INCREMENT

35. 参照完整性的作用是（　　）。

A. 字段数据的输入　　B. 记录中相关字段之间的数据有效性

C. 表中数据的完整性　　D. 相关表之间的数据一致性

36. 向 Student 表增加入学时间 EDate 列，其数据类型为日期型，正确的 SQL 命令是（　　）。

A. ALTER TABLE Student ADD EDate Date;

B. ADD EDate Date ALTER TABLE Student;

C. ADD EDate Date TO TABLE Student;

D. ALTER TABLE Student ADD Date EDate;

37. 执行如下创建表的 SQL 语句时出现错误，需要修改的命令行是（　　）。

```
CREATE TABLE tb_test
    (Sno CHAR(10) AUTO_INCREMENT,
    Sname VARCHAR(20) NOT NULL,
    Sex CHAR(1),
    Scome DATE,
    PRIMARY KEY(Sno)
    ENGINE=InnoDB);
```

A. 第 2 行和第 7 行　　B. 第 4 行和第 7 行

C. 第 2 行、第 4 行和第 6 行　　D. 第 4 行、第 5 行和第 7 行

38. 部门表 tb_dept 的定义如下：

```
CREATE TABLE tb_dept
    (deptno CHAR(2) PRIMARY KEY,
    dname CHAR(20) NOT NULL,
    manager CHAR(12),
    telephone CHAR(15)
    );
```

下列说法中正确的是（ ）。

A．deptno 的取值不允许为空，不允许重复

B．dname 的取值允许为空，不允许重复

C．deptno 的取值允许为空，不允许重复

D．dname 的取值不允许为空，不允许重复

二、填空题

1．完整性约束包括（ ）完整性、（ ）完整性和用户自定义完整性。

2．在 SQL 中，删除表中数据的命令是（ ）。

3．修改表结构时，应使用的命令是（ ）。

4．（ ）用于保证数据库中数据表的每一个特定实体的记录都是唯一的。

5．关系数据模型的逻辑结构是（ ），关系中的列称为（ ），行称为（ ）。

6．创建、修改和删除表命令分别是（ ）TABLE、（ ）TABLE 和（ ）TABLE。

7．（ ）是指在插入记录时没有指定字段值的情况下自动使用的值。

8．在 SQL 中，创建表使用的语句是（ ）。

三、简答题

1．简述主键和实体完整性。

2．简述外键和参照完整性。

3．简述 UNIQUE 约束与 PRIMARY KEY 约束的不同之处。

## 实践阶段测试

在规定时间内完成“网上商城系统”数据库的创建。

① 创建数据库 eshop。

② 在 eshop 数据库中创建以下 9 张表。设置约束可以在建表同时设置，也可以创建表后使用 ALTER TABLE 语句修改表添加约束。各表结构见表 3-17～表 3-25。

表 3-17 UserInfo 表结构

| 字段名 | 字段说明 | 数据类型 | 长度 | 允许空值 | 约束 |
| --- | --- | --- | --- | --- | --- |
| UserID | 用户 ID | INT | — | 否 | 主键，自动增长 |
| UserName | 用户登录名 | VARCHAR | 50 | 是 | — |
| UserPass | 用户密码 | VARCHAR | 50 | 是 | — |
| Question | 密码提示问题 | VARCHAR | 50 | 是 | — |
| Answer | 密码提示问题答案 | VARCHAR | 50 | 是 | — |
| Acount | 账户金额 | DECIMAL | (18,0) | 是 | — |
| Sex | 性别 | VARCHAR | 50 | 是 | — |
| Address | 地址 | VARCHAR | 50 | 是 | — |
| Email | 电子邮件 | VARCHAR | 50 | 是 | — |
| Zipcode | 邮编 | VARCHAR | 10 | 是 | — |

表 3-18 Category 表结构

| 字段名 | 字段说明 | 数据类型 | 长度 | 允许空值 | 约束 |
| --- | --- | --- | --- | --- | --- |
| CategoryID | 商品分类 ID | INT | — | 否 | 主键 |
| CategoryName | 分类名称 | VARCHAR | 50 | 是 | — |

表 3-19 ProductInfo 表结构

| 字段名 | 字段说明 | 数据类型 | 长度 | 允许空值 | 约束 |
| --- | --- | --- | --- | --- | --- |
| ProductID | 商品编号 | INT | — | 否 | 主键，自动增长 |
| ProductName | 商品名称 | VARCHAR | 50 | 是 | — |
| ProductPrice | 商品价格 | DECIMAL | (18,0) | 是 | — |
| Intro | 商品介绍 | VARCHAR | 200 | 是 | — |
| CategoryID | 所属分类介绍 | INT | — | 是 | 外键，<br>参照 Category 表 |
| ClickCount | 点击数 | INT | — | 是 | — |

表 3-20 ShoppingCart 表结构

| 字段名 | 字段说明 | 数据类型 | 长度 | 允许空值 | 约束 |
| --- | --- | --- | --- | --- | --- |
| RecordID | 购物记录号 | INT | — | 否 | 主键，自动增长 |
| CartID | 购物车编号 | VARCHAR | 50 | 是 | — |
| ProductID | 产品编号 | INT | — | 是 | 外键，参照 ProductInfo 表 |
| CreatedDate | 购物日期 | DATETIME | — | 是 | — |
| Quantity | 购买数量 | INT | — | 是 | — |

表 3-21 Orders 表结构

| 字段名 | 字段说明 | 数据类型 | 长度 | 允许空值 | 约束 |
| --- | --- | --- | --- | --- | --- |
| OrderID | 订单号 | INT | — | 否 | 主键，自动增长 |
| UserID | 用户号 | INT | — | 否 | 外键，参照 UserInfo 表 |
| OrderDate | 订单日期 | DATETIME | — | 是 | — |

表 3-22 OrderItems 表结构

| 字段名 | 字段说明 | 数据类型 | 长度 | 允许空值 | 约束 |
| --- | --- | --- | --- | --- | --- |
| OrderID | 订单号 | INT | — | 否 | 主属性<br>外键，参照 Orders 表 |
| ProductID | 商品编号 | INT | — | 否 | 主属性<br>外键，参照 ProductInfo 表 |
| Quantity | 购买数量 | INT | — | 是 | — |
| UnitCost | 商品购买单价 | DECIMAL | (18,0) | 是 | — |

表 3-23 AdminRole 表结构

| 字段名 | 字段说明 | 数据类型 | 长度 | 允许空值 | 约束 |
| --- | --- | --- | --- | --- | --- |
| RoleID | 角色 ID | INT | — | 否 | 主键，自动增长 |
| RoleName | 权限名 | VARCHAR | 50 | 是 | — |

表 3-24 Admins 表结构

| 字段名 | 字段说明 | 数据类型 | 长度 | 允许空值 | 约束 |
|---|---|---|---|---|---|
| AdminID | 管理员 ID | INT | — | 否 | 主键 |
| LoginName | 管理员登录名 | VARCHAR | 50 | 是 | — |
| LoginPwd | 管理员密码 | VARCHAR | 50 | 是 | — |
| RoleID | 管理员角色 ID | INT | — | 是 | 外键，参照 AdminRole 表 |

表 3-25 AdminAction 表结构

| 字段名 | 字段说明 | 数据类型 | 长度 | 允许空值 | 约束 |
|---|---|---|---|---|---|
| ActionID | 日志 ID | INT | — | 否 | 主键 |
| Action | 角色名称 | VARCHAR | 50 | 是 | — |
| ActionDate | 日志时间 | DATETIME | — | 是 | — |
| AdminID | 所属管理员编号 | INT | — | 是 | 外键，参照 Admins 表 |

③ 向每张表中添加 1～3 条测试数据。

④ 备份 eshop 数据库。

# 单元4 查询和更新数据

单元2和单元3已经完成“学生信息管理系统”数据库School的创建，接下来的工作是对数据进行操作，包括查询数据、插入数据、修改数据和删除数据等。数据操作是数据库工程师和数据库相关岗位人员日常工作中必做的也是最频繁的工作。

School数据库各表结构及表中记录见【项目资源】，请先下载备份文件还原School数据库，再执行数据操作。

项目资源：“学生信息管理系统”数据库School

本单元根据实际需求完成数据查询统计和更新，包含的学习任务和单元学习目标具体如下。

**【学习任务】**

- 任务4-1　单表查询。
- 任务4-2　去掉查询结果中重复的行和对查询结果排序。
- 任务4-3　数据汇总统计。
- 任务4-4　多表连接查询。
- 任务4-5　不相关子查询。
- 任务4-6　相关子查询。
- 任务4-7　使用正则表达式查询。

- 任务 4-8 数据更新。
- 任务 4-9 级联更新、级联删除。
- 任务 4-10 带子查询的数据更新。

【学习目标】

- 掌握数据查询、添加、修改、删除对应的 SQL 语句。
- 理解 SELECT、INSERT、UPDATE、DELETE 语句的语法格式。
- 进一步理解表间关系。
- 能根据实际需求熟练编写 SELECT 语句对单表或多表进行数据查询。
- 能根据实际需求熟练编写 SELECT 语句对数据进行汇总计算、分组筛选。
- 能熟练使用 SQL 语句对数据进行更新。

# 任务 4-1　单表查询

PPT：4-1　单表查询

PPT

微课 4-1
单表查询

【任务提出】

数据库、表创建好后，接下来的工作是对数据进行操作，包括查询数据、插入数据、修改数据和删除数据等。数据操作是数据库工程师和数据库相关岗位人员日常工作中是最频繁的工作。

【任务分析】

数据库中最常见的操作是数据查询，可以说数据查询是数据库的核心操作。查询可以对单表进行查询，也可以完成复杂的连接查询和嵌套查询，其中，对单表进行查询是最简单的数据查询操作，下面先从单表查询入手学习数据查询操作。

实现数据查询操作使用 SQL 语言中的 SELECT 语句，本任务先学习和理解 SELECT 语句，然后针对实际需求对表进行查询。

【相关知识与技能】

**1．单表查询的 SELECT 语句**

语句语法如下：

```
SELECT [ALL|DISTINCT] 目标列表达式
FROM 表名
[WHERE 行条件表达式];
```

说明：

- [　]表示可选项。
- SELECT 子句：指定查询目标列表达式，可以是表中的列名，也可以是根据表中字段计算的表达式。ALL 表示查询出来的行（记录）中包括所有满足条件的记录，可以有重复行。...DISTINCT 表示去掉查询结果中的重复行。
- FROM 子句：指定查询的表。
- WHERE 子句：指定对表中行的筛选条件。

整个 SELECT 语句的含义是，根据 WHERE 子句的行条件表达式，从 FROM 子句指定的表中找出满足条件的行（记录），再按 SELECT 子句中的列名或表达式选出记录中的字段值形成查询结果。

**2．选择表中的若干列**

**（1）查询部分列**

语法格式如下：

```
SELECT 列名[，…n]
FROM 表名;
```

【例 1】 在 School 数据库中查询所有学生的学号和姓名。查询结果如图 4-1 所示。

```
USE School;
```

```
SELECT Sno,Sname
FROM Student;
```

提示：

在编写 SQL 语句时，可以对 SQL 语句适当进行注释说明，增加代码的可读性，可用行内注释“#注释文本”或者“-- 注释文本”或者块注释“/* 注释文本 */”。

注意：

SELECT 语句中的标点符号必须为英文标点符号。

**（2）查询全部列**

语法格式如下：

```
SELECT *
FROM 表名;
```

【例 2】 在 School 数据库中查询全体学生的详细信息。

```
SELECT *
FROM Student;
```

运行结果如图 4-2 所示。

| | Sno | Sname |
|---|---|---|
| 1 | 200931010100101 | 倪骏 |
| 2 | 200931010100102 | 陈国成 |
| 3 | 200931010100207 | 王康俊 |
| 4 | 200931010100208 | 叶毅 |
| 5 | 200931010100321 | 陈虹 |
| 6 | 200931010100322 | 江苹 |
| 7 | 200931010190118 | 张小芬 |
| 8 | 200931010190119 | 林芳 |

图 4-1
例 1 查询结果

| | Sno | Sname | Sex | Birth | ClassNo |
|---|---|---|---|---|---|
| 1 | 200931010100101 | 倪骏 | 男 | 1991-07-05 | 200901001 |
| 2 | 200931010100102 | 陈国成 | 男 | 1992-07-18 | 200901001 |
| 3 | 200931010100207 | 王康俊 | 女 | 1991-12-01 | 200901002 |
| 4 | 200931010100208 | 叶毅 | 男 | 1991-01-20 | 200901002 |
| 5 | 200931010100321 | 陈虹 | 女 | 1990-03-27 | 200901003 |
| 6 | 200931010100322 | 江苹 | 女 | 1990-05-04 | 200901003 |
| 7 | 200931010190118 | 张小芬 | 女 | 1991-05-24 | 200901901 |
| 8 | 200931010190119 | 林芳 | 女 | 1991-09-08 | 200901901 |

图 4-2
例 2 查询结果

**（3）为查询结果集内的列指定别名**

语法格式如下：

```
SELECT 原列名 AS 列别名[,…n]
FROM 表名;
```

或者：

```
SELECT 原列名 列别名[,…n]
FROM 表名;
```

【例 3】 在 School 数据库中查询所有学生的学号和姓名，并指定别名为学生学号、学生姓名。

```
SELECT Sno 学生学号,Sname 学生姓名
FROM Student;
```

运行结果如图 4-3 所示。

**（4）查询经过计算的列**

语法格式如下：

```
SELECT 计算表达式或列名
FROM 表名;
```

【例 4】 在 School 数据库中查询所有学生的学号、姓名和出生年份。

提示：

根据出生年月计算出生年份。求日期的年份可使用函数：YEAR(日期)。

```
SELECT Sno,Sname,YEAR(Birth) 出生年份
FROM Student;
```

运行结果如图 4-4 所示。

| | 学生学号 | 学生姓名 |
|---|---|---|
| 1 | 200931010100101 | 倪骏 |
| 2 | 200931010100102 | 陈国成 |
| 3 | 200931010100207 | 王康俊 |
| 4 | 200931010100208 | 叶毅 |
| 5 | 200931010100321 | 陈虹 |
| 6 | 200931010100322 | 江苹 |
| 7 | 200931010190118 | 张小芬 |
| 8 | 200931010190119 | 林芳 |

图 4-3
例 3 查询结果

| | Sno | Sname | 出生年份 |
|---|---|---|---|
| 1 | 200931010100101 | 倪骏 | 1991 |
| 2 | 200931010100102 | 陈国成 | 1992 |
| 3 | 200931010100207 | 王康俊 | 1991 |
| 4 | 200931010100208 | 叶毅 | 1991 |
| 5 | 200931010100321 | 陈虹 | 1990 |
| 6 | 200931010100322 | 江苹 | 1990 |
| 7 | 200931010190118 | 张小芬 | 1991 |
| 8 | 200931010190119 | 林芳 | 1991 |

图 4-4
例 4 查询结果

### 3. 选择表中的若干行

通过 WHERE 子句实现。

语法格式如下：

```
SELECT 目标列表达式
FROM 表名
WHERE 行条件表达式;
```

查询条件中常用的运算符见表 4-1。

表 4-1　常用运算符

| 运算符分类 | 运算符 | 作用 |
|---|---|---|
| 比较运算符 | >、>=、=、<、<=、<>、!=、!>、!< | 比较大小 |
| 范围运算符 | BETWEEN …AND | 判断列值是否在指定范围内 |
| | NOT BETWEEN…AND | |
| 列表运算符 | IN | 判断列值是否为列表中的指定值 |
| | NOT IN | |
| 模式匹配符 | LIKE | 判断列值是否与指定的字符匹配格式相符 |
| | NOT LIKE | |
| 空值判断符 | IS NULL | 判断列值是否为空 |
| | IS NOT NULL | |
| 逻辑运算符 | AND | 用于多条件的逻辑连接 |
| | OR | |
| | NOT | |

#### （1）比较大小

【例 5】 在 School 数据库中查询所有女生的学号和姓名。

```
SELECT Sno,Sname
```

```
FROM Student
WHERE Sex='女';
```

注意:

WHERE 子句中的字符型常量必须用单引号括起来。标点符号必须为英文格式。在标准 SQL 中，字符型常量使用的是单引号；在 MySQL 对 SQL 的扩展中，允许使用单引号和双引号两种。

运行结果如图 4-5 所示。

**（2）确定范围**

范围运算符BETWEEN…AND…和NOT BETWEEN…AND…可以用来查找属性值在或不在指定范围内的记录，一般用于比较数值型数据。其中 BETWEEN 后面指定范围的下限，AND 后面指定范围的上限。其语法格式为：

```
列名或计算表达式 [NOT] BETWEEN 下限值 AND 上限值
```

BETWEEN…AND…含义是：如果列或表达式的值在下限值和上限值范围内（包括上限值和下限值），则结果为 True，表明此记录符合查询条件。NOT BETWEEN…AND…的含义则与之相反。

【例 6】 在 School 数据库中查询平时成绩为 90～100（包含 90 和 100）的学号和课程编号。

```
SELECT Sno,Cno
FROM Score
WHERE Uscore>=90 AND Uscore<=100;
```

或者使用范围运算符 BETWEEN…AND：

```
SELECT Sno,Cno
FROM Score
WHERE Uscore BETWEEN 90 AND 100;
```

运行结果如图 4-6 所示。

| | Sno | Sname |
|---|---|---|
| 1 | 200931010100207 | 王康俊 |
| 2 | 200931010100321 | 陈虹 |
| 3 | 200931010100322 | 江苹 |
| 4 | 200931010190118 | 张小芬 |
| 5 | 200931010190119 | 林芳 |

图 4-5
例 5 查询结果

| | Sno | Cno |
|---|---|---|
| 1 | 200931010100101 | 0901170 |
| 2 | 200931010190118 | 0901169 |
| 3 | 200931010100321 | 0901025 |

图 4-6
例 6 查询结果

切记不能写成如下语句：

```
SELECT Sno,Cno
FROM Score
WHERE 90<=Uscore<=100;
```

**（3）确定集合**

列表运算符 IN 可以用来查询属性值属于指定集合的记录，一般用于比较字符型数据和数值型数据。其语法格式为：

```
列名或表达式 [NOT] IN (常量 1,常量 2,…,常量 n)
```

IN 的含义是：当列或者表达式的值与 IN 中的某个常量值相等时，结果为 True，表明此记录符合查询条件。NOT IN 的含义则与之相反。

【例 7】 在 School 数据库中查询课程学时为 30 或 60 的课程详细信息。

```
SELECT *
FROM Course
WHERE ClassHour=30 OR ClassHour=60;
```

或者使用列表运算符 IN：

```
SELECT *
FROM Course
WHERE ClassHour IN(30,60);
```

查询结果如图 4-7 所示。

**（4）字符匹配**

模式匹配符 LIKE 用于查询指定列中与匹配符常量相匹配的记录。其语法格式为：

```
列名 [NOT] LIKE '<匹配串>'
```

<匹配串>可以包含普通字符也可以包含通配符，通配符可以表示任意的字符或字符串。在实际应用中，如果需要从数据库中检索一批记录，但又不能给出精确的字符查询条件，则可运用 LIKE 与通配符来实现模糊查询。

<匹配串>中包含的常用通配符如下。

- _（下画线）：匹配任意单个字符。
- %（百分号）：匹配任意长度（长度可以为 0）的字符串。

【例 8】 在 School 数据库中查询所有姓'陈'的学生的学号和姓名。

```
SELECT Sno,Sname
FROM Student
WHERE Sname LIKE '陈%';
```

查询结果如图 4-8 所示。

| | Cno | Cname | Credit | ClassHour |
|---|---|---|---|---|
| 1 | 0901025 | 操作系统 | 4.0 | 60 |
| 2 | 0901038 | 管理信息系统F | 4.0 | 60 |
| 3 | 0901191 | 操作系统原理 | 1.5 | 30 |
| 4 | 4102018 | 数据库课程设计B | 1.5 | 30 |

图 4-7
例 7 查询结果

| | Sno | Sname |
|---|---|---|
| 1 | 200931010100102 | 陈国成 |
| 2 | 200931010100321 | 陈虹 |

图 4-8
例 8 查询结果

**（5）涉及空值**

空值判断符 IS NULL 用来查询指定列的属性值为空值的记录。IS NOT NULL 则用来查询指定列的属性值不为空值的记录。其语法格式为：

```
列名 IS [NOT] NULL
```

注意：

空值不是 0，也不是空格，它不占任何存储空间。

【例 9】 在 School 数据库中查询期末成绩为空的学生的学号和课程编号。

```
SELECT Sno,Cno
FROM Score
WHERE EndScore IS NULL;
```

查询结果如图 4-9 所示。

| | Sno | Cno |
|---|---|---|
| 1 | 200931010100207 | 0901170 |
| 2 | 200931010100322 | 0901025 |

图 4-9
例 9 查询结果

微课 4-2
任务实施：单元查询（学生成绩管理系统）

【任务实施】

在 School 数据库中实现以下查询。

【练习 1】 查询所有课程的课程编号、课程名称和课程学分。查询结果如图 4-10 所示。

| | Cno | Cname | Credit |
|---|---|---|---|
| 1 | 0901020 | 网页设计 | 4.0 |
| 2 | 0901025 | 操作系统 | 4.0 |
| 3 | 0901038 | 管理信息系统F | 4.0 |
| 4 | 0901169 | 数据库技术与应用1 | 4.0 |
| 5 | 0901170 | 数据库技术与应用2 | 4.0 |
| 6 | 0901191 | 操作系统原理 | 1.5 |
| 7 | 2003001 | 思政概论 | 2.0 |
| 8 | 2003003 | 计算机文化基础 | 4.0 |
| 9 | 4102018 | 数据库课程设计B | 1.5 |

图 4-10
练习 1 查询结果

【练习 2】 查询所有班级的详细信息。查询结果如图 4-11 所示。

| | ClassNo | ClassName | College | Specialty | EnterYear |
|---|---|---|---|---|---|
| 1 | 200901001 | 计算机091 | 信息工程学院 | 计算机应用技术 | 2009 |
| 2 | 200901002 | 计算机092 | 信息工程学院 | 计算机应用技术 | 2009 |
| 3 | 200901003 | 计算机093 | 信息工程学院 | 计算机应用技术 | 2009 |
| 4 | 200901901 | 电商091 | 信息工程学院 | 电子商务 | 2009 |
| 5 | 200901902 | 电商092 | 信息工程学院 | 电子商务 | 2009 |
| 6 | 200905201 | 网络091 | 信息工程学院 | 计算机网络技术 | 2009 |
| 7 | 200905202 | 网络092 | 信息工程学院 | 计算机网络技术 | 2009 |
| 8 | 200907301 | 软件091 | 信息工程学院 | 软件技术 | 2009 |

图 4-11
练习 2 查询结果

【练习 3】 查询所有班级的详细信息，并给查询结果各列指定中文意义的别名。查询结果如图 4-12 所示。

| | 班级编号 | 班级名称 | 所在学院 | 所属专业 | 入学年份 |
|---|---|---|---|---|---|
| 1 | 200901001 | 计算机091 | 信息工程学院 | 计算机应用技术 | 2009 |
| 2 | 200901002 | 计算机092 | 信息工程学院 | 计算机应用技术 | 2009 |
| 3 | 200901003 | 计算机093 | 信息工程学院 | 计算机应用技术 | 2009 |
| 4 | 200901901 | 电商091 | 信息工程学院 | 电子商务 | 2009 |
| 5 | 200901902 | 电商092 | 信息工程学院 | 电子商务 | 2009 |
| 6 | 200905201 | 网络091 | 信息工程学院 | 计算机网络技术 | 2009 |
| 7 | 200905202 | 网络092 | 信息工程学院 | 计算机网络技术 | 2009 |
| 8 | 200907301 | 软件091 | 信息工程学院 | 软件技术 | 2009 |

图 4-12
练习 3 查询结果

【练习 4】 查询所有学生的学号、姓名和年龄。查询结果如图 4-13 所示，年龄字段的值根据实际年份会有变动。

提示:

根据出生年月计算年龄。可使用获取当前日期和时间的函数 NOW()、获取当前日期的函数 CURRENT_ DATE( ) 和求日期的年份的函数 YEAR( )求出当年的年份，如 YEAR(NOW( ))-YEAR(Birth)。

| Sno | Sname | 年龄 |
| --- | --- | --- |
| 200931010100101 | 倪骏 | 29 |
| 200931010100102 | 陈国成 | 28 |
| 200931010100207 | 王康俊 | 29 |
| 200931010100208 | 叶毅 | 29 |
| 200931010100321 | 陈虹 | 30 |
| 200931010100322 | 江苹 | 30 |
| 200931010190118 | 张小芬 | 29 |
| 200931010190119 | 林芳 | 29 |

图 4-13
练习 4 查询结果

【练习 5】 查询课程学时超过 50 学时的课程号和课程名称。查询结果如图 4-14 所示。

|  | Cno | Cname |
| --- | --- | --- |
| 1 | 0901020 | 网页设计 |
| 2 | 0901025 | 操作系统 |
| 3 | 0901038 | 管理信息系统F |
| 4 | 0901169 | 数据库技术与应用1 |
| 5 | 0901170 | 数据库技术与应用2 |
| 6 | 2003003 | 计算机文化基础 |

图 4-14
练习 5 查询结果

注意:

数值型常量不用单引号括起来。

【练习 6】 查询所有在 1992 年 5 月 10 日后（包含 1992 年 5 月 10 日）出生的学生的详细信息。查询结果如图 4-15 所示。

|  | Sno | Sname | Sex | Birth | ClassNo |
| --- | --- | --- | --- | --- | --- |
| 1 | 200931010100102 | 陈国成 | 男 | 1992-07-18 | 200901001 |

图 4-15
练习 6 查询结果

提示:

日期时间型常量须用单引号括起来。可使用以下任一格式表示："1992-05-10"、"1992/05/10"、"05/10/1992"、"19920510"。

【练习 7】 查询在 1992 年出生的学生的学号、姓名和出生年月。查询结果如图 4-16 所示。

|  | Sno | Sname | Birth |
| --- | --- | --- | --- |
| 1 | 200931010100102 | 陈国成 | 1992-07-18 |

图 4-16
练习 7 查询结果

【练习 8】 查询出生年月在 1991 年 1 月 1 日至 1991 年 5 月 30 日之间的学生的学号和姓名。查询结果如图 4-17 所示。

|  | Sno | Sname |
| --- | --- | --- |
| 1 | 200931010100208 | 叶毅 |
| 2 | 200931010190118 | 张小芬 |

图 4-17
练习 8 查询结果

【练习 9】 查询所属专业为“计算机应用技术”、“软件技术”的班级的班级编号、班级名称及入学年份。查询结果如图 4-18 所示。

| | ClassNo | ClassName | EnterYear |
|---|---|---|---|
| 1 | 200901001 | 计算机091 | 2009 |
| 2 | 200901002 | 计算机092 | 2009 |
| 3 | 200901003 | 计算机093 | 2009 |
| 4 | 200907301 | 软件091 | 2009 |

图 4-18
练习 9 查询结果

【练习 10】 查询所有姓“陈”且名为单个字的学生的学号和姓名。查询结果如图 4-19 所示。

| | Sno | Sname |
|---|---|---|
| 1 | 200931010100321 | 陈虹 |

图 4-19
练习 10 查询结果

【练习 11】 查询所有课程名称中含有“数据库”的课程的课程编号、课程名称。查询结果如图 4-20 所示。

| | Cno | Cname |
|---|---|---|
| 1 | 0901169 | 数据库技术与应用1 |
| 2 | 0901170 | 数据库技术与应用2 |
| 3 | 4102018 | 数据库课程设计B |

图 4-20
练习 11 查询结果

【任务总结】

实现数据查询须使用 SELECT 语句。进行数据查询首先分析查询涉及的表，然后理清对表中行的筛选条件及查询目标。单表查询容易出错的是 WHERE 子句中的行条件表达式。行条件表达式中的注意点归纳如下。

- 表达式中的字符型常量须用单引号括起来，但字段名不能用单引号括起来。
- 日期时间型常量用单引号括起来。如 1992 年 5 月 10 日可使用以下任一格式表示：'1992-05-10'、'1992/05/10'、'05/10/1992'、'19920510'。
- 在标准 SQL 中，字符型和日期型常量使用的是单引号。在 MySQL 对 SQL 的扩展中，允许使用单引号和双引号两种。
- 范围运算符 BETWEEN…AND…的语法格式为：列名 BETWEEN 下限值 AND 上限值。
- 列表运算符 IN 的语法格式为：列名 IN (常量 1,常量 2,……,常量 *n*)。
- 模式匹配符 LIKE 的语法格式为：列名 LIKE '<匹配串>'。
- 空值判断符 IS NULL 的语法格式为：列名 IS NULL，不要写成：列名=NULL。
- 如果有多个条件，须使用 AND 或 OR 连接，切忌出现表达式 90<=Uscore<=100。

PPT：4-2 去掉查询结果中重复的行和对查询结果排序

## 任务 4-2 去掉查询结果中重复的行和对查询结果排序

【任务提出】

在实际应用中，如果查询结果中包含了重复的行，则必须去掉这些重复的行。显示查询结果时，往往要求结果按照一定的顺序显示，这就需要对查询结果排序。

【任务分析】

去掉查询结果中的重复行，在 SELECT 语句中加上 DISTINCT 短语。对查询结果排序，在 SELECT 语句中加上 ORDER BY 子句。

微课 4-3
去掉查询结果中重复的行和对查询结果排序

【相关知识与技能】

1. 去掉查询结果中重复的行

去掉查询结果中的重复行，须指定 DISTINCT 短语。其语法格式为：

```
SELECT DISTINCT 目标列表达式
FROM 表名;
```

【例 1】 在 School 数据库中查询期末成绩有不及格的学生的学号。

```
SELECT Sno
FROM Score
WHERE EndScore<60;
```

查询结果如图 4-21 所示。

|  | Sno |
|---|---|
| 1 | 200931010100102 |
| 2 | 200931010190119 |
| 3 | 200931010100102 |

图 4-21
查询结果中包含重复的行

从查询结果中看到如果某学生有多门课程不及格，则会出现完全相同的行。如学号为“200931010100102”的学生因有两门课程不及格，所以出现了两个重复行。须去掉查询结果中的重复行，只显示一行。

修改例 1 的 SELECT 语句，查询期末成绩有不及格的学生的学号。

```
SELECT DISTINCT Sno
FROM Score
WHERE EndScore<60;
```

查询结果如图 4-22 所示。

|  | Sno |
|---|---|
| 1 | 200931010100102 |
| 2 | 200931010190119 |

图 4-22
消除取值重复的行

2. 限制返回行数

若要限制显示查询结果的行数，可使用 LIMIT 子句。其语法格式为：

```
SELECT 目标列表达式
FROM 表名
LIMIT [位置偏移值,] 行数;
```

位置偏移值可选，表示从哪一行开始显示，若不指定，默认从第一条记录开始，第一条记录的位置偏移值为 0。行数表示返回的记录条数。

如使用 LIMIT 10，则显示查询结果中最前面的 10 条记录。LIMIT 5,3，则显示从

第 6 条记录行开始之后的 3 条记录。

【例 2】 在 School 数据库中查询返回学生表中最前面 2 条记录作为样本数据显示。

```
SELECT *
FROM Student
LIMIT 2;
```

查询结果如图 4-23 所示。

| | Sno | Sname | Sex | Birth | ClassNo |
|---|---|---|---|---|---|
| 1 | 200931010100101 | 倪骏 | 男 | 1991-07-05 | 200901001 |
| 2 | 200931010100102 | 陈国成 | 男 | 1992-07-18 | 200901001 |

图 4-23
例 2 查询结果

3. 对查询结果排序

如果没有指定查询结果的显示顺序，则 DBMS 按照记录在表中的先后顺序输出查询结果。可通过 ORDER BY 子句改变查询结果集中记录的显示顺序。其语法格式为：

```
ORDER BY 排序列名 ASC|DESC
```

ASC 表示按升序排列，DESC 表示按降序排列，其中升序 ASC 为默认值。

ORDER BY 后可以跟多个关键字按多列排序，先按前面的列排序，当前面的列值相同时，再按后面的列排序。其语法格式为：

```
ORDER BY 排序字段 1 ASC|DESC,排序字段 2 ASC|DESC
```

【例 3】 在 School 数据库中查询所有学生的详细信息，查询结果按照出生年月降序排列。

```
SELECT *
FROM Student
ORDER BY Birth DESC;
```

查询结果如图 4-24 所示。

| | Sno | Sname | Sex | Birth | ClassNo |
|---|---|---|---|---|---|
| 1 | 200931010100102 | 陈国成 | 男 | 1992-07-18 | 200901001 |
| 2 | 200931010100207 | 王康俊 | 女 | 1991-12-01 | 200901002 |
| 3 | 200931010190119 | 林芳 | 女 | 1991-09-08 | 200901901 |
| 4 | 200931010100101 | 倪骏 | 男 | 1991-07-05 | 200901001 |
| 5 | 200931010190118 | 张小芬 | 女 | 1991-05-24 | 200901901 |
| 6 | 200931010100208 | 叶毅 | 男 | 1991-01-20 | 200901002 |
| 7 | 200931010100322 | 江苹 | 女 | 1990-05-04 | 200901003 |
| 8 | 200931010100321 | 陈虹 | 女 | 1990-03-27 | 200901003 |

图 4-24
例 3 查询结果

4. 合并查询结果

UNION 或者 UNION ALL 关键字用于将两个或多个检索结果合并成一个结果集。使用 UNION 合并结果时删除重复的记录，而使用 UNION ALL 时不删除结果中重复的行。

【例 4】 在 School 数据库中合并女生的学号、姓名信息和男生的学号、姓名信息。

```
SELECT Sno,Sname FROM Student WHERE Sex='女'
UNION
SELECT Sno,Sname FROM Student WHERE Sex='男';
```

注意：

当使用 UNION 时，各个 SELECT 查询要有相同数量的列，且对应位置的列必须具有相同的数据类型，列名可以不同。并且只能在 UNION 的最后一个 SELECT 查询中使用 ORDER BY。

如以下语句就不正确，因为第一个 SELECT 查询的目标列有两列，而第二个 SELECT 查询的目标列只有一列，列数不相同。

```
SELECT Sno,Sname FROM Student WHERE Sex='女'
UNION
SELECT Sno FROM Student WHERE Sex='男';
```

【任务实施】

在 School 数据库中实现以下查询。

【练习 1】 查询所有有选课记录的学生的学号。查询结果如图 4-25 所示。

| | Sno |
|---|---|
| 1 | 200931010100101 |
| 2 | 200931010100102 |
| 3 | 200931010100207 |
| 4 | 200931010100321 |
| 5 | 200931010100322 |
| 6 | 200931010190118 |
| 7 | 200931010190119 |

图 4-25
练习 1 查询结果

【练习 2】 查询选修了课程编号为“0901170”的课程的学生的学号及其平时成绩，查询结果按照平时成绩升序排列。查询结果如图 4-26 所示。

| | Sno | Uscore |
|---|---|---|
| 1 | 200931010100102 | 67.0 |
| 2 | 200931010100207 | 82.0 |
| 3 | 200931010100101 | 95.0 |

图 4-26
练习 2 查询结果

【练习 3】 查询所有学生的详细信息，查询结果按照班级编号升序排列，对同一个班的学生按照学号升序排列。查询结果如图 4-27 所示。

提示：

ORDER BY 后可以跟多个关键字按多列排序，先按前面的列排序，当前面的列值相同时，再按后面的列排序。其语法格式为：

```
ORDER BY 排序字段 1 ASC|DESC,排序字段 2 ASC|DESC
```

| | Sno | Sname | Sex | Birth | ClassNo |
|---|---|---|---|---|---|
| 1 | 200931010100101 | 倪骏 | 男 | 1991-07-05 | 200901001 |
| 2 | 200931010100102 | 陈国成 | 男 | 1992-07-18 | 200901001 |
| 3 | 200931010100207 | 王康俊 | 女 | 1991-12-01 | 200901002 |
| 4 | 200931010100208 | 叶毅 | 男 | 1991-01-20 | 200901002 |
| 5 | 200931010100321 | 陈虹 | 女 | 1990-03-27 | 200901003 |
| 6 | 200931010100322 | 江苹 | 女 | 1990-05-04 | 200901003 |
| 7 | 200931010190118 | 张小芬 | 女 | 1991-05-24 | 200901901 |
| 8 | 200931010190119 | 林芳 | 女 | 1991-09-08 | 200901901 |

图 4-27
练习 3 查询结果

【练习 4】 查询所有学生中年龄最大的那位学生的学号和姓名。查询结果如图 4-28 所示。

提示：

使用 ORDER BY 子句和 LIMIT 短语。

| | Sno | Sname |
|---|---|---|
| 1 | 200931010100321 | 陈虹 |

图 4-28
练习 4 查询结果

【练习 5】 查询课程的平时成绩或期末成绩超过 90 分的学生的学号和课程编号，查询结果按照学号升序排列，学号相同的按照课程编号降序排列。查询结果如图 4-29 所示。

| | Sno | Cno |
|---|---|---|
| 1 | 200931010100101 | 0901170 |
| 2 | 200931010100321 | 0901025 |
| 3 | 200931010190118 | 0901169 |

图 4-29
练习 5 查询结果

【练习 6】 查询出姓张的女生的详细信息。查询结果如图 4-30 所示。

| | Sno | Sname | Sex | Birth | ClassNo |
|---|---|---|---|---|---|
| 1 | 200931010190118 | 张小芬 | 女 | 1991-05-24 | 200901901 |

图 4-30
练习 6 查询结果

【拓展练习】

微课 4-4
拓展练习：单表查询（学生住宿管理系统）

在 School 数据库中实现以下查询。

【拓展练习 1】从 Dorm 表中查询所有宿舍的详细信息。查询结果如图 4-31 所示。

| DormNo | Build | Storey | RoomNo | BedsNum | DormType | Tel |
|---|---|---|---|---|---|---|
| LCB04N101 | 龙川北苑04南 | 1 | 101 | 6 | 男 | 15067078589 |
| LCB04N421 | 龙川北苑04南 | 4 | 421 | 6 | 男 | 13750985609 |
| LCN02B206 | 龙川南苑02北 | 2 | 206 | 6 | 男 | 15954962783 |
| LCN02B313 | 龙川南苑02北 | 3 | 313 | 6 | 男 | 15954962783 |
| LCN04B310 | 龙川南苑04北 | 3 | 310 | 6 | 女 | (Null) |
| LCN04B408 | 龙川南苑04北 | 4 | 408 | 6 | 女 | 15958969333 |
| XSY01111 | 学士苑01 | 1 | 111 | 6 | 女 | 15218761131 |

图 4-31
拓展练习 1 查询结果

文本 参考答案

【拓展练习 2】从 Live 表中查询学号为“200931010100101”学生的住宿信息，包含宿舍编号 DormNo、床位号 BedNo 和入住日期 InDate。查询结果如图 4-32 所示。

| DormNo | BedNo | InDate |
|---|---|---|
| LCB04N101 | 1 | 2010-09-10 |

图 4-32
拓展练习 2 查询结果

【拓展练习 3】从 Dorm 表中查询所有男生宿舍（宿舍类别 DormType 为“男”）的详细信息，结果按照楼栋 Build 升序排列，楼栋相同的按照宿舍编号 DormNo 升序排列。查询结果如图 4-33 所示。

| DormNo | Build | Storey | RoomNo | BedsNum | DormType | Tel |
|---|---|---|---|---|---|---|
| LCB04N101 | 龙川北苑04南 | 1 | 101 | 6 | 男 | 15067078589 |
| LCB04N421 | 龙川北苑04南 | 4 | 421 | 6 | 男 | 13750985609 |
| LCN02B206 | 龙川南苑02北 | 2 | 206 | 6 | 男 | 15954962783 |
| LCN02B313 | 龙川南苑02北 | 3 | 313 | 6 | 男 | 15954962783 |

图 4-33
拓展练习 3 查询结果

【拓展练习 4】从 Live 表中查询在 2010 年 9 月份入住宿舍的学生的学号 Sno、宿舍编号 DormNo 和床位号 BedNo。查询结果如图 4-34 所示。

| Sno | DormNo | BedNo |
|---|---|---|
| 200931010100101 | LCB04N101 | 1 |
| 200931010100102 | LCB04N101 | 2 |
| 200931010100207 | LCN04B310 | 4 |
| 200931010100208 | LCB04N421 | 2 |
| 200931010100321 | LCN04B408 | 4 |
| 200931010100322 | LCN04B408 | 5 |
| 200931010190118 | XSY01111 | 3 |
| 200931010190119 | XSY01111 | 6 |

图 4-34
拓展练习 4 查询结果

【拓展练习 5】从 CheckHealth 表中查询宿舍编号 DormNo 为“LCB04N101”宿舍在 2010 年 10 月份的卫生检查情况，结果包含检查时间 CheckDate、检查人员 CheckMan、成绩 Score 和存在问题 Problem。查询结果如图 4-35 所示。

| CheckDate | CheckMan | Score | Problem |
|---|---|---|---|
| 2010-10-20 00:00:00 | 余经纬 | 60 | 地面脏乱 |

图 4-35
拓展练习 5 查询结果

【拓展练习 6】从 CheckHealth 表中查询在 2010 年 10 月 1 日至 2010 年 11 月 30 日之间宿舍卫生检查成绩 Score 为 70～80 分（包含 70、80 分）的宿舍编号 DormNo、检查时间 CheckDate 和存在问题 Problem。查询结果如图 4-36 所示。

| DormNo | CheckDate | Problem |
|---|---|---|
| LCB04N101 | 2010-11-19 00:00:00 | 床上较凌乱 |
| LCN04B310 | 2010-10-20 00:00:00 | 床上较凌乱 |
| XSY01111 | 2010-10-20 00:00:00 | 地面脏乱 |

图 4-36
拓展练习 6 查询结果

【拓展练习 7】从 Dorm 表中查询“龙川南苑”的宿舍详细信息。查询结果如图 4-37 所示。

| DormNo | Build | Storey | RoomNo | BedsNum | DormType | Tel |
|---|---|---|---|---|---|---|
| LCN02B206 | 龙川南苑02北 | 2 | 206 | 6 | 男 | 15954962783 |
| LCN02B313 | 龙川南苑02北 | 3 | 313 | 6 | 男 | 15954962783 |
| LCN04B310 | 龙川南苑04北 | 3 | 310 | 6 | 女 | (Null) |
| LCN04B408 | 龙川南苑04北 | 4 | 408 | 6 | 女 | 15958969333 |

图 4-37
拓展练习 7 查询结果

【拓展练习 8】从 Dorm 表中查询宿舍电话 Tel 为空的宿舍的宿舍编号 DormNo、楼栋 Build、楼层 Storey 和房间号 RoomNo。查询结果如图 4-38 所示。

| DormNo | Build | Storey | RoomNo |
|---|---|---|---|
| LCN04B310 | 龙川南苑04北 | 3 | 310 |

图 4-38
拓展练习 8 查询结果

【拓展练习 9】从 Student 表中查询所有学生的学号 Sno、姓名 Sname 和年龄，查询结果按照年龄降序排列。查询结果如图 4-39 所示。

| Sno | Sname | 年龄 |
|---|---|---|
| 200931010100321 | 陈虹 | 29 |
| 200931010100322 | 江苹 | 29 |
| 200931010100208 | 叶毅 | 28 |
| 200931010190118 | 张小芬 | 28 |
| 200931010100101 | 倪骏 | 28 |
| 200931010190119 | 林芳 | 28 |
| 200931010100207 | 王康俊 | 28 |
| 200931010100102 | 陈国成 | 27 |

图 4-39
拓展练习 9 查询结果

【拓展练习 10】从 CheckHealth 表中查询 2010 年 10 月卫生检查成绩 Score 最高的宿舍编号 DormNo 和检查时间 CheckDate。查询结果如图 4-40 所示。

| DormNo | CheckDate |
|---|---|
| LCN04B310 | 2010-10-20 00:00:00 |

图 4-40
拓展练习 10 查询结果

【任务总结】

整个 SELECT 语句的含义是：从 FROM 子句指定的表中，根据 WHERE 子句的行条件表达式找出满足条件的行（记录），再按 SELECT 子句中的列名或表达式选出记录中的字段值形成查询结果。如果有 ORDER BY 子句，则查询结果还要按照排序列的值进行升序或降序排列。如果有 LIMIT 子句，则按照 LIMIT 限制的行数显示结果。

其语法格式如下：

```
SELECT  [ALL|DISTINCT]  目标列表达式
FROM  表名
[WHERE  行条件表达式]
[ORDER  BY  排序列  [ASC|DESC]]
[LIMIT  [位置偏移值,] 行数];
```

若以上 SELECT 语句的各个子句都使用到，将各个子句按执行的先后顺序排列，排列顺序如下：FROM→WHERE→SELECT→ORDER BY→LIMIT。

## 任务 4-3 数据汇总统计

【任务提出】

在对表数据进行查询中，经常会对数据进行统计计算，如统计个数、平均值、最大/最小值、计算总和等操作。另外，还会根据需要对数据进行分开统计汇总，如统计各个班级的人数等操作。

PPT：4-3 数据汇总统计

【任务分析】

SQL 提供了许多集函数对数据进行各种统计计算。若需要对数据进行分组统计计算，GROUP BY 子句就能够实现这种分组统计。

【相关知识与技能】

微课 4-5
数据汇总统计

1. 集函数

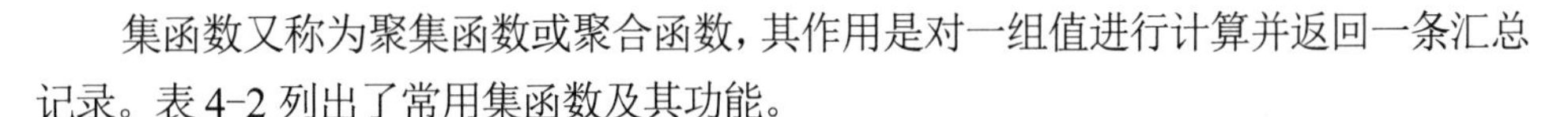

集函数又称为聚集函数或聚合函数，其作用是对一组值进行计算并返回一条汇总记录。表 4-2 列出了常用集函数及其功能。

表 4-2　常用集函数

| 集函数 | 函数功能 |
| --- | --- |
| COUNT(*) | 统计表中元组的个数 |
| COUNT(列名) | 统计列值非空的个数（忽略 NULL 值） |
| SUM(列名) | 计算列值的总和（必须为数值型列，忽略 NULL 值） |
| AVG(列名) | 计算列值的平均值（必须为数值型列，忽略 NULL 值） |
| MAX(列名) | 计算列值的最大值（忽略 NULL 值） |
| MIN(列名) | 计算列值的最小值（忽略 NULL 值） |

注意：

① 以上函数中除了 COUNT(*)外，其他函数在计算过程中都忽略空值 NULL。

② 函数除了对表中现有列进行统计外，也可以对计算表达式的值进行统计计算，如统计学生的人数：COUNT(Sno)。

③ 在函数中的列名前可指定 DISTINCT，在计算时将去除指定列的重复值。

- COUNT(列名)：统计该列中非空值的个数。
- COUNT(DISTINCT 列名)：统计该列中去除重复值之后的非空值的个数。

2. 使用集函数汇总数据

【例 1】 在 School 数据库中统计 Student 表中学生的记录数。

```
SELECT COUNT(*) 学生记录数
FROM Student;
```

查询结果如图 4-41 所示。

图 4-41
例 1 查询结果

【例 2】 在 School 数据库中统计出信息工程学院的专业个数。

```
SELECT COUNT(DISTINCT Specialty) 信息工程学院专业个数
FROM Class
WHERE College='信息工程学院';
```

查询结果如图 4-42 所示。

图 4-42
例 2 查询结果

3. 分组统计

有时用户需要先将表中的数据分组，然后再对每个组进行统计计算，而不是对整个表进行计算。例如，统计各个班级的人数、每门课程的选课人数等计算就须先对数据分组。这就要用到分组子句 GROUP BY。GROUP BY 子句按照指定的列，对查询结果进行分组统计，每一组返回一条统计记录。

GROUP BY 子句的格式为：

```
GROUP BY 分组列名
```

【例3】 在 School 数据库中统计各班级学生人数。

分析该查询任务，要分班级统计人数，而不能对表记录进行整体统计，所以必须对 Student 表记录根据班级编号 ClassNo 进行分组，每一组（即每一个班）返回一条记录。

```
SELECT ClassNo,COUNT(Sno) 班级人数
FROM Student
GROUP BY ClassNo;
```

查询结果如图4-43所示。

| ClassNo | 班级人数 |
|---|---|
| 200901001 | 2 |
| 200901002 | 2 |
| 200901003 | 2 |
| 200901901 | 2 |

图4-43
例3查询结果

【例4】 在 School 数据库中统计各门课程学生的平时成绩平均分、期末成绩平均分。

```
SELECT Cno 课程号,AVG(Uscore) 平时成绩平均分, AVG(EndScore) 期末成绩平均分
FROM Score
GROUP BY Cno;
```

查询结果如图4-44所示。

| 课程号 | 平时成绩平均分 | 期末成绩平均分 |
|---|---|---|
| 0901025 | 96 | 88.5 |
| 0901169 | 82.5 | 68.75 |
| 0901170 | 81.33333 | 68.5 |
| 2003003 | 75 | 66.33333 |

图4-44
例4查询结果

4．对组筛选

如果在对查询数据分组后还要对这些组按条件进行筛选，并输出满足条件的组，则要用到组筛选子句 HAVING。HAVING 子句一定在 GROUP BY 子句后面。

HAVING 子句的格式为：

```
HAVING 组筛选条件表达式
```

在 SELECT 查询语句中，要区分 HAVING 子句和 WHERE 子句。HAVING 子句是对 GROUP BY 分组后的组进行筛选，选择出满足条件的组，而 WHERE 子句是对表中的记录进行选择，选择出满足条件的行；HAVING 子句中可以使用集函数，一般 HAVING 子句中的组筛选条件就是集函数，而 WHERE 子句中绝对不能出现集函数。

【例 5】 在 School 数据库中查询出课程选课人数超过 2 人的课程编号。

分析该查询任务，判断课程选课人数是否超过 2 人，首先要知道各门课程的选课人数，所以先按课程编号 Cno 对 Score 表进行分组，分组统计人数后再选择出满足选课人数超过 2 人的组。

```
SELECT Cno
FROM Score
GROUP BY Cno
HAVING COUNT(Sno)>2;
```

查询结果如图 4-45 所示。

| Cno |
| --- |
| 0901170 |
| 2003003 |

图 4-45
例 5 查询结果

注意：

该查询任务实施前须分析清楚，先进行分组，然后使用 HAVING 子句进行筛选，而不是使用 WHERE 子句，在 WHERE 子句中绝对不能出现集函数。

【例 6】 在 School 数据库中查询出所有选修课程的平均期末成绩小于 50 分的学生学号。

```
SELECT Sno
FROM Score
GROUP BY Sno
HAVING AVG(EndScore)<50;
```

查询结果如图 4-46 所示。

| Sno |
| --- |
| 200931010100102 |

图 4-46
例 6 查询结果

【任务实施】

微课 4-6
任务实施：数据汇总统计

在 School 数据库中实现以下查询。

【练习 1】 查询课程编号为“2003003”的课程的学生期末成绩的最高分和最低分。查询结果如图 4-47 所示。

| 期末成绩最高分 | 期末成绩最低分 |
| --- | --- |
| 76 | 54 |

图 4-47
练习 1 查询结果

文本　参考答案

【练习 2】 查询学号为“200931010100101”的学生所有选修课程的平时成绩的总分和平均分。查询结果如图 4-48 所示。

| 平时成绩总分 | 平时成绩平均分 |
| --- | --- |
| 175.0 | 87.5 |

图 4-48
练习 2 查询结果

【练习 3】 统计各门课程的选课人数。查询结果如图 4-49 所示。

| 课程号 | 该课程选课人数 |
| --- | --- |
| 0901025 | 2 |
| 0901169 | 2 |
| 0901170 | 3 |
| 2003003 | 3 |

图 4-49
练习 3 查询结果

【练习 4】 从 Dorm 表中查询所有男宿舍的总床位数。男宿舍指宿舍类别 DormType 值为“男”。查询结果如图 4-50 所示。

| 男宿舍总床位数 |
| --- |
| 24 |

图 4-50
练习 4 查询结果

【练习 5】 从 CheckHealth 表中查询宿舍编号为“LCB04N101”的宿舍被检查人员检查的次数。查询结果如图 4-51 所示。

| 被检查次数 |
| --- |
| 2 |

图 4-51
练习 5 查询结果

【练习 6】 从 CheckHealth 表中查询 2010 年 11 月份各宿舍检查成绩的平均值。查询结果如图 4-52 所示。

| 检查成绩的平均值 |
| --- |
| 84.333333 |

图 4-52
练习 6 查询结果

【练习 7】 从 Student 表中查询男生的人数。查询结果如图 4-53 所示。

| 男生人数 |
| --- |
| 3 |

图 4-53
练习 7 查询结果

【练习 8】 从 Student 表中查询男女生的人数。查询结果如图 4-54 所示。

| Sex | 人数 |
| --- | --- |
| 男 | 3 |
| 女 | 5 |

图 4-54
练习 8 查询结果

【练习 9】 从 Dorm 表中查询出各楼栋的房间数。查询结果如图 4-55 所示。

| Build | 该楼栋的房间数 |
| --- | --- |
| 龙川北苑04南 | 2 |
| 龙川南苑02北 | 2 |
| 龙川南苑04北 | 2 |
| 学士苑01 | 1 |

图 4-55
练习 9 查询结果

【练习 10】 从 Live 表中统计各个宿舍的现入住人数。查询结果如图 4-56 所示。

| DormNo | 宿舍现入住人数 |
| --- | --- |
| LCB04N101 | 2 |
| LCB04N421 | 1 |
| LCN04B310 | 1 |
| LCN04B408 | 2 |
| XSY01111 | 2 |

图 4-56
练习 10 查询结果

【练习 11】 从 CheckHealth 表中统计各宿舍到目前为止的卫生检查的平均成绩。查询结果如图 4-57 所示。

| DormNo | 该宿舍卫生检查平均成绩 |
|---|---|
| LCB04N101 | 70 |
| LCB04N421 | 50 |
| LCN04B310 | 75 |
| LCN04B408 | 92.5 |
| XSY01111 | 76.5 |

图 4-57
练习 11 查询结果

【练习 12】 从 CheckHealth 表中查询出到目前为止的卫生检查平均成绩超过 90 分的宿舍编号。查询结果如图 4-58 所示。

| DormNo |
|---|
| LCN04B408 |

图 4-58
练习 12 查询结果

【练习 13】 从 CheckHealth 表中查询宿舍被检查次数超过一次的宿舍编号。查询结果如图 4-59 所示。

| DormNo |
|---|
| LCB04N101 |
| LCN04B408 |
| XSY01111 |

图 4-59
练习 13 查询结果

【任务总结】

若要对数据库表中数据进行统计计算，可使用集函数。若要对数据进行分组统计计算，使用 GROUP BY 子句。若在表中进行数据分组后还要对这些组按条件进行筛选，并输出满足条件的组，则使用 HAVING 子句。SELECT 语句语法格式为：

```
SELECT [ALL|DISTINCT]  目标列表达式
FROM 表名
[WHERE 行条件表达式]
[GROUP BY 分组列名]
[HAVING 组筛选条件表达式]
[ORDER BY 排序列 [ASC|DESC]];
```

若以上 SELECT 语句的各个子句都使用到，将各个子句按执行的先后顺序排列，排列顺序如下：FROM→WHERE→GROUP BY→HAVING→SELECT→ORDER BY。

## 任务 4-4　多表连接查询

【任务提出】

在实际应用中，查询往往是针对多个表进行的，可能涉及两张或更多表。

PPT：4-4　多表连接查询

PPT

【任务分析】

在关系型数据库中，将这种涉及两张或两张以上表的查询称为多表查询。多表连

微课 4-7
多表连接查询

接查询是关系数据库中最重要的查询。

连接查询根据返回的连接记录情况，分为“内连接”和“外连接”查询。

【相关知识与技能】

1. 内连接

内连接查询会返回多个表中满足连接条件的记录。根据连接条件中运算符的不同，分为等值连接查询和非等值连接查询。

连接条件指用来连接两个表的条件。连接条件指明两个表按照什么条件进行连接，其一般格式为：

```
<表名 1.列名 1><比较运算符><表名 2.列名 2>
```

其中比较运算符主要有=、>、>=、<、<=、! =。当比较运算符为“=”时，称为等值连接。而用了其他运算符的连接，称为非等值连接。其中等值连接是实际应用中最常见的。

微课 4-8
操作演示内连接查询

等值连接条件通常采用“主键列=外键列”的形式。例如，Student 和 Score 表的连接，连接条件为 Student 表的主键 Sno 列等于 Score 表的外键 Sno 列：Student.Sno=Score.Sno。

连接条件的指定可在 FROM 子句或 WHERE 子句中。在旧式的 SQL 语句中，连接条件是在 WHERE 子句中指定的。其一般格式为：

```
FROM 表名 1，表名 2 WHERE <连接条件>
```

在 ANSI SQL-92，即 1992 年发布的 SQL 国际标准中，连接条件是在 FROM 子句中指定的。其一般格式为：

```
FROM 表名 1 [INNER] JOIN 表名 2 ON <连接条件>
```

其中 INNER 可以省略，为了将连接条件与 WHERE 子句中可能指定的行选择条件分开，并且确保不会忘记连接条件，建议使用在 FROM 子句中指定连接条件的方法。

【例 1】 在 School 数据库中连接 Student 和 Score 表，返回两张表中满足 Sno 相同的记录。

```
SELECT *
FROM Student JOIN Score ON Student.Sno=Score.Sno;
```

对于在查询引用的多个表中重复的列名必须指定表名，即表名. 列名。如果某个列名在查询用到的多个表中只出现一次，则该列名前可以不指定表名。

查询结果如图 4-60 所示。

| | Sno | Sname | Sex | Birth | ClassNo | Sno | Cno | Uscore | EndScore |
|---|---|---|---|---|---|---|---|---|---|
| 1 | 200931010100101 | 倪骏 | 男 | 1991-07-05 | 200901001 | 200931010100101 | 0901170 | 95.0 | 92.0 |
| 2 | 200931010100101 | 倪骏 | 男 | 1991-07-05 | 200901001 | 200931010100101 | 2003003 | 80.0 | 76.0 |
| 3 | 200931010100102 | 陈国成 | 男 | 1992-07-18 | 200901001 | 200931010100102 | 0901170 | 67.0 | 45.0 |
| 4 | 200931010100102 | 陈国成 | 男 | 1992-07-18 | 200901001 | 200931010100102 | 2003003 | 60.0 | 54.0 |
| 5 | 200931010100207 | 王康俊 | 女 | 1991-12-01 | 200901002 | 200931010100207 | 0901170 | 82.0 | NULL |
| 6 | 200931010100207 | 王康俊 | 女 | 1991-12-01 | 200901002 | 200931010100207 | 2003003 | 85.0 | 69.0 |
| 7 | 200931010100321 | 陈虹 | 女 | 1990-03-27 | 200901003 | 200931010100321 | 0901025 | 96.0 | 88.5 |
| 8 | 200931010100322 | 江苹 | 女 | 1990-05-04 | 200901003 | 200931010100322 | 0901025 | NULL | NULL |
| 9 | 200931010190118 | 张小芬 | 女 | 1991-05-24 | 200901901 | 200931010190118 | 0901169 | 95.0 | 86.0 |
| 10 | 200931010190119 | 林芳 | 女 | 1991-09-08 | 200901901 | 200931010190119 | 0901169 | 70.0 | 51.5 |

图 4-60
内连接 Student 和 Score 表查询结果

上述例 1 内部连接 Student 和 Score 表，连接结果保留了两张表中的所有列。从查询结果中可以看出 Sno 列重复出现了两次，只要保留一个即可。

【例 2】 在 School 数据库中查询所有学生的详细信息及其选课信息，查询结果包含两张表中的所有列，但去除重复列。

```
SELECT Student.*,Cno,UScore,EndScore
FROM Student JOIN Score ON Student.Sno=Score.Sno;
```

查询结果如图 4-61 所示。

| | Sno | Sname | Sex | Birth | ClassNo | Cno | UScore | EndScore |
|---|---|---|---|---|---|---|---|---|
| 1 | 200931010100101 | 倪骏 | 男 | 1991-07-05 | 200901001 | 0901170 | 95.0 | 92.0 |
| 2 | 200931010100101 | 倪骏 | 男 | 1991-07-05 | 200901001 | 2003003 | 80.0 | 76.0 |
| 3 | 200931010100102 | 陈国成 | 男 | 1992-07-18 | 200901001 | 0901170 | 67.0 | 45.0 |
| 4 | 200931010100102 | 陈国成 | 男 | 1992-07-18 | 200901001 | 2003003 | 60.0 | 54.0 |
| 5 | 200931010100207 | 王康俊 | 女 | 1991-12-01 | 200901002 | 0901170 | 82.0 | NULL |
| 6 | 200931010100207 | 王康俊 | 女 | 1991-12-01 | 200901002 | 2003003 | 85.0 | 69.0 |
| 7 | 200931010100321 | 陈虹 | 女 | 1990-03-27 | 200901003 | 0901025 | 96.0 | 88.5 |
| 8 | 200931010100322 | 江苹 | 女 | 1990-05-04 | 200901003 | 0901025 | NULL | NULL |
| 9 | 200931010190118 | 张小芬 | 女 | 1991-05-24 | 200901901 | 0901169 | 95.0 | 86.0 |
| 10 | 200931010190119 | 林芳 | 女 | 1991-09-08 | 200901901 | 0901169 | 70.0 | 51.5 |

图 4-61
自然连接 Student 和 Score 表查询结果

如例 2 中的查询，按照两张表中的相同字段进行等值连接，且目标列中去掉了重复的属性列，但保留了所有不重复的属性列，将这类等值连接称为自然连接。

给表指定别名：在查询过程中，如果表名比较复杂，可以给表指定别名，指定别名后，该 SELECT 语句中出现该表名的地方就使用别名替代。FROM 子句的格式如下：

```
FROM 表名1 AS 表别名 JOIN 表名2 AS 表别名 ON <连接条件>
```

或者：

```
FROM 表名1 表别名 JOIN 表名2 表别名 ON <连接条件>
```

注意：

在为表取别名时，要保证别名不能与数据库中的其他表的名称相同。

```
SELECT s.*,Cno,UScore,EndScore
FROM Student s JOIN Score ON s.Sno=Score.Sno;
```

多表连接可能涉及 3 张表或更多表的连接。连接实现的步骤是：先将两张表进行连接形成虚表 1，然后虚表 1 与第 3 张表进行连接形成虚表 2，然后虚表 2 与第 4 张表进行连接形成虚表 3，……，最后对虚表 $n$ 进行查询得出查询结果。连接语句的格式为：

```
FROM 表名1 [INNER] JOIN 表名2 ON <连接条件> [INNER] JOIN 表名3 ON <连接条件>
[INNER] JOIN 表名4 ON <连接条件> ……
```

【例 3】 在 School 数据库中查询所有学生的学号、姓名、班级名称、选修的课程编号及平时成绩。

实现该查询，可按照以下步骤进行分析逐步实现。

步骤 1：分析查询涉及的表，包括查询条件和查询结果涉及的表。

步骤 2：如果是涉及多张表，分析确定表与表之间的连接条件，先将两张表进行连接，然后与第 3 张表进行连接。

步骤 3：分析查询是否针对所有记录，还是选择部分行。如果选择部分行，则确定行选择条件。

步骤 4：分析确定查询目标列表达式。

```
SELECT Student.Sno,Sname,ClassName,Cno,Uscore
FROM Class JOIN Student ON Class.ClassNo = Student.ClassNo
JOIN Score ON Student.Sno=Score.Sno;
```

查询结果如图 4-62 所示。

| Sno | Sname | ClassName | Cno | Uscore |
|---|---|---|---|---|
| 200931010100101 | 倪骏 | 计算机091 | 0901170 | 95 |
| 200931010100101 | 倪骏 | 计算机091 | 2003003 | 80 |
| 200931010100102 | 陈国成 | 计算机091 | 0901170 | 67 |
| 200931010100102 | 陈国成 | 计算机091 | 2003003 | 60 |
| 200931010100207 | 王康俊 | 计算机092 | 0901170 | 82 |
| 200931010100207 | 王康俊 | 计算机092 | 2003003 | 85 |
| 200931010100321 | 陈虹 | 计算机093 | 0901025 | 96 |
| 200931010100322 | 江苹 | 计算机093 | 0901025 | (Null) |
| 200931010190118 | 张小芬 | 电商091 | 0901169 | 95 |
| 200931010190119 | 林芳 | 电商091 | 0901169 | 70 |

图 4-62
例 3 查询结果

**2. 自连接查询**

如果在一个连接查询中涉及的两张表都是同一张表，这种查询称为自连接查询。在实现过程中，因需要多次使用相同的表，必须对表指定表别名。FROM 子句的格式如下：

```
FROM 表名 别名 1 JOIN 表名 别名 2 ON <连接条件>
```

【例 4】 在 School 数据库中查询出与“陈国成”同班的学生详细信息。

```
SELECT s2.*
FROM Student s1 JOIN Student s2 ON s1.ClassNo=s2.ClassNo
WHERE s1.Sname='陈国成';
```

**3. 外连接**

微课 4-9
操作演示自连接查询和外连接查询

在内连接查询中，只有满足连接条件的记录才能作为结果输出，但有时用户也希望输出那些不满足连接条件的记录信息，如在上述例 2 中 Student 表和 Score 表的连接，查询结果中没有关于“200931010100208”学生的信息，原因在于他没有选课，在 Score 表中也没有相应的记录。但是有时想以 Student 表为主体列出每个学生的详细信息及其课程成绩信息，若某个学生没有选课，则只输出他的详细信息，他的课程成绩信息为空值即可，这就需要使用外连接。

外连接查询除了返回内部连接的记录以外，还会在查询结果中返回左表或右表中不符合条件的记录。根据连接时保留表中记录的侧重不同分为“左外连接”和“右外连接”。

两张表内连接、左外连接、右外连接的查询结果如图 4-63 所示。

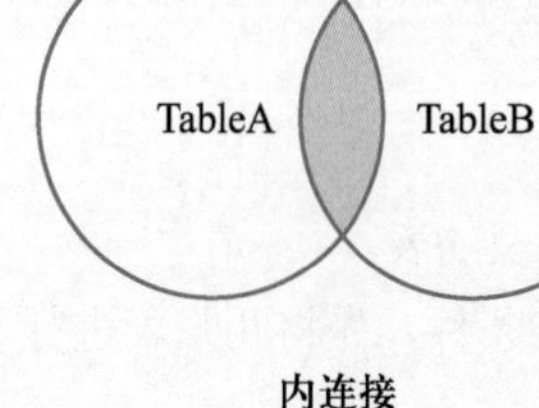


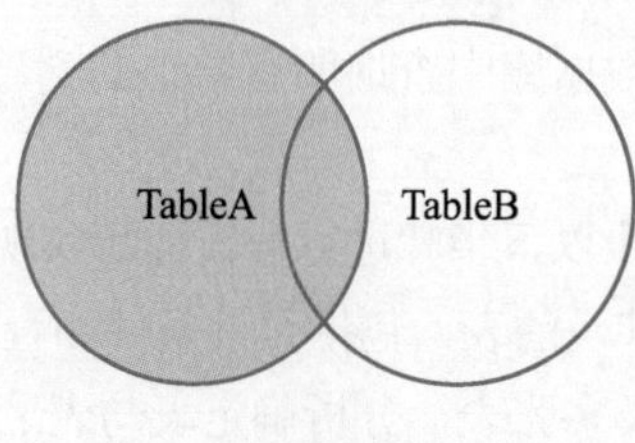


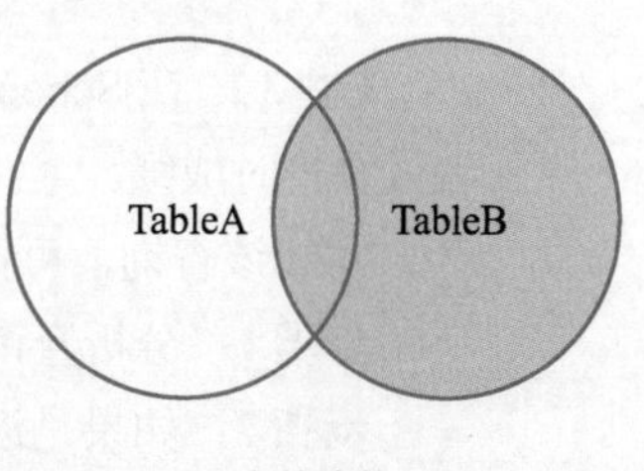


图 4-63
两张表内连接、左外连接、右外连接的查询结果

**（1）左外连接**

左外连接是将左表中的所有记录分别与右表中的每条记录进行组合，结果集中除

返回内部连接的记录外，还会在查询结果中返回左表中不符合条件的记录，并在右表的相应列中填上 NULL。

左外连接的一般格式为：

```
FROM 表名 1 LEFT [OUTER] JOIN 表名 2 ON <连接条件>
```

其中 OUTER 可以省略。

【例 5】在 School 数据库中查询所有学生的详细信息及其选课信息，如果学生没有选课，显示其详细信息。

```
SELECT Student.*,Cno,UScore,EndScore
FROM Student LEFT JOIN Score ON Student.Sno=Score.Sno;
```

查询结果如图 4-64 所示。

| | Sno | Sname | Sex | Birth | ClassNo | Cno | UScore | EndScore |
|---|---|---|---|---|---|---|---|---|
| 1 | 200931010100101 | 倪骏 | 男 | 1991-07-05 | 200901001 | 0901170 | 95.0 | 92.0 |
| 2 | 200931010100101 | 倪骏 | 男 | 1991-07-05 | 200901001 | 2003003 | 80.0 | 76.0 |
| 3 | 200931010100102 | 陈国成 | 男 | 1992-07-18 | 200901001 | 0901170 | 67.0 | 45.0 |
| 4 | 200931010100102 | 陈国成 | 男 | 1992-07-18 | 200901001 | 2003003 | 60.0 | 54.0 |
| 5 | 200931010100207 | 王康俊 | 女 | 1991-12-01 | 200901002 | 0901170 | 82.0 | NULL |
| 6 | 200931010100207 | 王康俊 | 女 | 1991-12-01 | 200901002 | 2003003 | 85.0 | 69.0 |
| 7 | 200931010100208 | 叶毅 | 男 | 1991-01-20 | 200901002 | NULL | NULL | NULL |
| 8 | 200931010100321 | 陈虹 | 女 | 1990-03-27 | 200901003 | 0901025 | 96.0 | 88.5 |
| 9 | 200931010100322 | 江苹 | 女 | 1990-05-04 | 200901003 | 0901025 | NULL | NULL |
| 10 | 200931010190118 | 张小芬 | 女 | 1991-05-24 | 200901901 | 0901169 | 95.0 | 86.0 |
| 11 | 200931010190119 | 林芳 | 女 | 1991-09-08 | 200901901 | 0901169 | 70.0 | 51.5 |

图 4-64
左外连接查询结果

**（2）右外连接**

和左外连接类似，右外连接将左表中的所有记录分别与右表中的每条记录进行组合，结果集中除返回内部连接的记录外，还会在查询结果中返回右表中不符合条件的记录，并在左表的相应列中填上 NULL。

右外连接的一般格式为：

```
FROM 表名 1 RIGHT [OUTER] JOIN 表名 2 ON <连接条件>
```

可将上述例 5 的左外连接修改为右外连接来实现。

```
SELECT Student.*,Cno,UScore,EndScore
FROM Score RIGHT JOIN Student ON Student.Sno=Score.Sno;
```

【任务实施】

微课 4-10
任务实施：多表连接查询（学生成绩管理系统）

在 School 数据库中实现以下查询。

【练习 1】查询所有学生选修课程的详细信息，结果包含学号、课程编号、课程名称、课程学分、平时成绩、期末成绩。查询结果如图 4-65 所示。

文本　参考答案

| Sno | Cno | Cname | Credit | Uscore | EndScore |
|---|---|---|---|---|---|
| 200931010100101 | 0901170 | 数据库技术与应用2 | 4 | 95 | 92 |
| 200931010100101 | 2003003 | 计算机文化基础 | 4 | 80 | 76 |
| 200931010100102 | 0901170 | 数据库技术与应用2 | 4 | 67 | 45 |
| 200931010100102 | 2003003 | 计算机文化基础 | 4 | 60 | 54 |
| 200931010100207 | 0901170 | 数据库技术与应用2 | 4 | 82 | (Null) |
| 200931010100207 | 2003003 | 计算机文化基础 | 4 | 85 | 69 |
| 200931010100321 | 0901025 | 操作系统 | 4 | 96 | 88.5 |
| 200931010100322 | 0901025 | 操作系统 | 4 | (Null) | (Null) |
| 200931010190118 | 0901169 | 数据库技术与应用1 | 4 | 95 | 86 |
| 200931010190119 | 0901169 | 数据库技术与应用1 | 4 | 70 | 51.5 |

图 4-65
练习 1 查询结果

【练习 2】 查询计算机 093 班学生的学号和姓名。查询结果如图 4-66 所示。

| Sno | Sname |
|---|---|
| 200931010100321 | 陈虹 |
| 200931010100322 | 江苹 |

图 4-66
练习 2 查询结果

【练习 3】 查询课程名称中包含“数据库”课程的学生成绩，结果包含学号、课程编号、课程名称、平时成绩、期末成绩。查询结果如图 4-67 所示。

| Sno | Cno | Cname | Uscore | EndScore |
|---|---|---|---|---|
| 200931010190118 | 0901169 | 数据库技术与应用1 | 95 | 86 |
| 200931010190119 | 0901169 | 数据库技术与应用1 | 70 | 51.5 |
| 200931010100101 | 0901170 | 数据库技术与应用2 | 95 | 92 |
| 200931010100102 | 0901170 | 数据库技术与应用2 | 67 | 45 |
| 200931010100207 | 0901170 | 数据库技术与应用2 | 82 | (Null) |

图 4-67
练习 3 查询结果

【练习 4】 查询所有课程的课程号、课程名称和学生平时成绩，按照课程号升序排列，如果课程号相同，则按照平时成绩降序排列。查询结果如图 4-68 所示。

| Cno | Cname | Uscore |
|---|---|---|
| 0901025 | 操作系统 | 96 |
| 0901025 | 操作系统 | (Null) |
| 0901169 | 数据库技术与应用1 | 95 |
| 0901169 | 数据库技术与应用1 | 70 |
| 0901170 | 数据库技术与应用2 | 95 |
| 0901170 | 数据库技术与应用2 | 82 |
| 0901170 | 数据库技术与应用2 | 67 |
| 2003003 | 计算机文化基础 | 85 |
| 2003003 | 计算机文化基础 | 80 |
| 2003003 | 计算机文化基础 | 60 |

图 4-68
练习 4 查询结果

【练习 5】 查询期末成绩有不及格课程的学生信息，结果包含学号、姓名、班级编号。查询结果如图 4-69 所示。

| Sno | Sname | ClassNo |
|---|---|---|
| 200931010100102 | 陈国成 | 200901001 |
| 200931010190119 | 林芳 | 200901901 |

图 4-69
练习 5 查询结果

【练习 6】 查询选修了“数据库技术与应用 1”课程的学生的人数。查询结果如图 4-70 所示。

| 选修人数 |
|---|
| 2 |

图 4-70
练习 6 查询结果

【练习 7】 统计各专业学生的人数，结果包含专业名称、该专业人数。查询结果如图 4-71 所示。

| Specialty | 该专业人数 |
|---|---|
| 计算机应用技术 | 6 |
| 电子商务 | 2 |

图 4-71
练习 7 查询结果

【练习 8】 查询所有学生的学号、姓名、班级名称、选修的课程编号及平时成绩。

查询结果如图 4-72 所示。

| Sno | Sname | ClassName | Cno | Uscore |
|---|---|---|---|---|
| 200931010100101 | 倪骏 | 计算机091 | 0901170 | 95 |
| 200931010100101 | 倪骏 | 计算机091 | 2003003 | 80 |
| 200931010100102 | 陈国成 | 计算机091 | 0901170 | 67 |
| 200931010100102 | 陈国成 | 计算机091 | 2003003 | 60 |
| 200931010100207 | 王康俊 | 计算机092 | 0901170 | 82 |
| 200931010100207 | 王康俊 | 计算机092 | 2003003 | 85 |
| 200931010100321 | 陈虹 | 计算机093 | 0901025 | 96 |
| 200931010100322 | 江苹 | 计算机093 | 0901025 | (Null) |
| 200931010190118 | 张小芬 | 电商091 | 0901169 | 95 |
| 200931010190119 | 林芳 | 电商091 | 0901169 | 70 |

图 4-72
练习 8 查询结果

【练习 9】 查询班级编号为“200901001”班学生的基本信息及其选课信息，结果包含学号、姓名、性别、课程编号、课程名称。查询结果如图 4-73 所示。

| Sno | Sname | Sex | Cno | Cname |
|---|---|---|---|---|
| 200931010100101 | 倪骏 | 男 | 0901170 | 数据库技术与应用2 |
| 200931010100101 | 倪骏 | 男 | 2003003 | 计算机文化基础 |
| 200931010100102 | 陈国成 | 男 | 0901170 | 数据库技术与应用2 |
| 200931010100102 | 陈国成 | 男 | 2003003 | 计算机文化基础 |

图 4-73
练习 9 查询结果

【练习 10】 查询“计算机 092”班学生的基本信息及其选课信息，结果包含学号、姓名、性别、课程编号、课程名称。查询结果如图 4-74 所示。

| Sno | Sname | Sex | Cno | Cname |
|---|---|---|---|---|
| 200931010100207 | 王康俊 | 女 | 0901170 | 数据库技术与应用2 |
| 200931010100207 | 王康俊 | 女 | 2003003 | 计算机文化基础 |

图 4-74
练习 10 查询结果

【拓展练习】

微课 4-11
拓展练习：多表连接查询
（学生住宿管理系统）

文本　参考答案

在 School 数据库中实现以下查询。

【拓展练习 1】从 Dorm 和 Live 表中查询所有学生的详细住宿信息，结果包含学号 Sno、宿舍编号 DormNo、楼栋 Build、房间号 RoomNo、入住日期 InDate。查询结果如图 4-75 所示。

| Sno | DormNo | Build | RoomNo | InDate |
|---|---|---|---|---|
| 200931010100101 | LCB04N101 | 龙川北苑04南 | 101 | 2010-09-10 |
| 200931010100102 | LCB04N101 | 龙川北苑04南 | 101 | 2010-09-10 |
| 200931010100208 | LCB04N421 | 龙川北苑04南 | 421 | 2010-09-10 |
| 200931010100207 | LCN04B310 | 龙川南苑04北 | 310 | 2010-09-10 |
| 200931010100321 | LCN04B408 | 龙川南苑04北 | 408 | 2010-09-11 |
| 200931010100322 | LCN04B408 | 龙川南苑04北 | 408 | 2010-09-20 |
| 200931010190118 | XSY01111 | 学士苑01 | 111 | 2010-09-10 |
| 200931010190119 | XSY01111 | 学士苑01 | 111 | 2010-09-10 |

图 4-75
拓展练习 1 查询结果

【拓展练习 2】从 Dorm 和 Live 表中查询住在“龙川北苑 04 南”楼栋（即字段 Build 的值为“龙川北苑 04 南”）的学生的学号 Sno 和宿舍编号 DormNo。查询结果如图 4-76 所示。

| Sno | DormNo |
|---|---|
| 200931010100101 | LCB04N101 |
| 200931010100102 | LCB04N101 |
| 200931010100208 | LCB04N421 |

图 4-76
拓展练习 2 查询结果

【拓展练习 3】从 Dorm、CheckHealth 表中查询所有宿舍在 2010 年 10 月份的卫生检查情况，结果包含楼栋 Build、宿舍编号 DormNo、房间号 RoomNo、检查时间 CheckDate、检查人员 CheckMan、检查成绩 Score、存在问题 Problem。查询结果如图 4-77 所示。

| Build | DormNo | RoomNo | CheckDate | CheckMan | Score | Problem |
|---|---|---|---|---|---|---|
| 龙川北苑04南 | LCB04N101 | 101 | 2010-10-20 00:00:00 | 余经纬 | 60 | 地面脏乱 |
| 龙川南苑04北 | LCN04B310 | 310 | 2010-10-20 00:00:00 | 周荃 | 75 | 床上较凌乱 |
| 学士苑01 | XSY01111 | 111 | 2010-10-20 00:00:00 | 赵倩 | 70 | 地面脏乱 |

图 4-77
拓展练习 3 查询结果

【拓展练习 4】从 Dorm、CheckHealth 表中查询“龙川北苑 04 南”楼栋各宿舍的卫生检查平均成绩，结果包含宿舍编号 DormNo 和平均成绩。查询结果如图 4-78 所示。

| DormNo | 卫生检查平均成绩 |
|---|---|
| LCB04N101 | 70 |
| LCB04N421 | 50 |

图 4-78
拓展练习 4 查询结果

【拓展练习 5】从 Dorm、CheckHealth 表中查询“龙川北苑 04 南”楼栋的宿舍在 2010 年 10 月份的卫生检查情况，结果包含宿舍编号 DormNo、房间号 RoomNo、检查时间 CheckDate、检查人员 CheckMan、检查成绩 Score、存在问题 Problem。查询结果如图 4-79 所示。

| DormNo | RoomNo | CheckDate | CheckMan | Score | Problem |
|---|---|---|---|---|---|
| LCB04N101 | 101 | 2010-10-20 00:00:00 | 余经纬 | 60 | 地面脏乱 |

图 4-79
拓展练习 5 查询结果

【拓展练习 6】从 Dorm、CheckHealth 表中查询“龙川北苑 04 南”楼栋的宿舍在 2010 年 12 月份的卫生检查成绩不及格的宿舍个数。查询结果如图 4-80 所示。

| 宿舍个数 |
|---|
| 1 |

图 4-80
拓展练习 6 查询结果

【拓展练习 7】从 Dorm、Live、Student 表中查询所有学生的基本信息及其住宿信息，结果包含学号 Sno、姓名 Sname、性别 Sex、宿舍编号 DormNo、楼栋 Build、房间号 RoomNo、入住日期 InDate。查询结果如图 4-81 所示。

| Sno | Sname | Sex | DormNo | Build | RoomNo | InDate |
|---|---|---|---|---|---|---|
| 200931010100101 | 倪骏 | 男 | LCB04N101 | 龙川北苑04南 | 101 | 2010-09-10 |
| 200931010100102 | 陈国成 | 男 | LCB04N101 | 龙川北苑04南 | 101 | 2010-09-10 |
| 200931010100208 | 叶毅 | 男 | LCB04N421 | 龙川北苑04南 | 421 | 2010-09-10 |
| 200931010100207 | 王康俊 | 女 | LCN04B310 | 龙川南苑04北 | 310 | 2010-09-10 |
| 200931010100321 | 陈虹 | 女 | LCN04B408 | 龙川南苑04北 | 408 | 2010-09-11 |
| 200931010100322 | 江苹 | 女 | LCN04B408 | 龙川南苑04北 | 408 | 2010-09-20 |
| 200931010190118 | 张小芬 | 女 | XSY01111 | 学士苑01 | 111 | 2010-09-10 |
| 200931010190119 | 林芳 | 女 | XSY01111 | 学士苑01 | 111 | 2010-09-10 |

图 4-81
拓展练习 7 查询结果

【拓展练习 8】从 Dorm、Live、Student 表中查询姓名为“王康俊”的学生的住宿信息，结果包含宿舍编号 DormNo、房间号 RoomNo、入住日期 InDate。查询结果如图 4-82 所示。

| DormNo | RoomNo | InDate |
| --- | --- | --- |
| LCN04B310 | 310 | 2010-09-10 |

图 4-82
拓展练习 8 查询结果

【拓展练习 9】从 Dorm、Live、Student、Class 表中查询所有学生的详细信息及其住宿信息，结果包含学号 Sno、姓名 Sname、性别 Sex、班级编号 ClassNo、班级名称 ClassName、宿舍编号 DormNo、楼栋 Build、房间号 RoomNo、入住日期 InDate。查询结果如图 4-83 所示。

| Sno | Sname | Sex | ClassNo | ClassName | DormNo | Build | RoomNo | InDate |
| --- | --- | --- | --- | --- | --- | --- | --- | --- |
| 200931010100101 | 倪骏 | 男 | 200901001 | 计算机091 | LCB04N101 | 龙川北苑04南 | 101 | 2010-09-10 |
| 200931010100102 | 陈国成 | 男 | 200901001 | 计算机091 | LCB04N101 | 龙川北苑04南 | 101 | 2010-09-10 |
| 200931010100208 | 叶毅 | 男 | 200901002 | 计算机092 | LCB04N421 | 龙川北苑04南 | 421 | 2010-09-10 |
| 200931010100207 | 王康俊 | 女 | 200901002 | 计算机092 | LCN04B310 | 龙川南苑04北 | 310 | 2010-09-10 |
| 200931010100321 | 陈虹 | 女 | 200901003 | 计算机093 | LCN04B408 | 龙川南苑04北 | 408 | 2010-09-11 |
| 200931010100322 | 江苹 | 女 | 200901003 | 计算机093 | LCN04B408 | 龙川南苑04北 | 408 | 2010-09-20 |
| 200931010190118 | 张小芬 | 女 | 200901901 | 电商091 | XSY01111 | 学士苑01 | 111 | 2010-09-10 |
| 200931010190119 | 林芳 | 女 | 200901901 | 电商091 | XSY01111 | 学士苑01 | 111 | 2010-09-10 |

图 4-83
拓展练习 9 查询结果

【拓展练习 10】从 Dorm、Live、Student、Class 表中查询“计算机应用技术”专业所有学生的入住信息，结果包含学号 Sno、姓名 Sname、性别 Sex、班级编号 ClassNo、班级名称 ClassName、宿舍编号 DormNo、楼栋 Build、房间号 RoomNo、入住日期 InDate。查询结果按照班级编号升序排列，同班的按照学号升序排列。查询结果如图 4-84 所示。

| Sno | Sname | Sex | ClassNo | ClassName | DormNo | Build | RoomNo | InDate |
| --- | --- | --- | --- | --- | --- | --- | --- | --- |
| 200931010100101 | 倪骏 | 男 | 200901001 | 计算机091 | LCB04N101 | 龙川北苑04南 | 101 | 2010-09-10 |
| 200931010100102 | 陈国成 | 男 | 200901001 | 计算机091 | LCB04N101 | 龙川北苑04南 | 101 | 2010-09-10 |
| 200931010100207 | 王康俊 | 女 | 200901002 | 计算机092 | LCN04B310 | 龙川南苑04北 | 310 | 2010-09-10 |
| 200931010100208 | 叶毅 | 男 | 200901002 | 计算机092 | LCB04N421 | 龙川北苑04南 | 421 | 2010-09-10 |
| 200931010100321 | 陈虹 | 女 | 200901003 | 计算机093 | LCN04B408 | 龙川南苑04北 | 408 | 2010-09-11 |
| 200931010100322 | 江苹 | 女 | 200901003 | 计算机093 | LCN04B408 | 龙川南苑04北 | 408 | 2010-09-20 |

图 4-84
拓展练习 10 查询结果

【任务总结】

多表连接查询是关系数据库中最重要的查询。连接查询分为内连接和外连接查询。其中内连接查询是实际应用中最常用的。

SELECT 语句的语法格式为：

```
SELECT [ALL|DISTINCT] 目标列表达式
FROM 表名 1 [JOIN 表名 2 ON 表名 1.列名 1=表名 2.列名 2]
[WHERE 行条件表达式]
[GROUP BY 分组列名]
[HAVING 组筛选条件表达式]
[ORDER BY 排序列名 [ASC|DESC]];
```

实施查询任务，可按照以下步骤进行分析逐步实现。

**步骤 1**：分析查询涉及的表，包括查询条件和查询结果涉及的表，确定是单表查询还是多表查询，确定 FROM 子句中的表名。

**步骤 2**：如果是多表连接查询，分析确定表与表之间的连接条件，即确定 FROM 子句中 ON 后面的连接条件。

**步骤 3**：分析查询是否针对所有记录，还是选择部分行，即对行有没有选择条件。如果是选择部分行，则使用 WHERE 子句，确定 WHERE 子句中的行条件表达式。

**步骤 4**：分析查询是否要进行分组统计计算。如果需要分组统计，则使用 GROUP BY 子句，确定分组的列名。然后分析分组后是否要对组进行筛选，如果需要，则使用 HAVING 子句，确定组筛选条件。

**步骤 5**：确定查询目标列表达式，即确定查询结果包含的列名或列表达式，即确定 SELECT 子句后的目标列表达式。

**步骤 6**：分析是否要对查询结果进行排序，如果需要排序则使用 ORDER BY 子句，确定排序的列名和排序方式。

## 任务 4-5　不相关子查询

【任务提出】

当查询涉及多张表时，习惯的做法是使用连接查询，先将涉及的多张表连接起来。对于查询结果只涉及一张表，而查询条件涉及其他一张或多张表的查询，除了使用多表连接查询外，还可以使用嵌套查询。

PPT：4-5　不相关子查询

另外，部分查询的条件复杂，例如，查询出选修“2003003”课程且平时成绩低于本课程平时成绩的平均值的学生学号，查询选修了全部课程的学生姓名。这类查询题目无法使用多表连接查询实现，只能使用嵌套查询实现。

【任务分析】

在一个 SELECT 查询语句的 WHERE 子句中的行条件表达式或 HAVING 子句中的组筛选条件中，含有另一个 SEELCT 语句，这种查询称为嵌套查询。

微课 4-12
不相关子查询

根据内部查询的查询条件是否依赖于外部查询，可将嵌套查询分为相关子查询和不相关子查询。

根据外部查询和内部查询连接的关键字，不相关子查询主要如下。

- 带比较运算符的子查询。
- 带 IN、NOT IN 关键字的子查询。
- 带 ANY、ALL 关键字的子查询。

【相关知识与技能】

**1. 带比较运算符的子查询**

外层查询与内层查询之间可以用>、<、=、>=、<=、!=或<>等比较运算符进行连接。

【例 1】 在 School 数据库中查询“数据库技术与应用 1”课程学生的选课信息。

```
SELECT *
```

```
FROM Score
WHERE Cno=(SELECT Cno
FROM Course
WHERE Cname='数据库技术与应用 1');
```

上述嵌套查询中，内层查询语句：

```
SELECT Cno FROM Course WHERE Cname='数据库技术与应用 1'
```

是嵌套在外层查询：

```
SELECT * FROM Score WHERE Cno
```

的 WHERE 条件中的。外层查询又称为父查询，内层查询又称为子查询。

在上述嵌套查询中，先求解出内层查询：

```
SELECT Cno FROM Course WHERE Cname='数据库技术与应用 1'
```

的结果为“0901169”，然后再求解外层查询：

```
SELECT * FROM Score WHERE Cno='0901169'
```

的结果。内层查询总共执行一次，执行完毕后将值传递给外层查询。

**2. 带 IN、NOT IN 关键字的子查询**

在嵌套查询中，子查询的结果往往是一个集合，父查询和子查询之间不能使用=进行连接，需要使用 IN 关键字，IN 是嵌套查询中最经常使用的关键字。

【例 2】 在 School 数据库中查询出选修了课程编号为“0901169”课程的学生姓名和班级编号。

```
SELECT Sname,ClassNo
FROM Student
WHERE Sno IN(SELECT Sno
             FROM Score
             WHERE Cno='0901169');
```

注意：

IN 前面必须有字段名，IN 前面的字段名必须与子查询中 SELECT 后的字段名对应。

【例 3】 在 School 数据库中查询出选修了“数据库技术与应用 1”课程的学生姓名和班级编号。

```
SELECT Sname,ClassNo
FROM Student
WHERE Sno IN(SELECT Sno
             FROM Score
             WHERE Cno=(SELECT Cno
                        FROM Course
                        WHERE Cname='数据库技术与应用 1'));
```

注意：

SQL 允许多层嵌套查询，即一个子查询中还可以嵌套其他子查询。需要特别指出的是，子查询的 SELECT 语句中不能使用 ORDER BY 子句，ORDER BY 子句永远只能对最终的查询结果进行排序。

【例 4】 在 School 数据库中查询出选修“2003003”课程且平时成绩低于本课程平时成绩的平均值的学生学号。

```
SELECT Sno
FROM Score
WHERE Cno='2003003' AND Uscore<(SELECT AVG(Uscore)
                                FROM Score
                                WHERE Cno='2003003');
```

【例 5】 在 School 数据库中查询没有选修课程编号为“0901170”的学生学号和姓名。

```
SELECT Student.sno,Sname
FROM Student JOIN Score ON Student.Sno=Score.Sno
WHERE Cno<>'0901170';
```

注意:

以上结果会出错。原因是 WHERE 语句是对表逐行进行判断，如“200931010100101”选修了“0901170”课程，但对第二条记录 | 200931010100101 | 2003003 | 进行判断时，符号 Cno<>'0901170'条件放到结果集中造成了出错。因此必须使用嵌套查询，使用带 NOT IN 的子查询。

```
SELECT Sno,Sname
FROM Student
WHERE Sno NOT IN
            (SELECT Sno
            FROM Score
            WHERE Cno='0901170');
```

**3. 带 ANY、ALL 关键字的子查询**

使用 ANY 或 ALL 关键字时必须同时使用比较运算符。相关含义见表 4-3。

表 4-3 关键字及含义

| 关键字 | 语义 |
|---|---|
| >ANY | 大于子查询结果中的某个值 |
| >ALL | 大于子查询结果中的所有值 |
| <ANY | 小于子查询结果中的某个值 |
| <ALL | 小于子查询结果中的所有值 |
| <=ANY | 小于等于子查询结果中的某个值 |
| <=ALL | 小于等于子查询结果中的所有值 |
| >=ANY | 大于等于子查询结果中的某个值 |
| >=ALL | 大于等于子查询结果中的所有值 |

【例 6】 在 School 数据库中查询男生中比任意一个女生年龄小的男生姓名和出生年月。

```
SELECT Sname,Birth
FROM Student
WHERE Sex='男' AND Birth>ANY
```

```
        (SELECT Birth
        FROM Student
        WHERE Sex='女');
```

【例 7】在 School 数据库中查询男生中比所有女生年龄小的男生姓名和出生年月。

```
SELECT Sname,Birth
FROM Student
WHERE Sex='男' AND Birth>ALL
        (SELECT Birth
        FROM Student
        WHERE Sex='女');
```

微课 4-13
任务实施：嵌套查询

【任务实施】

文本 参考答案

在 School 数据库中实现以下查询。

【练习 1】 查询出与“陈国成”同班的学生详细信息。查询结果如图 4-85 所示。

| Sno | Sname | Sex | Birth | ClassNo |
|---|---|---|---|---|
| 200931010100101 | 倪骏 | 男 | 1991-07-05 | 200901001 |
| 200931010100102 | 陈国成 | 男 | 1992-07-18 | 200901001 |

图 4-85
练习 1 查询结果

【练习 2】 查询计算机 093 班学生的学号和姓名。查询结果如图 4-86 所示。

| Sno | Sname |
|---|---|
| 200931010100321 | 陈虹 |
| 200931010100322 | 江苹 |

图 4-86
练习 2 查询结果

【练习 3】 查询期末成绩有不及格课程的学生信息，结果包含学号、姓名、班级编号。查询结果如图 4-87 所示。

| Sno | Sname | ClassNo |
|---|---|---|
| 200931010100102 | 陈国成 | 200901001 |
| 200931010190119 | 林芳 | 200901901 |

图 4-87
练习 3 查询结果

【练习 4】 查询选修了“数据库技术与应用 1”课程的学生人数。查询结果如图 4-88 所示。

| 选修人数 |
|---|
| 2 |

图 4-88
练习 4 查询结果

【练习 5】 查询课程名称中包含“数据库”课程的学生成绩，结果包含学号、课程编号、平时成绩、期末成绩。查询结果如图 4-89 所示。

| Sno | Cno | Uscore | EndScore |
|---|---|---|---|
| 200931010190118 | 0901169 | 95 | 86 |
| 200931010190119 | 0901169 | 70 | 51.5 |
| 200931010100101 | 0901170 | 95 | 92 |
| 200931010100102 | 0901170 | 67 | 45 |
| 200931010100207 | 0901170 | 82 | (Null) |

图 4-89
练习 5 查询结果

【练习 6】 查询出课程选课人数超过 2 人的课程名称、课程学分。查询结果如图 4-90 所示。

| cname | credit |
| --- | --- |
| 数据库技术与应用2 | 4 |
| 计算机文化基础 | 4 |

图 4-90
练习 6 查询结果

【任务总结】

微课 4-14
灵活使用多表连接查询和嵌套查询

连接查询、嵌套查询的选择总结如下。

- 当查询结果只涉及一张表，而查询条件涉及另外的表，既可以使用连接查询，又可以使用嵌套查询，建议采用连接查询。
- 当查询结果涉及多张表，必须采用连接查询。
- 部分查询的条件选择只能使用嵌套查询。

## 任务 4-6 相关子查询

PPT：4-6 相关子查询

【任务提出】

在一个 SELECT 查询语句的 WHERE 子句中的行条件表达式或 HAVING 子句中的组筛选条件中，含有另一个 SEELCT 语句，这种查询称为嵌套查询。

根据内部查询的查询条件是否依赖于外部查询，可将嵌套查询分为：相关子查询、不相关子查询。

【任务分析】

微课 4-15
相关子查询

- 不相关子查询：子查询的查询条件不依赖于父查询，子查询总共执行一次，优先于父查询先执行，执行完毕后将值传递给父查询。
- 相关子查询：带 EXISTS、NOT EXISTS 关键字。子查询不返回任何实际数据，它只产生逻辑真值 TRUE 或逻辑假值 FALSE。父查询先执行一次，然后执行一次子查询；父查询再执行一次，然后再执行一次子查询……

微课 4-16
操作演示带 IN 和带 EXISTS 关键字的子查询

【相关知识与技能】

**1. 带 EXISTS、NOT EXISTS 关键字的子查询**

【例 1】 在 School 数据库中查询出选修了课程编号为“0901169”课程的学生姓名和班级编号。

```
SELECT Sname,ClassNo
FROM Student
WHERE EXISTS(SELECT *
             FROM Score
             WHERE Sno=Student.Sno AND Cno='0901169');
```

注意：

EXISTS 前面没有字段名，子查询的 SELECT 后为*，子查询中的 WHERE 条件中必须有连接条件关联外部表。

相关子查询的查询过程如下。

步骤 1：先检查外层查询中的 Student 表的第一条记录，根据它去判断内层查询结果是否为空，若内层查询结果非空则 WHERE 子句返回值为 TRUE，这时取该条记录放入结果表；若内层查询结果为空则 WHERE 子句返回值为 FALSE，这时不取该记录。

步骤 2：再依次检查 Student 表中的下一条记录并重复这一过程，直至 Student 表全部记录检查完毕为止。

【例 2】 在 School 数据库中查询没有选修课程编号为“0901170”的学生学号和姓名。

```
SELECT Sno,Sname
FROM Student
WHERE NOT EXISTS
              (SELECT *
               FROM Score
               WHERE Sno=Student.Sno AND Cno='0901170');
```

【例 3】 在 School 数据库中查询选修了全部课程的学生姓名。

```
SELECT   Sname
FROM   Student
WHERE   NOT EXISTS
     (SELECT   *
    FROM   Course
    WHERE   NOT EXISTS
            (SELECT   *
             FROM   Score
            WHERE   Sno=Student.Sno AND Cno=Course.Cno)
);
```

2．带 IN 与 EXISTS 的子查询的区别

IN 是子表为驱动表，父表为被驱动表，适用于子查询结果集小而外面的表结果集大的情况。

EXISTS 是父表为驱动表，子表为被驱动表，适用于外面的表结果集小而子查询结果集大的情况。

IN 适用于外表大而内表小的情况，EXISTS 适用于外表小而内表大的情况。当子表数据与父表数据一样大时，IN 与 EXISTS 效率差不多，可任选一个使用。

NOT IN 不会对 NULL 进行处理，NOT EXISTS 会对 NULL 值进行处理。当子查询结果中有空值时，使用 NOT IN 即使写了“正确”的脚本，返回的结果也是不正确的。必须使用 NOT EXISTS。

【例 4】 子查询结果中有空值时，使用 NOT IN 返回的结果是不正确的。

```
CREATE DATABASE ceshi;
USE ceshi;
```

```
CREATE TABLE t1(c1 int,c2 int);
CREATE TABLE t2(c1 int,c2 int);
INSERT into t1 values(1,2);
INSERT into t1 values(1,3);
INSERT into t2 values(1,2);
INSERT into t2 values(1,null);
SELECT * from t1 WHERE c2 not in(SELECT c2 from t2);
                                  #没有查询结果!!! 的原因是子查询中有空值
SELECT * from t1 WHERE not exists(SELECT * from t2 WHERE t2.c2=t1.c2);
                                  #查询结果正确
```

【任务实施】

微课 4-17
任务实施：相关子查询

文本 参考答案

xuesheng 数据库中的表结构如下。

- 学生表：Student（Sno，Sname，Ssex，Sbirthday，Sdept）由学号（Sno）、姓名（Sname）、性别（Ssex）、出生日期（Sbirthday）、所在系（Sdept）五个属性组成，其中 Sno 为主键。
- 课程表：Course（Cno，Cname，Teacher）由课程号（Cno）、课程名（Cname）、任课教师（Teacher）3 个属性组成，其中 Cno 为主键。
- 学生选课表：SC（Sno，Cno，Grade）由学号（Sno）、课程号（Cno）、成绩（Grade）3 个属性组成，主键为（Sno,Cno）。

创建数据库、创建表、添加记录的 SQL 语句如下：

```
CREATE database xuesheng
USE xuesheng;
CREATE TABLE Student
(
Sno VARCHAR(10) NOT NULL PRIMARY KEY,
Sname VARCHAR(10) NOT NULL,
Ssex CHAR(2) NOT NULL,
Sbirthday DATETIME NOT NULL,
Sdept VARCHAR(20)
);
CREATE TABLE Course
(
Cno VARCHAR(10) NOT NULL PRIMARY KEY,
Cname VARCHAR(20) NOT NULL,
Teacher VARCHAR(20)
);
CREATE TABLE SC
(
Sno VARCHAR(10) NOT NULL,
Cno VARCHAR(10) NOT NULL,
Grade INT,
PRIMARY KEY (Sno,Cno),
FOREIGN KEY(Sno)   REFERENCES Student(Sno),
FOREIGN KEY(Cno)   REFERENCES Course(Cno));
```

```
INSERT INTO Student VALUES('1001','欧阳平','女','1978-1-1','计算机');
INSERT INTO Student VALUES('1002','张三','男','1977-10-1','应用电子');
INSERT INTO Student VALUES('1003','李阳','男','1980-12-10','应用电子');
INSERT INTO Student VALUES('1004','刘晨','女','1985-8-10','计算机');
INSERT INTO Course VALUES('C01','税收基础','李明');
INSERT INTO Course VALUES('C02','delphi 编程','李 2');
INSERT INTO Course VALUES('C03','数据库原理','李 3');
INSERT INTO Course VALUES('C04','VB 程序设计','李 4');
INSERT INTO SC VALUES('1001','C01',60);
INSERT INTO SC VALUES('1001','C02',50);
INSERT INTO SC VALUES('1001','C03',80);
INSERT INTO SC VALUES('1001','C04',50);
INSERT INTO SC VALUES('1002','C01',90);
INSERT INTO SC VALUES('1003','C02',75);
```

在 xuesheng 数据库中实现以下查询。

【练习 1】 查询选修课程名称为“税收基础”的学生学号和姓名。查询结果如图 4-91 所示。

| Sno | Sname |
|---|---|
| 1001 | 欧阳平 |
| 1002 | 张三 |

图 4-91
练习 1 查询结果

【练习 2】 查询没有选修课程编号为“C01”的学生学号和姓名。查询结果如图 4-92 所示。

| Sno | sname |
|---|---|
| 1003 | 李阳 |
| 1004 | 刘晨 |

图 4-92
练习 2 查询结果

【练习 3】 查询选修全部课程的学生学号和姓名。查询结果如图 4-93 所示。

| sno | sname |
|---|---|
| 1001 | 欧阳平 |

图 4-93
练习 3 查询结果

【练习 4】 查询没有选修过“李明”老师讲授课程的所有学生的学号和姓名。查询结果如图 4-94 所示。

| sno | sname |
|---|---|
| 1003 | 李阳 |
| 1004 | 刘晨 |

图 4-94
练习 4 查询结果

【练习 5】 查询有两门以上（含两门）不及格课程的学生姓名及其所有选修课程的平均成绩。查询结果如图 4-95 所示。

| sname | 平均成绩 |
| --- | --- |
| 欧阳平 | 60.0000 |

图 4-95
练习 5 查询结果

【练习 6】 查询既学过“C01”号课程，又学过“C02”号课程的所有学生的姓名。查询结果如图 4-96 所示。

| sname |
| --- |
| 欧阳平 |

图 4-96
练习 6 查询结果

【练习 7】 查询选修“C01”号课程且成绩比“C02”课程的某一学生成绩好的学号。查询结果如图 4-97 所示。

| sno |
| --- |
| 1001 |
| 1002 |

图 4-97
练习 7 查询结果

【练习 8】 查询选修“C01”号课程且成绩比“C02”课程的所有学生成绩好的学号。查询结果如图 4-98 所示。

| sno |
| --- |
| 1002 |

图 4-98
练习 8 查询结果

【任务总结】

IN 适用于外表大而内表小的情况，EXISTS 适用于外表小而内表大的情况。

NOT IN 不会对 NULL 进行处理，NOT EXISTS 会对 NULL 值进行处理。当子查询结果中有空值时，必须使用 NOT EXISTS。

## 任务 4-7 使用正则表达式查询

PPT：4-7 使用正则表达式查询

【任务提出】

在 MySQL 中，对字符数据类型字段进行字符匹配时，可以使用 LIKE 与通配符 %、_。正则表达式用来描述或者匹配符合规则的字符串，它的用法和 LIKE 相似，但是它又比 LIKE 更强大，能够实现一些很特殊的规则匹配。

微课 4-18
使用正则表达式查询

【任务分析】

正则表达式（Regular Expression，REGEXP）通常被用来检索或替换那些符合某个模式的文本内容，根据指定的匹配模式匹配文本中符合要求的特殊字符串。例如，从一个文本文件中提取电话号码，查找一篇文章中重复的单词或替换用户输入的某些敏感词语等。正则表达式广泛应用于从编程语言到数据库（包括 MySQL）大部分平台。

【相关知识与技能】

笔 记

MySQL 中使用正则表达式关键字指定正则表达式的字符匹配模式，表 4-4 列出了正则表达式操作符中常用字符匹配列表。

表 4-4 正则表达式常用字符匹配列表

<table>
<tr><th>选项</th><th>说明</th><th>例子</th><th>匹配值示例</th></tr>
<tr><td>^</td><td>匹配文本的开始字符</td><td>‘^b’匹配以字母 b 开头的字符串</td><td>book，big</td></tr>
<tr><td>$</td><td>匹配文本的结束字符</td><td>‘st$’匹配以 st 结尾的字符串</td><td>test，persist</td></tr>
<tr><td>.</td><td>匹配任何单个字符</td><td>‘b.t’匹配任何 b 和 t 之间有一个字符</td><td>bit，bat，but，bite</td></tr>
<tr><td>*</td><td>匹配 0 个或多个在它前面的字符</td><td>‘f*n’匹配字符 n 和 f 间有任意个字符</td><td>fn，fan，faan</td></tr>
<tr><td>+</td><td>匹配前面的字符 1 次或多次</td><td>‘ba+’匹配以 b 开头后面紧跟至少一个 a</td><td>ba，bay，bare，battle</td></tr>
<tr><td><字符串></td><td>匹配包含指定的字符串的文本</td><td>‘fa’</td><td>fan，afa，faad</td></tr>
<tr><td>[字符集合]</td><td>匹配字符集合中的任何一个字符</td><td>‘[xz]’匹配 x 或者 z</td><td>dizzy，zebra，x-ray，extra</td></tr>
<tr><td>[^]</td><td>匹配不在括号中的任何字符</td><td>‘[^abc]’匹配任何不包含 a，b 或 c 的字符串</td><td>desk，fox，f8ke</td></tr>
<tr><td>字符串{n，}</td><td>匹配前面的字符串至少 n 次</td><td>b{2} 匹配 2 个或更多的 b</td><td>bbb，bbbb</td></tr>
<tr><td>字符串{n，m}</td><td>匹配前面的字符串至少 n 次，至多 m 次，如果 n 为 0，此参数为可选参数</td><td>b{2，4}匹配至少 2 个，至多 4 个 b</td><td>bb，bbb，bbbb</td></tr>
<tr><td>|</td><td>或者</td><td>p1|p2|p3，匹配 p1 或 p2 或 p3</td><td></td></tr>
</table>

【例 1】 在 School 数据库中查询课程名称中包含数据库的课程基本信息。

```
USE School;
SELECT *
FROM Course
WHERE Cname REGEXP '数据库';
```

【例 2】 在 School 数据库中查询姓“陈”“王”“叶”的学生的基本信息。

```
SELECT *
FROM Student
WHERE Sname REGEXP '^陈|^王|^叶';
```

【例 3】 在 School 数据库中查询出 Checkhealth 表的 Problem 字段值出现“乱”至少 1 次的记录。

```
SELECT *
FROM Checkhealth
WHERE Problem REGEXP '乱{1,}';
```

【任务总结】

使用正则表达式的优点是，不受限于在 LIKE 运算符中基于只有百分号（%）和下画线（_）的固定模式搜索字符串。使用正则表达式有更多的元字符来构造灵活的模式。

## 任务 4-8 数据更新

PPT：4-8 数据更新

【任务提出】

对数据的操作除了常用的查询操作外，还包括日常必做的插入数据、修改数据、删除数据等操作。插入数据、修改数据、删除数据操作统称为数据更新。

【任务分析】

微课 4-19
数据更新

在数据操作中，操作的对象都是记录，而不是记录中的某个数据。所以，插入数据指往表中插入一条记录或多条记录，修改数据指对表中现有的记录进行修改，删除数据指删除指定的记录。插入记录对应的 SQL 语句是 INSERT 语句，修改记录对应的 SQL 语句是 UPDATE 语句，删除记录对应的 SQL 语句是 DELETE 语句。

【相关知识与技能】

1．插入记录

INSERT 插入记录分为两种形式：一种是插入一条记录；另一种是插入查询结果，根据查询结果插入一条或多条记录。

插入一条记录的 INSERT 语句的格式为：

```
INSERT INTO 表名[(列名 1,列名 2,…,列名 n)]
VALUES(常量 1,…,常量 n)[,(常量 1,…,常量 n)];
```

其功能是将 VALUES 后面的常量插入到表中新记录的对应列中。其中常量 1 插入到表新记录的列名 1 中，常量 2 插入到列名 2 中，…，常量 $n$ 插入到列名 $n$ 中。即表名后面列名的顺序与 VALUES 后面常量的顺序须一一对应。

在 MySQL 中，一次可以同时插入多条记录，在 VALUES 后以逗号分隔。但标准的 SQL 语句一次只能插入一条记录。

【例 1】 向 School 数据库的 Class 表中插入以下记录：

| ClassNo | ClassName | College | Specialty | EnterYear |
|---|---|---|---|---|
| 201801003 | 软件 183 | 信息工程学院 | 软件技术 | 2018 |

```
INSERT INTO Class
VALUES('201801003','软件 183','信息工程学院','软件技术',2018);
```

【例 2】 向 School 数据库的 Course 表中插入以下记录：

| Cno | Cname | Credit | ClassHour |
|---|---|---|---|
| 2005005 | C++\Python | 2.0 | 60 |

```
INSERT INTO Course
VALUES('2005005','C++\\Python',2.0,60);
```

注意：

\是MySQL的转义字符，若表中记录值带有\符号，如：C++\Python，编写 INSERT 语句时必须写为：C++\\Python。

2．向已有表中插入查询结果

可通过插入查询结果一次性成批插入大量数据。插入子查询结果的 INSERT 语句的格式为：

```
INSERT INTO  表名[(列名 1,列名 2,⋯,列名 n)]
SELECT  查询语句;
```

其功能是将 SELECT 查询语句查询的结果插入到表中。但前提是该表必须已经存在，而且表中的字段数据类型和长度都要与查询结果中的字段一致。

【例 3】 假如在 School 数据库中已为班级编号为“200901001”的班级学生单独建了一个空表 JSJ，其中包含学号、姓名、性别和班级编号 4 个字段，字段的数据类型和长度都与 Student 表相同，现要从 Student 表中查询出该班学生信息插入到 JSJ 表中。

```
INSERT INTO JSJ (Sno,Sname,Sex,ClassNo)
SELECT Sno,Sname,Sex,Birth
FROM Student
WHERE ClassNo='200901001';
```

3．生成一张新表并插入查询结果

语句格式为：

```
CREATE TABLE  新表名
SELECT 语句;
```

其功能是创建一个新表，并将查询结果存放到该新表中。新表不能事先存在，新表的结构包括列名、数据类型和长度，都由 SELECT 查询语句决定。

MySQL 临时表在需要保存一些临时数据时非常有用。临时表只在当前连接可见，当关闭连接时，MySQL 会自动删除临时表并释放所有空间。临时表的定义和数据都保存在内存中。使用 SHOW TABLES 命令无法查看临时表，可以通过 SELECT 语句查看临时表中的记录。

创建临时表的语法与创建表的语法类似，不同之处是增加了关键字 TEMPORARY。

```
CREATE TEMPORARY TABLE   临时表名(  …  );
```

常见的应用是将查询结果存放到临时表中，其语句格式如下：

```
CREATE   TEMPORARY   TABLE   临时表名
     SELECT 语句;
```

【例4】 在School数据库中查询班级编号为“200901002”的班级学生信息，将查询结果存放到临时表中，表名为JSJ2。

微课4-20
使用临时表删除表中重复行

```
CREATE TEMPORARY TABLE JSJ2
    SELECT Sno,Sname,Sex,Birth
    FROM Student
    WHERE ClassNo='200901002';
```

【例5】 若表中有很多重复的记录，必须删除表中的重复行，可使用临时表实现。测试数据库如下：

```
DROP    DATABASE IF EXISTS Ceshi;
CREATE DATABASE Ceshi
USE Ceshi;
CREATE    TABLE IF NOT EXISTS Student
(Sno VARCHAR(15) NOT NULL ,
Sname VARCHAR(10) NOT NULL,
Sex CHAR(4)    NOT NULL ,
Birth DATE,
ClassNo VARCHAR(10) NOT NULL
)

INSERT    INTO Student VALUES('200931010100101','倪骏','男','1991/7/5','200901001');
INSERT    INTO Student VALUES('200931010100102','陈国成','男','1992/7/18','200901001');
INSERT    INTO Student VALUES('200931010100207','王康俊','女','1991/12/1','200901002');
INSERT    INTO Student VALUES('200931010100208','叶毅','男','1991/1/20','200901002');
INSERT    INTO Student VALUES('200931010100321','陈虹','女','1990/3/27','200901003');
INSERT    INTO Student VALUES('200931010100322','江苹','女','1990/5/4','200901003');
INSERT    INTO Student VALUES('200931010190118','张小芬','女','1991/5/24','200901901');
INSERT    INTO Student VALUES('200931010190119','林芳','女','1991/9/8','200901901');
INSERT    INTO Student VALUES('200931010100101','倪骏','男','1991/7/5','200901001');
INSERT    INTO Student VALUES('200931010100102','陈国成','男','1992/7/18','200901001');
INSERT    INTO Student VALUES('200931010100207','王康俊','女','1991/12/1','200901002');
INSERT    INTO Student VALUES('200931010100208','叶毅','男','1991/1/20','200901002');
INSERT    INTO Student VALUES('200931010100321','陈虹','女','1990/3/27','200901003');
INSERT    INTO Student VALUES('200931010100322','江苹','女','1990/5/4','200901003');
INSERT    INTO Student VALUES('200931010190118','张小芬','女','1991/5/24','200901901');
INSERT    INTO Student VALUES('200931010190119','林芳','女','1991/9/8','200901901');
INSERT    INTO Student VALUES('200931010100101','倪骏','男','1991/7/5','200901001');
INSERT    INTO Student VALUES('200931010100102','陈国成','男','1992/7/18','200901001');
INSERT    INTO Student VALUES('200931010100207','王康俊','女','1991/12/1','200901002');
INSERT    INTO Student VALUES('200931010100208','叶毅','男','1991/1/20','200901002');
INSERT    INTO Student VALUES('200931010100321','陈虹','女','1990/3/27','200901003');
INSERT    INTO Student VALUES('200931010100322','江苹','女','1990/5/4','200901003');
INSERT    INTO Student VALUES('200931010190118','张小芬','女','1991/5/24','200901901');
INSERT    INTO Student VALUES('200931010190119','林芳','女','1991/9/8','200901901');
INSERT    INTO Student VALUES('200931010100101','倪骏','男','1991/7/5','200901001');
INSERT    INTO Student VALUES('200931010100102','陈国成','男','1992/7/18','200901001');
INSERT    INTO Student VALUES('200931010100207','王康俊','女','1991/12/1','200901002');
INSERT    INTO Student VALUES('200931010100208','叶毅','男','1991/1/20','200901002');
```

```
INSERT  INTO Student VALUES('200931010100321','陈虹','女','1990/3/27','200901003');
INSERT  INTO Student VALUES('200931010100322','江苹','女','1990/5/4','200901003');
INSERT  INTO Student VALUES('200931010190118','张小芬','女','1991/5/24','200901901');
INSERT  INTO Student VALUES('200931010190119','林芳','女','1991/9/8','200901901');
INSERT  INTO Student VALUES('200931010100101','倪骏','男','1991/7/5','200901001');
INSERT  INTO Student VALUES('200931010100102','陈国成','男','1992/7/18','200901001');
INSERT  INTO Student VALUES('200931010100207','王康俊','女','1991/12/1','200901002');
INSERT  INTO Student VALUES('200931010100208','叶毅','男','1991/1/20','200901002');
INSERT  INTO Student VALUES('200931010100321','陈虹','女','1990/3/27','200901003');
INSERT  INTO Student VALUES('200931010100322','江苹','女','1990/5/4','200901003');
INSERT  INTO Student VALUES('200931010190118','张小芬','女','1991/5/24','200901901');
INSERT  INTO Student VALUES('200931010190119','林芳','女','1991/9/8','200901901');
INSERT  INTO Student VALUES('200931010100101','倪骏','男','1991/7/5','200901001');
INSERT  INTO Student VALUES('200931010100102','陈国成','男','1992/7/18','200901001');
INSERT  INTO Student VALUES('200931010100207','王康俊','女','1991/12/1','200901002');
INSERT  INTO Student VALUES('200931010100208','叶毅','男','1991/1/20','200901002');
INSERT  INTO Student VALUES('200931010100321','陈虹','女','1990/3/27','200901003');
INSERT  INTO Student VALUES('200931010100322','江苹','女','1990/5/4','200901003');
INSERT  INTO Student VALUES('200931010190118','张小芬','女','1991/5/24','200901901');
INSERT  INTO Student VALUES('200931010190119','林芳','女','1991/9/8','200901901');
```

① 将 Student 表中不重复的行放到临时表中。

```
CREATE TEMPORARY TABLE s
    SELECT DISTINCT * FROM Student;
```

② 删除 Student 表中所有的记录。

```
DELETE FROM Student;
```

③ 将临时表中的记录添加到 Student 表中。

```
INSERT INTO Student
    SELECT * FROM s;
```

④ 可以手动删除临时表；也可以不删除临时表，当关闭连接时，MySQL 会自动删除临时表并释放所有空间。

```
#DROP TABLE s;
```

### 4. 修改记录

UPDATE 语句的作用是对指定表中的现有记录进行修改。其语句格式为：

```
UPDATE 表名
SET 列名 1=<修改后的值>[,列名 2=<修改后的值>,…]
[WHERE 行条件表达式];
```

其功能是对表中满足 WHERE 条件的记录进行修改，由 SET 子句用修改后的值替换相应列的值。若不使用 WHERE 子句，则修改所有记录的指定列的值。<修改后的值>可以是具体的常量值，也可以是表达式。

注意：

UPDATE 关键词后面的表名只能是一个表名。

【例6】 在School数据库中将Sno为“200931010100102”、Cno为“0901170”的平时成绩修改为80分。

```
UPDATE Score
SET Uscore=80
WHERE Sno='200931010100102' AND Cno='0901170';
```

5. 删除记录

DELETE语句的作用是删除指定表中满足条件的记录。其语句格式为：

```
DELETE FROM 表名
[WHERE 行条件表达式];
```

其功能是删除表中满足WHERE条件的所有记录。如果不使用WHERE子句，则删除表中的所有记录，但表仍然存在。如果要删除表，需要使用DROP TABLE子句。

DELETE FROM后面的表名只能是一个表名。

【例7】 在School数据库中删除Sno为“200931010100102”的学生选修课程编号为“0901170”的课程的选课记录。

```
DELETE FROM Score
WHERE Sno='200931010100102' AND Cno='0901170';
```

除了使用DELETE语句删除表中记录外，可以使用TRUNCATE语句一次性删除表中所有的记录，语句语法如下：

```
TRUNCATE [TABLE] 表名;
```

其中TABLE可以省略。

TRUNCATE语句一次性地从表中删除所有数据，不将删除操作记入日志保存，删除的记录不能恢复。在删除过程中不会激活与表有关的删除触发器，执行速度快。

另外，对于有被FOREIGN KEY约束参照的表，不能使用TRUNCATE语句。

而DELETE语句执行删除的过程是每次从表中删除一行，并且同时将该行的删除操作作为事务记录在日志中保存以便进行回滚操作。

若要删除被参照表的记录或只要删除表中的部分记录，只能使用DELETE语句。

微课4-21
任务实施：数据更新

文本 参考答案

【任务实施】

在School数据库中完成以下操作。

【练习1】 往Class表中插入以下记录：

| ClassNo | ClassName | College | Specialty | EnterYear |
|---|---|---|---|---|
| 201801001 | 软件181 | 信息工程学院 | 软件技术 | 2018 |
| 201801002 | 软件182 | 信息工程学院 | 软件技术 | 2018 |

【练习 2】 往宿舍表 Dorm 中添加你所在宿舍的信息。

【练习 3】 往入住表 Live 中添加你入住宿舍的信息。

【练习 4】 从 Dorm、Live、Student、Class 表中查询“计算机应用技术”专业所有学生的入住信息，结果包含学号 Sno、姓名 Sname、班级名称 ClassName、宿舍编号 DormNo、楼栋 Build、房间号 RoomNo、入住日期 InDate，并将查询结果存放到临时表 ApplicationLive 中。

【练习 5】 从 Dorm、CheckHealth 表中查询“龙川北苑 04 南”楼栋各宿舍的卫生检查平均成绩，结果包含宿舍编号 DormNo 和平均成绩，并将查询结果存放到临时表 NanCheck 中。

【练习 6】 将 Sno 为“200931010100102”、Cno 为“0901170”的期末成绩修改为 60 分。

【练习 7】 增加 Sno 为“200931010100207”、Cno 为“0901170”的期末成绩为 90 分。

【练习 8】 增加 Sno 为“200931010100322”、Cno 为“0901025”的平时成绩为 80 分，期末成绩为 84 分。

【练习 9】 将课程编号为“2003003”且期末成绩小于 90 分的学生的期末成绩统一加 10 分。

【练习 10】 在 Dorm 表中增加宿舍编号为“LCN04B310”的宿舍电话，电话号码为“82266777”。

【练习 11】 删除 Sno 为“200931010100322”的学生选修课程编号为“0901025”的课程的选课记录。

【练习 12】 从课程表中删除课程名称为“思政概论”的记录。

【任务总结】

数据更新包括插入记录、修改记录和删除记录。插入记录的 SQL 语句为 INSERT 语句，修改记录的语句为 UPDATE 语句，删除记录的语句为 DELETE 语句。

## 任务 4-9　级联更新、级联删除

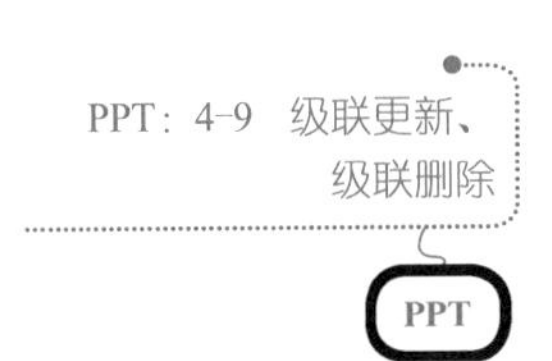


【任务提出】

InnoDB 存储引擎支持外键，为了保证表间数据的一致性，往往会设置外键约束。那么，在对表数据操作时，必须满足参照完整性。如要删除的主表记录在从表中存在相关记录，则不能直接删除主表中的该记录。如要修改的字段上设置过表间关系，也要保证修改后的值满足参照完整性。

微课 4-22
级联更新、级联删除

【任务分析】

若要删除的主表记录在从表中存在相关记录，有两种方法可以解决：一是先删除从表中的记录再删除主表中的相关记录；二是采用级联删除或编写触发器。本任务中采用级联删除的方法。同样地，要完成修改设置了表间关系的字段值，可以采用级联更新。

【相关知识与技能】

**1. 级联更新**

级联更新指修改主表中主键字段的值，其对应从表中外键字段的相应值自动修改。

在外键约束中设置级联更新，创建外键约束时加上 ON UPDATE CASCADE。

```
FOREIGN KEY(外键字段) REFERENCES 主表(主键字段) ON UPDATE CASCADE
```

若外键约束已经存在，没有设置级联，则修改外键约束。

- 查看表的建表信息得到外键约束名：

```
SHOW CREATE TABLE 表名;
```

- 删除外键约束：

```
ALTER TABLE 表名 DROP FOREIGN KEY 外键约束名;
```

- 添加外键约束：

```
ALTER TABLE 表名 ADD [CONSTRAINT 外键约束名] FOREIGN KEY(外键字段)
REFERENCES 主表(主键字段) ON UPDATE CASCADE;
```

【例 1】 在 School 数据库中将课程编号“2003003”修改为“2003180”。

执行以下语句：

```
UPDATE Course SET Cno='2003180' WHERE Cno='2003003';
```

提示出错：违反外键约束。

```
[SQL]UPDATE  Course SET  Cno='2003180' WHERE  Cno='2003003';
[Err] 1451 - Cannot delete or update a parent row: a foreign key constraint fails (`school`.`score`, CONSTRAINT `FK_Score_Course` FOREIGN KEY (`Cno`) REFERENCES `course` (`cno`))
```

**（1）修改外键约束设置级联更新**

① 通过查看表的完整 CREATE TABLE 语句，得知外键约束名为 FK_Score_Course。

```
USE School;
SHOW CREATE TABLE Score;
```

② 删除原有外键约束。

```
ALTER TABLE Score DROP FOREIGN KEY FK_Score_Course;
```

③ 重新添加外键约束，设置级联更新 ON UPDATE CASCADE。

```
ALTER TABLE Score  ADD CONSTRAINT FK_Score_Course FOREIGN KEY(Cno)
REFERENCES  Course(Cno) ON UPDATE CASCADE;
```

**（2）编写执行 UPDATE 语句修改主表 Course 中的 Cno，子表 Score 中相应的 Cno 值自动修改**

```
UPDATE Course
```

```
SET Cno='2003180'
WHERE Cno='2003003';
```

2．级联删除

级联删除指删除主表中的记录，其对应子表中的相应记录自动删除。

在外键约束中设置级联删除，创建外键约束时加上 ON DELETE CASCADE。

```
FOREIGN KEY(外键字段) REFERENCES 主表(主键字段) ON DELETE CASCADE
```

若外键约束已经存在，没有设置级联，则修改外键约束。

- 查看表的建表信息得到外键约束名：

```
SHOW CREATE TABLE 表名;
```

- 删除外键约束：

```
ALTER TABLE 表名 DROP FOREIGN KEY 外键约束名;
```

- 添加外键约束：

```
ALTER TABLE 表名 ADD CONSTRAINT 外键约束名 FOREIGN KEY(外键字段)
REFERENCES 主表(主键字段) ON DELETE CASCADE;
```

【例 2】 因学号为“200931010100102”的学生退学，在 School 数据库中删除该学生的所有相关记录。

执行以下语句：DELETE FROM Student WHERE Sno='200931010100102';

提示出错：违反外键约束 FK_Live_Student。

```
[SQL]DELETE FROM Student WHERE  Sno='200931010100102';
[Err] 1451 - Cannot delete or update a parent row: a foreign key constraint fails (`school`.`live`, CONSTRAINT `FK_Live_Student` FOREIGN KEY (`Sno`) REFERENCES `student` (`sno`))
```

**（1）修改外键约束 FK_Live_Student 设置级联删除**

① 删除原有外键约束。

```
ALTER TABLE Live DROP FOREIGN KEY FK_Live_Student;
```

② 重新添加外键约束，设置级联删除 ON DELETE CASCADE。

```
ALTER TABLE Live ADD CONSTRAINT FK_Live_Student FOREIGN KEY(Sno) REFERENCES
Student(Sno) ON DELETE CASCADE;
```

继续执行 DELETE 语句，还是提出出错，违反外键约束 FK_Score_Student。

```
[SQL]DELETE FROM Student WHERE  Sno='200931010100102';
[Err] 1451 - Cannot delete or update a parent row: a foreign key constraint fails (`school`.`score`, CONSTRAINT `FK_Score_Student` FOREIGN KEY (`Sno`) REFERENCES `student` (`sno`))
```

**（2）修改外键约束 FK_Score_Student 设置级联删除**

① 删除原有外键约束。

```
ALTER TABLE Score DROP FOREIGN KEY FK_Score_Student;
```

② 重新添加外键约束，设置级联删除 ON DELETE CASCADE。

```
ALTER TABLE Score ADD CONSTRAINT FK_Score_Student FOREIGN KEY(Sno) REFERENCES
Student(Sno) ON DELETE CASCADE;
```

③ 编写执行 DELETE 语句删除主表 Student 中该学生记录，子表 Score 和 Live 表中相应的记录自动删除。

```
DELETE FROM Student WHERE Sno='200931010100102';
```

**3. 设置外键失效**

除了设置级联更新、级联删除外，还可以采用先设置外键失效，修改后再设置外键生效的方法。

① 查看外键约束是否有效。

```
SELECT @@FOREIGN_KEY_CHECKS;    #1 表示有效，0 表示失效。
```

② 设置外键失效。

```
SET FOREIGN_KEY_CHECKS = 0;
```

③ 编写执行 UPDATE 语句、DELETE 语句后设置外键生效。

```
SET FOREIGN_KEY_CHECKS = 1;
```

【例 3】 在 School 数据库中将课程编号“2003003”修改为“2003180”。

① 查看外键约束是否有效。

```
SELECT @@FOREIGN_KEY_CHECKS;    #1 表示有效，0 表示失效。
```

② 设置外键失效。

```
SET FOREIGN_KEY_CHECKS = 0;
```

③ 编写执行 UPDATE 语句。

```
UPDATE Course SET Cno='2003180' WHERE Cno='2003003';
UPDATE Score SET Cno='2003180' WHERE Cno='2003003';
```

④ 设置外键生效。

```
SET FOREIGN_KEY_CHECKS = 1;
```

【任务实施】

微课 4-23
任务实施：级联更新、级联删除

在 School 数据库中完成以下操作。

【练习 1】 使用 UPDATE 语句将学号“200931010100101”修改为“201031010100150”。

【练习 2】 将课程编号“2003003”修改为“2003180”。

【练习 3】 因学号为“200931010100102”的学生退学，在数据库中删除该学生的所有相关记录。

【练习 4】 从课程表中删除课程名称为“数据库技术与应用 2”的记录。

【练习 5】 将宿舍编号“XSY01111”修改为“X01111”。

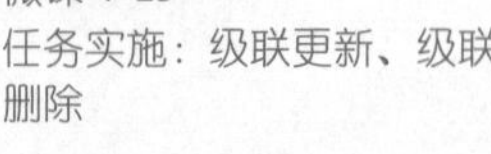


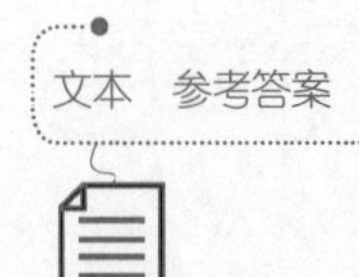

【任务总结】

若在 InnoDB 存储引擎的表中设置了外键，在进行数据更新时要保证数据库中数据的一致性，可设置为级联更新、级联删除。

# 任务 4-10　带子查询的数据更新

PPT：4-10　带子查询的数据更新

【任务提出】

在对表更新记录时，UPDATE、DELETE FROM 关键字后面只能是一个表名，而更新记录时往往对记录的选择条件会涉及其他表。例如，将课程“数据库技术与应用 1”的所有课程期末成绩置为 0 分。

【任务分析】

若更新记录时对记录的选择条件涉及其他表，可使用子查询实现。

【相关知识与技能】

微课 4-24
带子查询的数据更新

1．带子查询的更新

子查询除了可以嵌套在 SELECT 查询语句中，一样可以嵌套在 UPDATE 语句的 WHERE 子句中。

【例 1】 在 School 数据库中将课程“数据库技术与应用 1”的所有课程期末成绩置为 0 分。

```
UPDATE Score
SET   EndScore=0
WHERE Cno=(SELECT Cno
           FROM Course
           WHERE Cname='数据库技术与应用 1');
```

【例 2】 在 School 数据库中将课程“数据库技术与应用 1”的所有课程期末成绩置为空（NULL）。

```
UPDATE Score
SET EndScore=NULL
WHERE Cno=(SELECT Cno
           FROM Course
           WHERE Cname='数据库技术与应用 1');
```

2．带子查询的删除

子查询同样可以嵌套在 DELETE 语句中，用以构造执行删除操作的条件。

【例 3】 在 School 数据库中删除课程名称包含“数据库”的所有选课记录。

```
USE School;
DELETE FROM Score
WHERE Cno IN (SELECT Cno
              FROM Course
              WHERE Cname LIKE '%数据库%');
```

【例 4】 在 School 数据库的 Score 中删除课程选课人数少于 3 人的选课记录。

```
USE School;
```

```
DELETE FROM Score
WHERE Cno IN
    (SELECT Cno
    FROM Score
    GROUP BY Cno
    HAVING COUNT(Sno)<3);
```

执行上述语句会报告如下错误：[Err] 1093 - You can't specify target table 'Score' for update in FROM clause，原因是在 MySQL 中，不能先 SELECT 一张表的记录，再将此作为条件对同一张表进行更新或删除。

解决办法是：给 SELECT 得到的查询结果重命名，再次对其进行 SELECT，这样就规避了同一张表的问题。

修改上述代码如下：

```
DELETE FROM Score
WHERE Cno IN
    (SELECT Cno
     FROM
       (SELECT Cno
       FROM Score
       GROUP BY Cno
       HAVING COUNT(Sno)<3) s);   #给 SELECT 得到的查询结果取表别名 s
```

【例 5】 任务 4-8“数据更新”例 5 的表中有很多重复记录，需要删除表中的重复行，实现思路 1 是使用临时表，实现思路 2 是通过添加一个属性值自动增加的字段。

实现思路 2：

① 添加一个属性值自动增加的字段。

```
ALTER TABLE Student ADD ID INT AUTO_INCREMENT PRIMARY KEY;
```

② 保留 ID 值最大或 ID 值最小的记录。

```
DELETE FROM Student
WHERE ID NOT IN
   (SELECT mid FROM
         (SELECT MIN(ID) mid
          FROM Student
         GROUP BY Sno) t);
```

③ 删除 ID 字段。

```
ALTER TABLE Student DROP COLUMN ID;
```

微课 4-25
任务实施：带子查询的数据更新

【任务实施】

在 School 数据库中完成以下操作。

【练习 1】 将课程“数据库技术与应用 1”的所有课程期末成绩置为 0 分。

【练习 2】 删除课程名称包含“数据库”的所有选课记录。

【练习 3】 将学号为“200931010100207”的学生转到电商 091 班。

【练习 4】 将计算机 091 班的学生调到计算机 092 班。

文本 参考答案

【练习 5】 将王康俊同学所有课程的平时成绩加 5 分。

【练习 6】 将“龙川北苑 04 南”的所有宿舍在 2010 年 12 月份期间的检查成绩加 8 分。

【任务总结】

对表数据更新时，要满足数据完整性，更新操作要能根据实际情况灵活应用。执行 DELETE 删除操作尤其要慎重，以免误删数据。

## 巩固知识点

文本 参考答案

一、选择题

1. 要想对表中记录分组查询，可以使用（　　）子句。

A. GROUP BY　　B. AS GROUP

C. GROUP AS　　D. TO GROUP

2. 下列语言中属于结构化查询语言的是（　　）。

A. Java　　B. C

C. SQL　　D. PHP

3. 从数据表中查询数据的语句是（　　）。

A. SELECT 语句　　B. UPDATE 语句

C. SEARCH 语句　　D. INSERT 语句

4. 从学生（Student）表中的姓名（Name）字段查找姓“张”的学生可以使用如下语句：SELECT * FROM Student WHERE（　　）。

A. Name='张*'　　B. Name='%张%'

C. Name LIKE '张%'　　D. Name LIKE '张*'

5. 下列（　　）函数用来统计数据表中包含的记录行的总数。

A. COUNT()　　B. SUM()

C. AVG()　　D. MAX()

6. 对查询结果进行升序排序的关键字是（　　）。

A. DESC　　B. ASC

C. LIMIT　　D. ORDER

7. 使用 SELECT 将表中数据导出到文件，可以使用（　　）子句。

A. TO FILE　　B. INTO FILE

C. OUTTO FILE　　D. INTO OUTFILE

8. 查看部门为长安商品公司的且实发工资为 2000 元以上（不包括 2000）员工的记录，条件表达式为（　　）。

A. 部门='长安商品公司' AND 实发工资>2000

B. 部门='长安商品公司' AND 实发工资>=2000

C. 部门=长安商品公司，实发工资>=2000

D. 实发工资>2000　OR 部门='长安商品公司'

9. 使用 SELECT 查询数据时，以下（　　）子句排列的位置最靠后。

A. WHERE　　B. ORDER BY
C. LIMIT　　D. HAVING

10. 假设A、B表中都有ID列，A表有10行数据，B表中有5行数据，执行下面的查询语句 SELECT * FROM A LEFT JOIN B ON A.ID=B.ID 则返回（　　）行数据。

A. 5　　B. 10
C. 不确定　　D. 15

11. 对表中相关数据进行求和需用到的函数是（　　）。

A. SUM　　B. MAX
C. COUNT　　D. AVG

12. 在查询中，去除重复记录的关键字是（　　）。

A. HAVING　　B. DISTINCT
C. DROP　　D. LIMIT

13. 在查询语句中，用来指定查询某个范围内的值，即指定开始值和结束值的关键字是（　　）。

A. IN　　B. BETWEEN AND
C. ALL　　D. LIKE

14. 若要查询“学生”数据表的所有记录及字段，其语句应是（　　）。

A. SELECT 姓名 FROM 学生
B. SELECT * FROM 学生
C. SELECT * FROM 学生 WHERE 1=2
D. 以上皆不可以

15. 关于SELECT语句以下（　　）描述是错误的。

A. SELECT语句用于查询一个表或多个表的数据
B. SELECT语句属于数据操作语言（DML）
C. SELECT语句的列必须是基于表的列的
D. SELECT语句表示数据库中一组特定的数据记录

16. 如果在查询中需要查询所有姓李的学生的名单，使用的关键字是（　　）。

A. LIKE　　B. MATCH
C. EQ　　D. =

17. 设选课关系的关系模式为：选课（学号，课程号，成绩）。下述语句中（　　）语句能完成“求选修课超过3门课的学生学号”。

A. SELECT 学号 FROM 选课 WHERE COUNT(课程号)>3 GROUP BY 学号;
B. SELECT 学号 FROM 选课 HAVING COUNT(课程号)>3 GROUP BY 学号;
C. SELECT 学号 FROM 选课 GROUP BY 学号 HAVING COUNT(课程号)>3;
D. SELECT 学号 FROM 选课 GROUP BY 学号 WHERE COUNT(课程号)>3;

18. 对分组中的数据进行过滤的关键字是（　　）。

A. ORDER　　B. WHERE
C. HAVING　　D. JOIN

19. 若要将多个SELECT语句的检索结果合并成一个结果集，可使用（　　）语句。

A．DISTINCT　　B．UNION

C．ORDER BY　　D．LEFT OUTER JOIN

20．查询中分组的关键词是（　　）。

A．ORDER BY　　B．LIKE

C．HAVING　　D．GROUP BY

21．对查询结果进行排序的关键字是（　　）。

A．GROUP BY　　B．SELECT

C．ORDER BY　　D．INSERT

22．要查询 book 表中所有书名中包含“计算机”的书籍情况，可用（　　）语句。

A．SELECT * FROM book WHERE book_name LIKE '*计算机*';

B．SELECT * FROM book WHERE book_name LIKE '%计算机%';

C．SELECT * FROM book WHERE book_name ='计算机*';

D．SELECT * FROM book WHERE book_name ='计算机%' ;

23．设某数据库表中有一个姓名字段，查询姓名为小明或小东的记录的准则为（　　）

A．姓名 IN('小明','小东')"

B．姓名='小明' AND '小东'

C．姓名 IN '小明' AND '小东'

D．姓名='小明' OR ='小东'

24．查询中可以使用运算符 ANY, 它表示的意思是（　　）。

A．满足所有的条件　　B．满足至少一个条件

C．一个都不用满足　　D．满足至少 5 个条件

25．SELECT 语句中与 HAVING 子句通常同时使用的是（　　）子句。

A．GROUP BY　　B．WHERE

C．ORDER BY　　D．无需配合

26．假设某数据库表中有一个地址字段，查找地址中含有“泉州”两个字记录的准则是（　　）。

A．='_泉州'　　B．='泉州%'

C．LIKE '_泉州_'　　D．LIKE '%泉州%'

27．有一表：DEPT（dno, dname），如果要找出倒数第 3 个字母为 W，并且至少包含 4 个字母的 dname，则查询条件子句应写成 WHERE dname LIKE（　　）。

A．'__W_%'　　B．'_%W__'

C．'_W_'　　D．'_W_%'

28．以下语句 SELECT title AS 职位,AVG(wage) as 平均工资 FROM employee GROUP BY title;说法正确的是（　　）。

A．语法上没有错误

B．语法上有错误

C．语法上没有错误，但是运行肯定会出错

D．没有使用聚合函数

29．使用语句进行分组检索时，为了去掉不满足条件的分组，应当（　　）。

A．使用 WHERE 子句

B．在 GROUP BY 后面使用 HAVING 子句

C．先使用 WHERE 子句，再使用 HAVING 子句

D．先使用 HAVING 子句，再使用 WHERE 子句

30．在 SELECT 查询语句中的 LIKE 'DB_' 表示（ ）。

A．长度为 3 的以'DB'开头的字符串

B．长度为 2 的以'DB'开头的字符串

C．任意长度的以'DB'开头的字符串

D．长度为 3 的以'DB'开头第 3 个字符为'_'的字符串

31．SELECT emp_id,emp_name,sex,title,wage FROM employee ORDER BY emp_name;

句子得到的结果集是按（ ）字段的值排序。

A．emp_id　　B．emp_name

C．sex　　D．wage

32．查询条件中：性别=“女” AND 工资额>2000 的意思是（ ）。

A．性别为女并且工资额大于 2000 的记录

B．性别为女或者工资额大于 2000 的记录

C．性别为女并且工资额大于等于 2000 的记录

D．性别为女或者工资额大于等于 2000 的记录

33．有订单表 Orders，包含字段用户信息 userid、产品信息 productid，以下（ ）语句能够返回至少被订购过两回的 productid。

A．SELECT productid FROM Orders WHERE COUNT(productid)>1;

B．SELECT productid FROM Orders WHERE MAX(productid)>1;

C．SELECT productid FROM Orders HAVING COUNT(productid)>1 GROUP BY productid;

D．SELECT productid FROM Orders GROUP BY productid HAVING COUNT (productid)>1;

34．用 LIKE 关键字进行字符匹配查询时，可以用来匹配 0 个字符的通配符是（ ）。

A．%　　B．_

C．?　　D．@

35．下列（ ）连接保证包含第一个表中的所有行和第二个表中的所有匹配行。

A．LEFT OUTER JOIN　　B．RIGHT OUTER JOIN

C．INNER JOIN　　D．JOIN

36．SQL 的数据操纵语句包括 SELECT、INSERT、UPDATE 和 DELETE 等，其中最重要也是使用最频繁的语句是（ ）。

A．SELECT　　B．INSERT

C．UPDATE　　D．DELETE

37．如果要查询公司员工的平均收入，则使用（ ）聚合函数。

A．SUM()　　B．ABS()

C．COUNT()　　D．AVG()

38．语句“SELECT COUNT(*) FROM employee;”得到的结果是（　　）。

A．某个记录的信息　　B．全部记录的详细信息

C．所有记录的条数　　D．得到 3 条记录

39．在 SQL 中，用于排序的子句是（　　）。

A．SORT BY　　B．ORDER BY

C．GROUP BY　　D．WHERE

40．在 SELECT 查询语句中如果要对得到的结果中某个字段按降序处理，则使用（　　）参数。

A．ASC　　B．DESC

C．BETWEEN　　D．IN

41．在 SELECT 语句中，如果要过滤结果集中的重复行，可以在字段列表前面加上（　　）。

A．GROUP BY　　B．ORDER BY

C．DESC　　D．DISTINCT

42．函数 COUNT 是用来对数据进行（　　）。

A．求和　　B．求平均值

C．求个数　　D．求最小值

43．使用（　　）命令可以使结果表中除了匹配行外，还包括右表中有但左表中不匹配的行。

A．LEFT OUTER JOIN　　B．RIGHT OUTER JOIN

C．JOIN　　D．INNER JOIN

44．使用（　　）命令可以使结果表中除了匹配行外，还包括左表中有但右表中不匹配的行。

A．LEFT OUTER JOIN　　B．RIGHT OUTER JOIN

C．JOIN　　D．INNER JOIN

45．（　　）命令实现了分组统计。

A．GROUP BY　　B．ORDER BY

C．LIMIT　　D．UNION

46．（　　）命令实现了排序统计。

A．GROUP BY　　B．ORDER BY

C．LIMIT　　D．UNION

47．（　　）命令在排序时实现了递减。

A．ASC　　B．DESC

C．ADD　　D．REDUCE

48．使用 SQL 语句查询学生信息表 tbl_student 中的所有数据，并按学生学号 stu_id 升序排列，正确的语句是（　　）。

A．SELECT * FROM tbl_student ORDER BY stu_id ASC;

B．SELECT * FROM tbl_student ORDER BY stu_id DESC;

C．SELECT * FROM tbl_student stu_id ORDER BY ASC;

D．SELECT * FROM tbl_student stu_id ORDER BY DESC;

49．学生表 Student 如下所示：

| 学号 | 姓名 | 所在系编号 | 总学分 |
|---|---|---|---|
| 021 | 林山 | 02 | 32 |
| 026 | 张宏 | 01 | 26 |
| 056 | 王林 | 02 | 22 |
| 101 | 赵松 | 04 | NULL |

下面 SQL 语句中返回值为 3 的是（　　）。

A．SELECT COUNT(*) FROM Student;

B．SELECT COUNT(所在系编号) FROM Student;

C．SELECT COUNT(*) FROM Student GROUP BY 学号;

D．SELECT COUNT(总学分) FROM Student;

50．设有学生表 student，包含的属性有学号 sno、学生姓名 sname、性别 sex、年龄 age、所在专业 smajor，下列语句正确的是（　　）。

A．SELECT sno, sname FROM student ORDER BY sname
Union
SELECT sno, sname FROM student WHERE smajor='CS';

B．SELECT sno, sname FROM student WHERE sex='M'
Union
SELECT sno, sname, sex FROM student WHERE smajor='CS';

C．SELECT sno, sname FROM student WHERE sex='M' ORDER BY sname
Union
SELECT sno, sname FROM student WHERE smajor='CS';

D．SELECT sno, sname FROM student WHERE sex='M'
Union
SELECT sno, sname FROM student WHERE sex='F';

51．在 MySQL 中，要删除某个数据表中所有的用户数据，不可以使用的命令是（　　）。

A．DELETE　　　　B．TRUNCATE

C．DROP　　　　D．以上方式皆不可用

52．设有学生选课表 score（sno,cname,grade），其中 sno 表示学生学号，cname 表示课程名，grade 表示成绩。以下语句中能够统计每个学生选课门数的是（　　）。

A．SELECT COUNT(*) FROM score GROUP BY sno;

B．SELECT COUNT(*) FROM score GROUP BY cname;

C．SELECT SUM(*) FROM score GROUP BY cname;

D．SELECT SUM(*) FROM score GROUP BY sno;

53．设职工表 tb_employee，包含字段 eno（职工号）、ename（姓名）、age（年龄）、salary（工资）和 dept（所在部门），要查询工资在 4000～5000 之间（包含 4000 和 5000）的职工号和姓名，正确的 WHERE 条件表达式是（　　）。

A．salary BETWEEN 4000 AND 5000

B．salary<=4000 AND salary >=5000

C．4000 =< salary <=5000

D．salary IN [4000,5000]

54. 如果 DELETE 语句中没有使用 WHERE 子句，则下列叙述中正确的是（　　）。

A．删除指定数据表中的最后一条记录

B．删除指定数据表中的全部记录

C．不删除任何记录

D．删除指定数据表中的第一条记录

55. 下列关于 DROP、TRUNCATE 和 DELETE 命令的描述中，正确的是（　　）。

A．三者都能删除数据表的结构

B．三者都只删除数据表中的数据

C．三者都只删除数据表的结构

D．三者都能删除数据表中的数据

56. 在 SQL 语句中，与表达式 sno NOT IN("s1","s2")功能相同的表达式是（　　）。

A．sno="s1" AND sno="s2"

B．sno!="s1" OR sno!="s2"

C．sno="s1" OR sno="s2"

D．sno!="s1" AND sno!="s2"

57. 设有学生表 student（sno，sname，sage，smajor），各字段含义分别为学号、姓名、年龄、专业；学生选课表 score（sno，cname，grade），各字段含义分别为学生学号、课程名、成绩。若要检索“信息管理”专业、选修课程 DB 的学生学号、姓名及成绩，能实现该检索要求的语句是（　　）。

A．
```
SELECT s.sno,sname, grade
FROM student s ,score sc
WHERE s.sno=sc.sno AND s.smajor='信息管理' AND cname='DB' ;
```

B．
```
SELECT s.sno,sname, grade
FROM student s,score sc
WHERE s.smajor='信息管理' AND cname='DB';
```

C．
```
SELECT s.sno,sname, grade
FROM student s
WHERE smajor='信息管理' AND cname='DB';
```

D．
```
SELECT s.sno,sname, grade
FROM student s
WHERE s.sno=sc.sno AND s.smajor='信息管理' AND cname='DB';
```

58. 把查询语句的各个子句按执行的先后顺序排列，正确的是（　　）。

A．FROM→WHERE→GROUP BY→SELECT→ORDER BY

B．SELECT→FROM→WHERE→GROUP BY→ORDER BY

C．WHERE→FROM→SELECT→GROUP BY→ORDER BY

D．FROM→WHERE→SELECT→ORDER BY→GROUP BY

59. 设 smajor 是 student 表中的一个字段，以下能够正确判断 smajor 字段是否为空值的表达式是（　　）。

A．smajor IS NULL　　　　B．smajor = NULL

C．smajor=0　　　　D．smajor=''

60. 设有成绩表，包含学号、分数等字段。现有查询要求：查询有 3 门以上课程的成绩在 90 分以上的学生学号及 90 分以上的课程数。以下 SQL 语句中正确的是（　）。

A. SELECT 学号, COUNT(*) FROM 成绩 WHERE 分数>90 GROUP BY 学号 HAVING COUNT(*)>3;

B. SELECT 学号, COUNT(学号) FROM 成绩 WHERE 分数>90 AND COUNT(学号)>3;

C. SELECT 学号, COUNT(*) FROM 成绩 GROUP BY 学号 HAVING COUNT(*)>3 AND 分数>90;

D. SELECT 学号, COUNT(*) FROM 成绩 WHERE 分数 >90 AND COUNT(*)>3 GROUP BY 学号;

61. 设有一个成绩表 Student_JAVA（id，name，grade），现需要查询成绩 grade 倒数第二的学生信息（假设所有学生的成绩各不相同），正确的 SQL 语句应该是（　）。

A. SELECT * FROM Student_JAVA ORDER BY grade LIMIT 1,1;

B. SELECT * FROM Student_JAVA ORDER BY grade DESC LIMIT 1,1;

C. SELECT * FROM Student_JAVA ORDER LIMIT 1,1;

D. SELECT * FROM Student_JAVA ORDER BY grade DESC LIMIT 0,1;

62. 语句“SELECT * FROM tb_emp ORDER BY age DESC LIMIT 1,3;”执行后返回的记录是（　）。

A. 按 age 排序为 2、3、4 的 3 条记录

B. 按 age 排序为 1、2、3 的 3 条记录

C. age 最大的记录

D. age 排序第二的记录

63. 修改表中数据的命令是（　）。

A. UPDATE　　B. ALTER TABLE

C. REPAIR TABLE　　D. CHECK TABLE

64. 学生表 student 包含 sname、sex、age 这 3 个属性列，其中 age 的默认值是 20，执行 SQL 语句“INSERT INTO student(sex, sname, age) VALUES('M','Lili',);”的结果是（　）。

A. 执行成功，sname、sex、age 的值分别是 Lili、M、20

B. 执行成功，sname、sex、age 的值分别是 M、Lili、NULL

C. 执行成功，sname、sex、age 的值分别是 M、Lili、20

D. SQL 语句不正确，执行失败

二、填空题

1. SQL 有（　）、（　）和数据控制语言。

2. 使用 SELECT 语句进行模糊查询时，可以使用 LIKE 或 NOT LIKE 匹配符，但要在条件值中使用（　）或（　）等通配符来配合查询。并且，模糊查询只能针对（　）类型字段查询。

3. 检索姓名字段中含有“娟”的表达式为 姓名 LIKE（　）。

4. 如果表的某一列被指定具有 NOT NULL 属性，则表示（　）。

5. HAVING 子句与 WHERE 子句很相似，其区别在于：WHERE 子句作用的对象是（　），HAVING 子句作用的对象是（　）。

6. 在 SELECT 语句中，选择出满足条件的记录应使用（　　）子句，选择出满足条件的组应使用（　　）子句。在使用 HAVING 子句前，应保证 SELECT 语句中已经使用了（　　）子句。

7. 在查询表的记录时，若要消除重复的行应使用（　　）短语。

8. 在 SQL 中，条件“年龄 BETWEEN 20 AND 30”表示年龄为 20～30，且（　　）（包括或不包括）20 岁和 30 岁。

9. 表示职称为副教授同时性别为男的表达式为（　　）。

10. 查询员工工资信息时，结果按工资字段降序排列，对应的排序子句为（　　）。

11. “SELECT 职工号 FROM 职工 WHERE 工资>1250;”语句的功能是（　　）。

12. 如果要计算表中的记录数，可以使用聚合函数（　　）。

三、简答题

1. HAVING 子句与 WHERE 子句很相似，简述这两个子句的区别。

2. 如何设置级联更新，设置级联更新后有什么作用？

3. 如何设置级联删除，设置级联删除后有什么作用？

4. 简述 DROP TABLE 表名、TRUNCATE TABLE 表名和 DELETE FROM 表名这 3 个语句的区别。

## 实践阶段测试

文本 参考答案

在 eshop 数据库中实现以下查询（请先下载“网上商城系统”eshop 数据库各表结构文档及数据库备份文件）。

```
USE eshop;
```

1. 查询所有订单的详细信息，查询结果包括商品编号、商品名称、购买数量、商品购买单价，结果按照商品编号升序排列。查询结果部分截图如图 4-99 所示。

| ProductId | ProductName | UnitCost | Quantity |
|---|---|---|---|
| 17 | Fedora Core 3 | 65 | 2 |
| 20 | Windows XP Professional | 1800 | 1 |
| 20 | Windows XP Professional | 1800 | 1 |
| 24 | 富士通 E2010 | 12000 | 5 |
| 25 | TCL D1100 (128MB 40GB | 12000 | 1 |
| 26 | 微星AVERATEC 1200 | 10000 | 1 |
| 26 | 微星AVERATEC 1200 | 10000 | 1 |
| 27 | 微星AVERATEC 6200 | 9900 | 1 |
| 28 | BenQ Joybook 6000N (C | 11000 | 1 |
| 28 | BenQ Joybook 6000N (C | 11000 | 1 |

图 4-99 第 1 题查询结果

2. 查询用户 ID 号为 4 的用户的各个订单的详细信息，查询结果包括各个订单的订单号、订单总金额、订单日期。查询结果如图 4-100 所示。

| OrderID | OrderTotal | OrderDate |
|---|---|---|
| 12 | 1800 | 2004-12-30 01:19:17 |
| 13 | 18121 | 2005-01-02 04:04:40 |
| 14 | 66900 | 2005-01-02 13:18:31 |

图 4-100 第 2 题查询结果

3．查询所有管理员的详细信息，查询结果包括管理员 ID、管理员登录名、权限名。查询结果如图 4-101 所示。

| adminID | loginName | rolename |
| --- | --- | --- |
| 4 | ADMIN | 系统管理员 |
| 5 | abc | 系统管理员 |
| 6 | xiaoshi | 普通管理员 |
| 7 | xiaozhi | 系统管理员 |

图 4-101
第 3 题查询结果

4．查询最新商品信息，即 ProductInfo 表中 ProductID 值最大的 10 条记录。查询结果如图 4-102 所示。

| ProductId | ProductName | ProductPrice | Intro | CategoryID | ClickCount |
| --- | --- | --- | --- | --- | --- |
| 37 | 自行车 | 588 | 很好用 | 44 | 3 |
| 35 | Office2000 | 2300 | 2000年Microsoft公司推出 | 31 | 7 |
| 34 | Office XP | 1234 | Office系列产品。Microsoft | 42 | 8 |
| 32 | 苹果 ibook (M9426CH A) | 12000 | 处理器类型:Intel Pentium 4 | 42 | 8 |
| 31 | 八亿时空 M7500D | 10000 | 处理器类型:Intel Pentium 4 | 42 | 5 |
| 30 | 夏新 V3 | 10000 | 处理器类型:Intel Pentium 4 | 42 | 8 |
| 29 | 海尔 风度H321 | 10000 | 处理器类型:Intel Pentium 4 | 42 | 4 |
| 28 | BenQ Joybook 6000N (C( | 11000 | 处理器类型:Intel Pentium 4 | 42 | 6 |
| 27 | 微星AVERATEC 6200 | 9900 | 处理器类型:Intel Pentium 4 | 42 | 15 |
| 26 | 微星AVERATEC 1200 | 10000 | 处理器类型:Intel Pentium 4 | 42 | 4 |

图 4-102
第 4 题查询结果

5．查询商品分类 ID 为 31 的商品在订单里出现的次数。查询结果如图 4-103 所示。

| 次数 |
| --- |
| 6 |

图 4-103
第 5 题查询结果

6．查询购物车编号为 10 的购物车中的商品总金额。查询结果如图 4-104 所示。

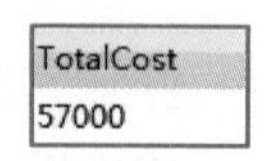

| TotalCost |
| --- |
| 57000 |

图 4-104
第 6 题查询结果

7．删除数据库中所有商品编号为 16 的商品信息。

8．查询商品编号为 20 的商品的信息，并将该商品的点击次数增加 1。

9．查询 2010 年 7 月份各个商品的销售情况，查询结果包括各个商品的商品编号、商品名称、订单个数、销售的总数量、销售的总金额，查询结果根据销售的总金额降序排列，总金额相同的按照销售的总数量降序排列。查询结果如图 4-105 所示。

| productId | productName | 订单个数 | 销售的总数 | 销售的总金额 |
| --- | --- | --- | --- | --- |
| 25 | TCL D1100 (128MB 40GB) | 1 | 1 | 12000 |
| 28 | BenQ Joybook 6000N (C( | 1 | 1 | 11000 |
| 26 | 微星AVERATEC 1200 | 1 | 1 | 10000 |
| 29 | 海尔 风度H321 | 1 | 1 | 10000 |
| 37 | 自行车 | 2 | 2 | 1176 |

图 4-105
第 9 题查询结果

提示：

2010 年 7 月的条件设置方法有以下两种。

方法 1：YEAR(orderdate)=2010 and MONTH(orderdate)=7

方法 2：orderdate>='2010-7-1' and orderdate<'2010-8-1'

使用以下方法“orderdate>='2010-7-1' and orderdate<='2010-7-31'”或“Orderdate between '2010-7-1' and '2010-7-31'”是会出错的，原因是 Orderdate 是 DATETIME 数据类型，“<='2010-7-31'”指的是“<='2010-7-31 00:00:00'”

10．查询 2010 年 7 月 29 日的各个商品的销售情况，查询结果包括各个商品的商品编号、商品名称、订单个数、销售的总数量、销售的总金额，查询结果根据销售的总金额降序排列，总金额相同的按照销售的总数量降序排列。查询结果如图 4-106 所示。

提示：

2010 年 7 月 29 日的条件可使用：

① WHERE YEAR(orderdate)=2010 AND MONTH(orderdate)=7 AND DAY (orderdate)=29

② WHERE DATE(orderdate)='2010-7-29'

③ WHERE CONVERT(orderdate,date)='2010-7-29'

| productId | productName | 订单个数 | 销售的总数 | 销售的总金额 |
|---|---|---|---|---|
| 28 | BenQ Joybook 6000N (C | 1 | 1 | 11000 |
| 29 | 海尔 风度H321 | 1 | 1 | 10000 |
| 26 | 微星AVERATEC 1200 | 1 | 1 | 10000 |
| 37 | 自行车 | 2 | 2 | 1176 |

图 4-106
第 10 题查询结果

11．查询与 ProductName 为“金山毒霸”同类别（CategoryID 相同）的商品基本信息。查询结果如图 4-107 所示。

| ProductId | ProductName | ProductPrice | Intro | CategoryID | ClickCount |
|---|---|---|---|---|---|
| 17 | Fedora Core 3 | 65 | RedHat公司于2004年推出 | 31 | 4 |
| 20 | Windows XP Professional | 1800 | Microsoft公司Windows系 | 31 | 9 |
| 23 | 金山毒霸 | 501 | 金山公司杀毒软件 | 31 | 1 |
| 35 | Office 2000 | 2300 | 2000年Microsoft公司推出 | 31 | 7 |

图 4-107
第 11 题查询结果

12．查询出所有商品的基本信息及订单信息，即使商品没有订单也显示其基本信息。查询结果部分截图如图 4-108 所示。

| ProductId | ProductName | ProductPrice | Intro | CategoryID | ClickCount | OrderID | ProductID1 | Quantity | UnitCost |
|---|---|---|---|---|---|---|---|---|---|
| 17 | Fedora Core 3 | 65 | RedHat公司于2004年推出 | 31 | 4 | 15 | 17 | 2 | 65 |
| 20 | Windows XP Professional | 1800 | Microsoft公司Windows系 | 31 | 9 | 12 | 20 | 1 | 1800 |
| 20 | Windows XP Professional | 1800 | Microsoft公司Windows系 | 31 | 9 | 13 | 20 | 1 | 1800 |
| 23 | 金山毒霸 | 501 | 金山公司杀毒软件 | 31 | 1 | (Null) | (Null) | (Null) | (Null) |
| 24 | 富士通 E2010 | 12000 | 处理器类型:Intel Pentium 4 | 42 | 21 | 14 | 24 | 5 | 12000 |
| 25 | TCL D1100 (128MB 40GB | 12000 | 处理器类型:Intel Pentium 4 | 42 | 7 | 17 | 25 | 1 | 12000 |

图 4-108
第 12 题查询结果

单元 5

# 创建视图和索引

单元 2 和单元 3 完成了“学生信息管理系统”数据库 School 的创建，单元 4 完成了数据查询统计和更新，数据库的基本实施操作已经完成。接下来的工作是对数据库进行优化。视图为用户提供了一个查看表中数据的窗口，使用视图可以简化查询操作、提高数据安全性等。索引是另一个重要的数据库对象，通过索引可以快速访问表中的记录，大大提高数据库的查询性能。

本单元的任务是学习和完成视图、索引的创建和管理，包含的学习任务和单元学习目标具体如下。

**【学习任务】**

- 任务 5-1　创建视图。
- 任务 5-2　利用视图简化查询操作。
- 任务 5-3　通过视图更新数据。
- 任务 5-4　创建索引。

**【学习目标】**

- 理解视图的概念和优点。
- 掌握创建和管理视图的 SQL 语句。

- 理解索引的优缺点和分类。
- 掌握创建和管理索引的 SQL 语句。
- 能灵活地编写 SQL 语句来创建和管理视图。
- 能使用视图简化查询操作。
- 能通过视图对表数据进行操作。
- 能灵活地编写 SQL 语句来创建和管理索引。

# 任务 5-1　创建视图

【任务提出】

数据操作实现了对表数据的查询和更新。除了直接对表数据进行查询和更新外，还可以通过视图来实现数据查询和更新。使用视图可以大大简化数据查询操作。尤其是对于实现复杂的查询来说，视图非常有用，而且可以提高安全性。

PPT：5-1　创建视图

PPT

【任务分析】

视图是由表派生出来的数据库对象。创建视图使用的 SQL 语句为 CREATE VIEW 语句。

【相关知识与技能】

1．视图概念

微课 5-1
创建视图

视图作为一种数据库对象，会将定义好的查询作为一个视图对象存储在数据库中。视图中的 SELECT 查询语句可以是对一张表或多张表的数据查询，也可以是对数据的汇总统计，还可以是对另一个视图或表与视图的数据查询。视图是由表派生的，派生表被称为视图的基本表，简称基表。

视图创建好后，可以像表一样对它进行查询和更新，也可以在视图的基础上继续创建视图。而和表不同的是，在数据库中只存储视图的定义而不存储对应的数据。视图中的数据只存储在表中，数据是在引用视图时动态产生的，因此视图也称为虚表。

微课 5-2
操作演示创建视图

2．创建视图

SQL 中创建视图的对应语句为 CREATE　VIEW 语句。CREATE　VIEW 语句的基本语法如下：

```
CREATE VIEW 视图名[(视图列名 1,... 视图列名 n)]
    AS
    SELECT 语句
```

其中，(视图列名 1,... 视图列名 $n$)是可选参数，指定视图中各个属性列的列名，若省略不写，则该视图的列名默认为 SELECT 语句目标列中各字段的列名。

注意：

在同一数据库中，视图名不能和表名相同。

【例 1】 在 School 数据库中创建视图 SexStudent，该视图中包含所有女生的基本信息。

```
USE School;
CREATE VIEW SexStudent
    AS
    SELECT *
    FROM Student
    WHERE Sex='女';
```

注意：

如果 CREATE VIEW 语句中没有指定视图列名，则该视图的列名默认为 SELECT 语句目标列中各字段的列名。

【例 2】 在 School 数据库中创建视图 StudentAge，该视图中包含所有学生的学号、姓名和年龄。

```
CREATE VIEW StudentAge(Sno,Sname,Age)
    AS
    SELECT Sno,Sname,YEAR(NOW())-YEAR(Birth)
    FROM Student;
```

【例 3】 在 School 数据库中创建视图 ComputerInfo，该视图中包含“计算机应用技术”专业学生的基本信息及班级信息。

使用如图 5-1 所示的语句编写会提示出错，原因是一个视图中不能出现重复的视图列名。

```
[SQL]CREATE VIEW ComputerInfo
AS
SELECT *
FROM Class JOIN Student ON Class.ClassNo=Student.ClassNo
WHERE Specialty='计算机应用技术';
[Err] 1060 - Duplicate column name 'ClassNo'
```

图 5-1
创建视图出错提示重复的列名

修改后的正确语句如下：

```
CREATE VIEW ComputerInfo
    AS
    SELECT Class.*,Sno,Sname,Sex,Birth
    FROM Class JOIN Student ON Class.ClassNo=Student.ClassNo
    WHERE Specialty='计算机应用技术';
```

3. 视图作用

建立视图可以简化查询，此外，视图还有为用户集中提取数据、隐蔽数据库的复杂性、简化数据库用户权限管理等优点。

**（1）为用户集中提取数据**

在大多数的情况下，用户查询的数据可能存储在多张表中，查询起来比较繁琐。此时，可以将多张表中的数据集中在一个视图中，然后通过对视图的查询查看多张表中的数据，从而大大简化数据的查询操作。

**（2）隐蔽数据库的复杂性**

使用视图，用户可以不必了解数据库中的表结构，也不必了解复杂的表间关系。

**（3）简化数据库用户权限管理**

视图可以让特定用户只能看到表中指定的数据行和列。设计数据库应用系统时，对不同权限的用户定义不同的视图，每种类型的用户只能看到其相应权限的视图，从而简化数据库用户权限的管理。

4. 常用视图操作语句

常用视图操作语句见表 5-1。

表 5-1 常用视图操作语句

| 语句 | 功能 |
|---|---|
| DROP VIEW [ IF EXISTS ] 视图名; | 删除视图 |
| DESCRIBE 视图名;<br>或简写成：DESC 视图名; | 查看视图基本信息 |
| SHOW CREATE VIEW 视图名; | 查看视图的详细定义 |

【任务总结】

① 表是物理存在的，可以理解成计算机中的文件。
② 视图是虚拟的内存表，可以理解成 Windows 的快捷方式。
③ 视图中没有实际的物理记录，视图只是窗口。

## 任务 5-2 利用视图简化查询操作

PPT：5-2 利用视图简化查询操作

PPT

【任务提出】

视图的作用之一是简化查询操作，那到底如何简化查询操作呢？

【任务分析】

视图创建好后，可以像表一样对它进行查询。在大多数情况下，用户查询的数据可能存储在多张表中，查询起来比较繁琐。此时，可以将多张表中的数据集中在一个视图中，然后通过对视图的查询查看多张表中的数据，从而大大简化数据的查询操作。

微课 5-3
利用视图简化查询操作

【相关知识与技能】

【例 1】 在 School 数据库中创建视图 Dorm_live，该视图中包含宿舍信息及入住信息。

```
CREATE VIEW Dorm_live
    AS
    SELECT Dorm.*,Sno,BedNo,InDate,OutDate
    FROM Dorm JOIN Live ON Dorm.DormNo=Live.DormNo;
```

微课 5-4
操作演示利用视图简化查询操作

【例 2】 在 School 数据库中查询所有学生的详细住宿信息，结果包含学号 Sno、宿舍编号 DormNo、楼栋 Build、房间号 RoomNo、入住日期 InDate。

① 从 Dorm 和 Live 表中查询。

```
SELECT Sno,Dorm.DormNo,Build,RoomNo,InDate
FROM Dorm JOIN Live ON Dorm.DormNo=Live.DormNo;
```

② 从视图 Dorm_live 中查询。

```
SELECT Sno,DormNo,Build,RoomNo,InDate
FROM Dorm_Live;
```

【例 3】 在 School 数据库中查询住在“龙川北苑 04 南”楼栋（即字段 Build 的值为“龙川北苑 04 南”）的学生的学号 Sno 和宿舍编号 DormNo。

① 从 Dorm 和 Live 表中查询。

```
SELECT Sno,Dorm.DormNo
FROM Dorm JOIN Live ON Dorm.DormNo=Live.DormNo
WHERE Build='龙川北苑 04 南';
```

② 从视图 Dorm_live 中查询。

```
SELECT Sno,DormNo
FROM Dorm_Live
WHERE Build='龙川北苑 04 南';
```

【任务实施】

在 School 数据库中实现以下操作。

【练习 1】 创建视图 Dorm_CheckHealth，该视图中包含宿舍信息及卫生检查的所有信息。

【练习 2】 查询所有宿舍在 2010 年 10 月份的卫生检查情况，结果包含楼栋 Build、宿舍编号 DormNo、房间号 RoomNo、检查时间 CheckDate、检查人员 CheckMan、检查成绩 Score、存在问题 Problem（从 Dorm、CheckHealth 表中查询或者从视图 Dorm_CheckHealth 中查询）。

微课 5-5
任务实施：创建视图、利用视图简化查询操作

【练习 3】 查询“龙川北苑 04 南”楼栋各宿舍的卫生检查平均成绩，结果包含宿舍编号 DormNo、平均成绩（从 Dorm、CheckHealth 表中查询或者从视图 Dorm_CheckHealth 中查询）。

【练习 4】 查询“龙川北苑 04 南”楼栋的宿舍在 2010 年 10 月份的卫生检查情况，结果包含宿舍编号 DormNo、房间号 RoomNo、检查时间 CheckDate、检查人员 CheckMan、检查成绩 Score、存在问题 Problem（从 Dorm、CheckHealth 表中查询或者从视图 Dorm_CheckHealth 中查询）。

文本 参考答案

【练习 5】 查询“龙川北苑 04 南”楼栋的宿舍在 2010 年 12 月卫生检查成绩不及格的宿舍个数（从 Dorm、CheckHealth 表中查询或者从视图 Dorm_CheckHealth 中查询）。

【练习 6】 查询所有学生的基本信息及其住宿信息，结果包含学号 Sno、姓名 Sname、性别 Sex、宿舍编号 DormNo、楼栋 Build、房间号 RoomNo、入住日期 InDate（从 Dorm、Live、Student 表中查询或者从视图中查询）。

【练习 7】 查询姓名为“王康俊”学生的住宿信息，结果包含宿舍编号 DormNo、房间号 RoomNo、入住日期 InDate（从 Dorm、Live、Student 表中查询或者从视图中查询）。

【任务总结】

多表连接查询是关系数据库中最重要的查询，而多表连接查询往往比较复杂，使用视图可以大大简化查询。

## 任务 5-3 通过视图更新数据

PPT：5-3 通过视图更新数据

【任务提出】

视图创建好后，可以像表一样对它进行查询和更新。更新操作包括插入（INSERT）、修改（UPDATE）和删除（DELETE）操作。

微课 5-6
通过视图更新数据

【任务分析】

虽说可以对视图进行更新，但视图是不实际存储数据的虚表，因此对视图的更新，其实是对表中数据的更新。如果不能转换为对表的更新，则该视图的更新操作不能执行。

微课 5-7
任务实施：通过视图更新数据

【任务实施】

【例 1】 往 School 数据库的视图 SexStudent 中添加一条男生记录。执行结果如图 5-2 所示。

```
[SQL]INSERT INTO SexStudent  VALUES('2010','张三','男','1997-1-1','200901001');
受影响的行: 1
时间: 0.052s
```

图 5-2
例 1 语句及执行结果

执行成功，因为转换为往基表 Student 中添加记录。

【例 2】 修改 School 数据库的视图 StudentAge 中“倪骏”的年龄为 20 岁。执行结果如图 5-3 所示。

```
[SQL]UPDATE StudentAge SET Age=20 WHERE Sname='倪骏';
[Err] 1348 - Column 'Age' is not updatable
```

图 5-3
例 2 语句及执行结果

修改失败，Age 年龄为计算得到的列，基表中不存在年龄字段。

【例 3】 修改 School 数据库的视图 ComputerInfo 中学号为“200931010100101”学生的 Sname 为“李四”,Classname 为“计算机 092”。执行结果如图 5-4 所示。

```
[SQL]UPDATE ComputerInfo
SET Sname='李四',Classname='计算机092'
WHERE Sno='200931010100101';
[Err] 1393 - Can not modify more than one base table through a join view 'school.computerinfo'
```

图 5-4
例 3 语句及执行结果

修改失败，原因是上述修改操作同时影响了两个基表，对视图的更新同时只能影响一个基表。若只修改 Sname 列的值，只影响 Student 一个基表，则更新成功，如图 5-5 所示。

```
[SQL]UPDATE ComputerInfo
SET Sname='李四'
WHERE Sno='200931010100101';
受影响的行: 1
时间: 0.059s
```

图 5-5
只影响一个基表的语句及执行结果

注意：

通过视图更新数据时，需要注意以下几点。

① 通过视图更新数据时，必须要能转换为对基表的更新，即必须符合更新基表的条件。

② 修改视图中的数据时，不能同时修改两个或者多个基表。若要对基于两个或多个基表的视图中的数据进行修改，每次修改都必须只能影响一个基表。

③ 不能修改那些通过计算得到的字段，如包含计算值或者集函数的字段。

【任务总结】

视图创建好后，可以像表一样对它进行查询和更新。但对视图的更新是受限的，因为视图是不实际存储数据的虚表，因此对视图的更新，其实是对表中数据的更新。

## 任务 5-4 创建索引

【任务提出】

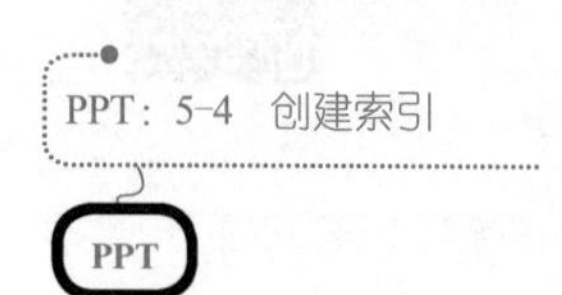


用户对数据库的操作最频繁的是数据查询。一般情况下，数据库在进行查询操作时需要对整个表进行数据搜索。当表中数据较多时，按顺序搜索数据需要很长的时间，这就造成了服务器的资源浪费。为了提高检索数据的能力，数据库引入了索引机制。

【任务分析】

若要在一本书中查找所需的信息，应首先查找书的目录，找到该信息所在的页码，然后再查阅该页码的信息，无须阅读整本书。在数据库中查找数据也一样，为了加快查询速度，创建索引，通过搜索索引找到特定的值，然后找到包含该值的行，从而提高数据检索速度。

微课 5-8
创建索引

本任务先理解数据访问的方式，然后理解创建索引的优缺点和索引分类，再根据实际需求创建和维护索引。

【相关知识与技能】

1. 数据访问方式

（1）表扫描法

在没有建立索引的表内进行数据访问时，DBMS 通过表扫描法来获取所需要的数据。当 DBMS 执行表扫描时，它从表的第一行开始进行逐行查找，直到找到符合查询条件的行。显然，使用表扫描法所消耗的时间直接与数据表中存放的数据量成正比。在数据表中存在大量的数据时，使用表扫描法将造成系统响应时间过长。

（2）索引法

在建有索引的表内进行数据访问时，当进行以索引列为条件的数据查询时，它会先通过搜索索引树来查找所需行的存储位置，然后通过查找结果提取所需的行。显然，使用索引加速了对表中数据行的检索，减少了数据访问的时间。

2. 创建索引的优缺点

（1）创建索引的好处

① 加快数据查询。在表中创建索引后，当进行以索引列为条件的数据查询时，会大大提高查询的速度。这也告诉我们，应在那些经常用来作为查询条件的列上建立索引，而不经常作为查询条件的列则可以不建索引。

② 加快表的连接、排序和分组工作。进行表的连接、排序和分组工作，要涉及数据的查询工作，因此，建立索引提高了数据的查询速度，从而也加快了表的连接、排序和分组工作。

（2）创建索引的不足

① 创建索引和维护索引要耗费时间，并且随着数据量的增加所耗费的时间也会增加。

② 索引需要占用磁盘空间。数据表中的数据有最大上限设置，如果有大量的索引，那么索引文件可能会比数据文件更快达到上限值。

③ 当对表中的数据进行增加、删除、修改时，索引也需要动态维护，降低了数据的维护速度。

笔 记

**3. 索引使用原则**

通过上述优缺点可以知道，索引并不是创建得越多越好，而是需要用户合理地使用。

- 避免为经常更新的表创建过多的索引，对经常用于查询的字段创建索引。
- 数据量小的表最好不要使用索引，因为数据较少，查询全部数据花费的时间可能比使用索引的时间还要短，索引就没有产生优化效果。
- 在不同值少的字段上不要建立索引，如在学生表的“性别”字段上只有男、女两个不同值，该字段上不要建立索引。
- 用于索引的最好的备选数据列是那些出现在 WHERE 子句、JOIN 子句、ORDER BY 子句或 GROUP BY 子句中的列。
- 先装数据，后建索引。

**4. 索引分类**

索引是在存储引擎中实现的，因此，每种存储引擎的索引都不一定完全相同，并且每种存储引擎也不一定支持所有的索引类型。所有存储引擎支持每个表至少 16 个索引，总索引长度至少为 256 字节。大多数存储引擎有更高的限制。

MyISAM 和 InnoDB 存储引擎只支持 BTREE 索引，即默认使用 BTREE，不能更换，MEMORY/HEAP 存储引擎支持 HASH 和 BTREE 索引。

MySQL 的索引可以分为以下几类。

**（1）普通索引和唯一索引**

按照对索引列值的限制分普通索引和唯一索引。

- 普通索引：MySQL 中基本的索引类型，没有什么限制，允许在定义索引的列中插入重复值和空值，纯粹是为了查询数据更快一点。
- 唯一索引：索引列中的值必须是唯一的，但是允许为空值。

说明：

主键索引是一种特殊的唯一索引，不允许有空值。主键约束字段上默认建立主键索引。

**（2）单列索引和组合索引**

按照索引包含的列数分单列索引和组合索引。

- 单列索引：一个索引只包含单个列。一个表中可以有多个单列索引。
- 组合索引：在表中的多个字段组合上创建的索引。但只有在查询条件中使用了这些字段的左边字段时，索引才会被使用，使用组合索引时遵循最左前缀集合。

**（3）全文索引**

只有 MyISAM 存储引擎支持。只能在 CHAR、VARCHAR、TEXT 类型字段上使用全文索引。全文索引，就是在一堆文字中，通过其中某个关键字等，就能找到该字段所属的记录行。

**（4）空间索引**

只有 MyISAM 存储引擎支持。空间索引是对空间数据类型的字段建立的索引，MySQL 中的空间数据类型有 4 种，即 GEOMETRY、POINT、LINESTRING、POLYGON。在创建空间索引时，使用 SPATIAL 关键字。要求创建空间索引的列，必须将其声明为NOT NULL。

5. 创建索引

方法1：**在创建表的同时创建索引。**

使用INDEX或者KEY关键字，索引名可以省略。根据先装数据，后建索引的原则，一般不建议在创建表的同时创建索引。

```
CREATE TABLE 表名
(……
INDEX|KEY [索引名](列名)
);
```

方法2：**在已经存在的表上创建索引。**

可使用CREATE INDEX语句或ALTER TABLE语句实现。语句的基本语法如下：

```
CREATE INDEX 索引名 ON 表名(列名);
```

或者

```
ALTER TABLE 表名 ADD INDEX|KEY [索引名](列名);
```

若创建唯一索引，在INDEX|KEY前加上关键字UNIQUE。

【例1】 在School数据库的Class表的ClassName列上创建唯一索引，索引名称为：IX_Class_ClassName。

```
CREATE UNIQUE INDEX IX_Class_ClassName ON Class(ClassName);
```

6. 删除索引

可使用DROP INDEX或ALTER TABLE语句实现。语句的基本语法如下：

```
DROP INDEX 索引名 ON 表名;
```

或者

```
ALTER TABLE 表名 DROP INDEX|KEY 索引名;
```

7. 查看表的索引信息

对应语句的基本语法如下：

```
SHOW INDEX FROM 表名;
```

或者

```
SHOW KEYS FROM 表名;
```

【例2】 查看School数据库的Class表的索引信息。

```
SHOW INDEX FROM Class;
```

## 【任务总结】

创建索引可以加快数据的检索速度。但创建索引和维护索引要耗费时间，索引要占用磁盘空间，索引会降低数据的维护速度。所以索引一定要正确使用，并不是越多越好，要根据具体的查询业务来规划索引的建立。

## 巩固知识点

一、选择题

1.（　　）命令可以查看视图的创建语句。

A. SHOW VIEW　　B. SELECT VIEW

C. SHOW CREATE VIEW　　D. DISPLAY VIEW

2. 索引可以提高（　　）操作的效率。

A. INSERT　　B. UPDATE

C. DELETE　　D. SELECT

3. 在 SQL 中，DROP INDEX 语句的作用是（　　）。

A. 更新索引　　B. 修改索引

C. 删除索引　　D. 建立索引

4. 下面关于索引描述中错误的一项是（　　）。

A. 索引可以提高数据查询的速度

B. 索引可以降低数据的插入速度

C. INNODB 存储引擎支持全文索引

D. 删除索引的命令是 DROP INDEX

5. 创建视图时（　　）。

A. 可以引用其他的视图　　B. 一个视图只能涉及一张表

C. 可以替代一个基表　　D. 其他说法都不正确

6. SQL 中，不能创建索引的语句是（　　）。

A. CREATE TABLE　　B. ALTER TABLE

C. CREATE INDEX　　D. SHOW INDEX

7. 下列关于索引的叙述中，错误的是（　　）。

A. 索引能够提高数据表的读写速度

B. 索引能够提高查询的效率

C. UNIQUE 索引是唯一性索引

D. 索引可以建立在单列上，也可以建立在多列上

8. 给定如下 SQL 语句：

```
CREATE VIEW test.V_test
AS
SELECT * FROM test.students
WHERE age<19;
```

该语句的功能是：（　　）。

A. 在 test 表上建立一个名为 V_test 的视图

B. 在 students 表上建立一个查询，存储在名为 test 的表中

C. 在 test 数据库的 students 表上建立一个名为 V_test 的视图

D. 在 test 表上建立一个名为 students 的视图

9. MySQL 中的视图机制能够在一定程度上提高数据库系统的（　　）。

A. 安全性　　B. 稳定性

C. 可靠性　　D. 完整性

10. 下列关于 MySQL 基本表和视图的描述中，正确的是（　　）。

A. 对基本表和视图的操作完全相同

B. 只能对基本表进行查询操作，不能对视图进行查询操作

C. 只能对基本表进行更新操作，不能对视图进行更新操作

D. 能对基本表和视图进行更新操作，但对视图的更新操作是受限制的

11. 在使用 CREATE INDEX 创建索引时，其默认的排序方式是（　　）。

A. 升序　　B. 降序

C. 无序　　D. 聚簇

12. 下列关于视图的叙述中，正确的是（　　）。

A. 使用视图，能够屏蔽数据库的复杂性

B. 更新视图数据的方式与更新表中数据的方式相同

C. 视图上可以建立索引

D. 使用视图，能够提高数据更新的速度

二、填空题

1.（　　）是由一个或多个数据表（基本表）或视图导出的虚拟表。

2. CREATE VIEW、ALTER VIEW 和 DROP VIEW 命令分别为（　　）、（　　）和（　　）视图的命令。

3. 视图是从基本表或（　　）中导出的。

4. SQL 中，创建索引使用的语句是（　　）。

5. SQL 中，创建视图使用的语句是（　　）。

三、简答题

1. 简述视图的作用。

2. 通过视图更新数据有限制吗？

3. 简述创建索引的优缺点。

单元 6

# MySQL 日常管理

“学生信息管理系统”数据库 School 在创建和使用中都必须要进行维护和管理，这是每一位数据库管理员的职责。

本单元完成 School 数据库的日常管理，包含的学习任务和单元学习目标具体如下。

【学习任务】

- 任务 6-1　导入/导出数据。
- 任务 6-2　备份和恢复数据。
- 任务 6-3　管理用户及权限。

【学习目标】

- 掌握导入/导出数据的 SQL 语句。
- 掌握备份恢复数据的 SQL 语句。
- 掌握用户及权限管理的 SQL 语句。
- 能在 MySQL 中熟练地导入/导出数据。
- 能在 MySQL 中灵活地备份恢复数据。
- 能在 MySQL 中灵活地管理用户及权限。

# 任务 6-1 导入/导出数据

## 【任务提出】

如果要添加到表中的记录已经在外部文件中存在，只需要直接将数据从外部文件导入到 MySQL 数据库中即可，大大提高了效率。有时也需要将 MySQL 数据库中的数据导出到外部文件中，如需要将涉及多个表的数据或对数据的汇总统计结果导出到一个文本文件或 Excel 表格中。

微课 6-1
导入/导出数据

## 【任务分析】

MySQL 可以从外部文件导入数据，LOAD DATA INFILE 语句可以快速从一个文本文件中读取行，并导入到一个表中。MySQL 中可以将 SELECT 查询结果导出到外部文件中。

## 【相关知识与技能】

### 1．导入数据

MySQL 中，可以使用 LOAD DATA INFILE 语句将外部文本文件中的数据导入到 MySQL 数据库的表中，语句格式为：

```
LOAD DATA INFILE '文件的路径和文件名' INTO TABLE 表名 [FIELDS TERMINATED BY '字段值之间的分隔符' LINES TERMINATED BY '记录间的分隔符'];
```

- FIELDS TERMINATED BY '字段值之间的分隔符'：指定列值间的分隔符。
- LINES TERMINATED BY '记录间的分隔符'：指定记录间的分隔符。
- 这两部分可以省略，默认的字段值之间的分隔符是“\t”，默认记录间的分隔符是“\n”。

【例 1】 将文本文件 D:\class.txt 的数据导入到 School 数据库的 Class 表中。

```
USE School;
LOAD DATA INFILE 'D:/class.txt' INTO TABLE Class;
```

注意：

① 外部文本文件的数据要符合表的要求，包括各列的数据类型一致以及主键、外键、唯一约束等。
② \是MySQL的转义字符，在 MySQL 中，路径 D:\class.txt 要写成 D:/class.txt。

### 2．导出数据

MySQL 中，可以使用 SELECT…INTO OUTFILE 语句将表的内容导出到一个文本文件中，语句格式为：

```
SELECT 列名 FROM 表名 [WHERE 条件] INTO OUTFILE '路径和文件名' [FIELDS TERMINATED BY '字段值之间的分隔符' LINES TERMINATED BY '记录间的分隔符'];
```

使用 SELECT…INTO OUTFILE 将数据导出到一个文件中，该文件必须是原本不存在的新文件。

可以将数据导出到 Excel 文件，但可能出现中文乱码的问题，出现乱码的原因是 Excel 的默认编码方式是 GB2312，须将查询出字段的编码转换为 GB2312，双方达成一致就不再乱码。转换某列的编码为 GB2312 使用 CONVERT 语句，语法如下：CONVERT(列名 USING GB2312)。

微课 6-2
问题解决：将数据导出到 Excel 文件出现中文乱码

```
SELECT CONVERT(列名 USING GB2312) …FROM 表名 [WHERE 条件] INTO OUTFILE
'Excel 文件的路径和文件名';
```

【例 2】 将 School 数据库的 Student 表中所有记录导出到文本文件 D:\student.txt 中。

```
USE School;
SELECT * FROM Student INTO OUTFILE 'D:/student.txt';
```

【例 3】 将 School 数据库 Student 表中所有记录导出到文本文件 D:\s2.txt 中，字段值之间使用“:”分隔，记录之间使用换行分隔。

```
SELECT * FROM Student INTO OUTFILE 'C:/ProgramData/MySQL/MySQL Server
8.0/Uploads/s2.txt' FIELDS TERMINATED BY ':' LINES TERMINATED BY '\r\n';
```

【例 4】 将 School 数据库 Student 表中的 Sno 和 Sname 列数据导出到 Excel 文件 D:\student.xls 中。

```
SELECT Sno,CONVERT(Sname USING  GB2312) FROM Student INTO OUTFILE 'D:/student.xls';
```

注意：

导入/导出数据时若出现错误“The MySQL server is running with the --secure-file-priv option so it cannot execute this statement”，问题在于MySQL设置的权限。

- 解决方法 1：将导入/导出的数据文件放到指定路径。

先使用语句查看 secure-file-priv 当前的值：

微课 6-3
问题解决：MySQL 导出数据出现 The MySQL server is running with the --secure-file-priv option

```
show variables like '%secure%';
```

如图 6-1 所示。

```
mysql> show variables like '%secure%';
+--------------------------+------------------------------------------------+
| Variable_name            | Value                                          |
+--------------------------+------------------------------------------------+
| require_secure_transport | OFF                                            |
| secure_file_priv         | C:\ProgramData\MySQL\MySQL Server 8.0\Uploads\ |
+--------------------------+------------------------------------------------+
2 rows in set, 1 warning (0.01 sec)
```

图 6-1
查看指定路径

这表示导入/导出的数据文件必须在这个值的指定路径 C:\ProgramData\MySQL\MySQL Server 8.0\Uploads 中才可以，将导入/导出的文件放到该路径下即可。

如执行例 2 出现上述错误，则修改前面例 2 的脚本为：

```
USE School;
SELECT * FROM Student INTO OUTFILE 'C:/ProgramData/MySQL/MySQL Server 8.0/Uploads/
student.txt';
```

- 解决方法 2：查看修改 my.ini 文件。

MySQL 8.0 安装没有选择路径，默认安装在 C:\Program Files\MySQL。my.ini 文件位置在 C:\ProgramData\MySQL\MySQL Server 8.0（注意 ProgramData 是隐藏文件），打开 my.ini 文件，找到如图 6-2 所示的代码。

图 6-2
my.ini 文件中的路径

```
# Secure File Priv.
secure-file-priv="C:/ProgramData/MySQL/MySQL Server 8.0/Uploads"
```

修改该代码中的路径，重启 MySQL 服务。

【任务总结】

除了使用 LOAD DATA INFILE 方式导入文本文件，还可以使用 mysqlimport 程序命令导入文本文件。导出文本文件使用 SELECT…INTO OUTFILE，也可以使用 mysqldump 或 mysql 程序命令。

## 任务 6-2 备份和恢复数据

【任务提出】

PPT：6-2 备份和恢复数据

无论计算机技术如何发展，即使是最可靠的软件和硬件，也可能会出现系统故障和产品故障。另外，在数据库使用过程中，也可能出现用户操作失误、蓄意破坏、病毒攻击和自然灾难等。备份数据库是数据库管理员（DBA）最重要的任务之一，为保证数据库及系统的正常、安全使用，数据库管理员必须经常备份数据库中的数据。

【任务分析】

微课 6-4
备份和恢复数据

MySQL 提供了多种方法对数据进行备份和恢复，可以进行手动备份，也可以设置自动定时备份。

【相关知识与技能】

**1．手动备份数据库**

手动备份数据库常用的是使用 MySQL 自带的可执行程序命令 mysqldump。mysqldump 命令将数据库中的数据备份为一个脚本文件或文本文件。表的结构和表中的数据将存储在生成的脚本文件或文本文件中。

mysqldump 命令的语法格式如下：

```
mysqldump -u root -p --databases 数据库名>路径和备份文件名
```

如果密码在-p 后直接给出，密码就以明文显示，为了保护用户密码，可以先不输入，按 Enter 键后再输入用户密码。选项--databases 可以省略，但是省略后会导致备份文件名中没有 CREATE DATABASE 和 USE 语句。

mysqldump 是 MySQL 自带的可执行程序命令，在 MySQL 安装目录 bin 文件夹中。该程序命令在 DOS 窗口中使用，如果使用时提示错误“不是内部或外部命令……”，则有以下两种解决方法。

- 解决方法 1：将 MySQL 安装目录下的 bin 文件夹路径添加到 Windows 的“环境变量”→“系统变量”→“Path”中，再重新打开 DOS 窗口输入 mysqldump 命令。
- 解决方法 2：在 DOS 窗口中，使用 CD 命令切换到 bin 目录下，如：

```
CD C:\Program Files\MySQL\MySQL Server 8.0\bin
```

然后输入 mysqldump 命令。

【例 1】 备份 School 数据库到 D:\schoolbak.sql 或者 D:\schoolbak.txt。

```
mysqldump -uroot -p --databases School>D:\schoolbak.sql
```

2. 定时自动备份数据库

**（1）创建一个 bat 文件**

如新建文件 dump.bat，文件中的内容如下：

```
"C:\Program Files\MySQL\MySQL Server 8.0\bin\mysqldump" -uroot -p12345 --databases School>
D:\schoolbak.sql
```

先新建一个记事本，在其中输入以上内容后，再修改其文件名为 dump.bat。

其中，C:\Program Files\MySQL\MySQL Server 8.0\bin\mysqldump 为 mysqldump.exe 所在路径，-p 后面为 root 用户的密码，School 为备份的数据库名，D:\schoolbak.sql 为备份路径和文件名。

然后双击运行 bat 文件，会在 D 盘根目录下生成数据库备份文件 schoolbak.sql，说明 dump.bat 文件没有语法错误。

**（2）添加计划任务**

打开"计算机管理"→"任务计划程序"→"创建基本任务向导"选项，如图 6-3 所示。

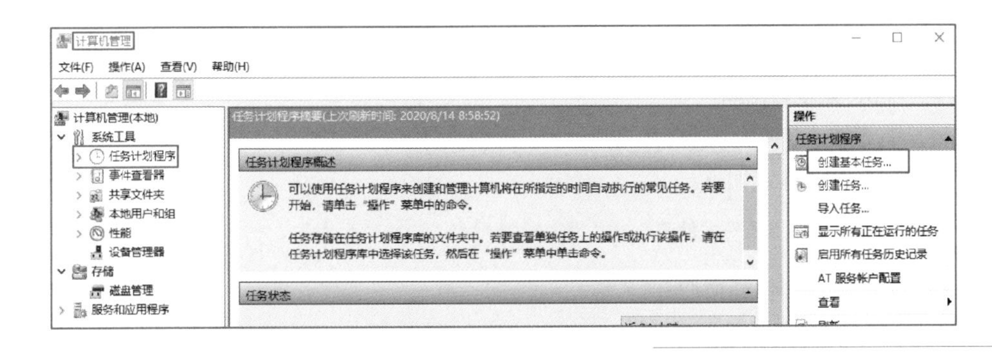


图 6-3
创建基本任务

设置基本任务名称、任务开始时间等，如图 6-4 所示，设置启动程序为前面创建的 dump.bat，如图 6-5 所示。

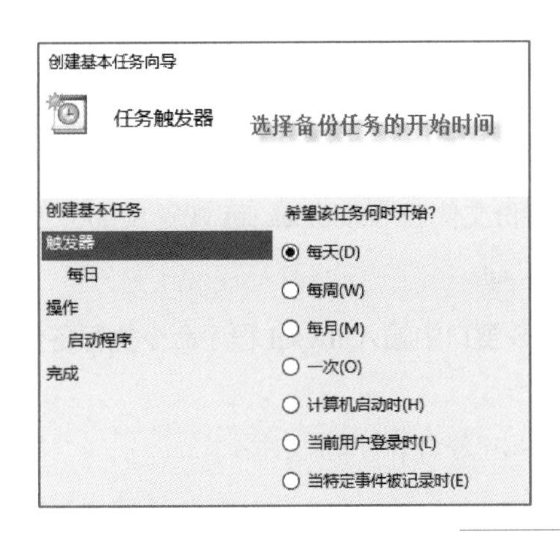


图 6-4
选择任务开始时间

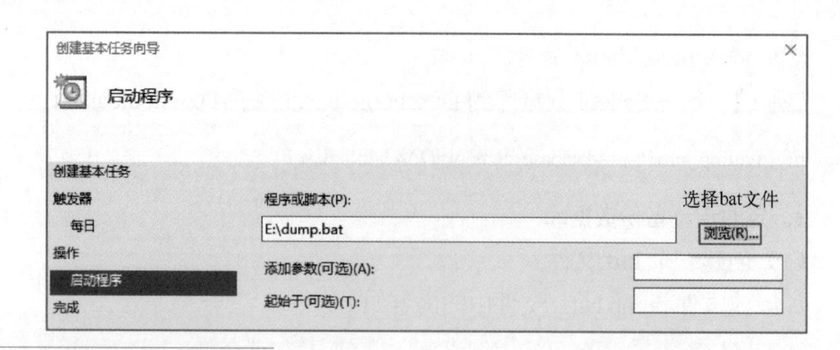


图 6-5
选择 bat 文件

完成创建，如图 6-6 所示的任务会在每天 9:30 自动进行 School 数据库的备份。

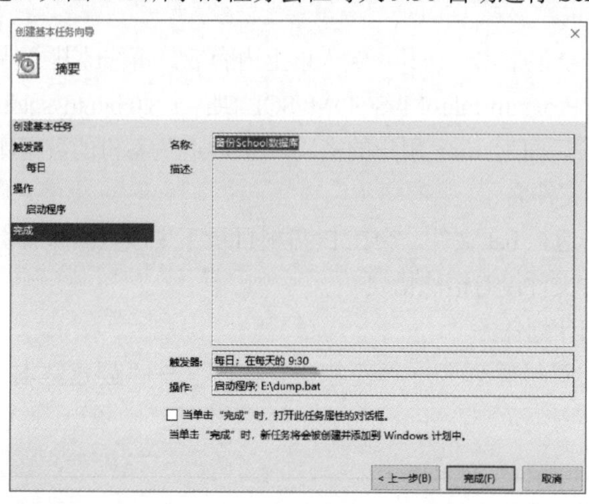


图 6-6
完成创建

### 3．恢复数据库

方法 1：**使用 MySQL 的 source 命令执行备份文件。**

其语法格式如下：

```
source 路径/备份文件名
```

或者使用快捷命令：

```
\. 路径/备份文件名
```

注意：

\.后面必须要有空格。

若通过 mysqldump 备份时没有使用--databases 选项，则备份文件中不包含 CREATE DATABASE 和 USE 语句，那么在恢复时必须先执行这两个语句，否则提示出错：No database selected。

【例 2】 通过备份文件 D:\schoolbak.sql 恢复 School 数据库。

```
source D:/schoolbak.sql
```

方法 2：**在 DOS 窗口中输入 mysql 程序命令执行备份文件。**

其语法格式如下：

```
mysql –uroot -p 数据库名<路径和备份文件名
```

注意：

在执行该语句前，必须先在 MySQL 服务器中创建与备份文件同名的空数据库。

【任务总结】

任何系统都会不可避免地出现各种形式的故障，而某些故障可能会导致数据库灾难性的损坏，所以做好数据库的备份工作极其重要。

## 任务 6-3　管理用户及权限

【任务提出】

对任何一个企业而言，其数据库系统中所保存数据的安全性无疑是非常重要的，尤其是考虑到有些公司的商业数据就是公司的根本。

MySQL 是一个多用户数据库，具有功能强大的访问控制系统，可以为不同用户指定不同权限。

【任务分析】

管理员可以新建多个普通用户，并授予不同普通用户相应的权限。MySQL 默认的超级管理员用户是 root。

【相关知识与技能】

1．用户管理

MySQL 的用户可以分为以下两大类。

- 超级管理员用户（root）：拥有全部权限。
- 普通用户：由 root 创建，普通用户只拥有 root 所分配的权限。

微课 6-5
管理用户及权限

MySQL 的用户描述由两部分组成：用户名、登录主机名或 IP 地址，描述用户的语法为：'用户名'@'host'。

host 指定允许用户登录所使用的主机名或 IP 地址。例如，'root'@'localhost'指 root 用户只能通过本机的客户端去访问。如果 host=%，表示所有 IP 都有连接权限，host 部分可以省略，默认为'%'。

**（1）新建普通用户**

CREATE USER 语句用于创建新的 MySQL 用户，语句的语法如下：

```
CREATE USER '用户名'@'host' IDENTIFIED BY '密码';
```

其中 IDENTIFIED BY '密码'为可选，如果只使用 CREATE USER '用户名'@'host';，默认密码为空。

注意：

添加新用户后，需用 FLUSH PRIVILEGES 刷新 MySQL 的系统权限相关表，否则会出现拒绝访问。

【例 1】 新建用户 aa，密码为 aa123。

```
CREATE USER 'aa'@'%' IDENTIFIED BY 'aa123';
FLUSH PRIVILEGES;
```

**（2）修改密码**

修改密码对应语句的语法如下：

```
ALTER USER '用户名'@'host' IDENTIFIED BY '新密码';
```

【例 2】 修改用户 aa 的密码为 new123。

```
ALTER USER 'aa'@'%' IDENTIFIED BY 'new123';
FLUSH PRIVILEGES;
```

若用户修改自己的密码，不需要直接命名自己的账户：

```
ALTER USER user() IDENTIFIED BY '新密码';
```

目前较多用户使用 SET PASSWORD 命令，语句如下：

```
SET PASSWORD FOR '用户名'@'host'= PASSWORD('新密码');
```

如果用户修改自己的密码语句为：SET PASSWORD= PASSWORD('新密码');，该命令自 MySQL 5.7.6 起不推荐使用，并且在将来的 MySQL 版本中将删除该语法。

**（3）删除普通用户**

对应语句的语法如下：

```
DROP USER '用户名'@'host';
```

【例 3】 删除用户 aa。

```
DROP USER 'aa'@'%';
FLUSH PRIVILEGES;
```

**（4）不建议使用 INSERT、UPDATE 或 DELETE 等语句直接修改授权表**

可以使用 INSERT 语句、UPDATE 语句、DELETE 语句直接操作权限表 user 表，但不建议使用，服务器可以随意忽略由于此类修改而导致格式错误的行。对应语句如下。

① 使用 INSERT 语句新建普通用户。

其语法格式如下：

```
INSERT INTO mysql.user(Host,User,Password)
VALUES('host','用户名',PASSWORD('密码'));
```

② 使用 UPDATE 语句修改密码。

其语法格式如下：

```
UPDATE mysql.user
SET Password=PASSWORD('新密码')
WHERE User='用户名' AND Host='主机名或 IP 地址';
```

③ 使用 DELETE 语句删除普通用户。

其语法格式如下：

```
DELETE FROM mysql.user
WHERE Host='主机名或 IP 地址' AND User='用户名';
```

**2. 权限管理**

**（1）权限表**

MySQL 服务器通过 MySQL 权限表来控制用户对数据库的访问，MySQL 权限表

笔 记

存放在 MySQL 数据库中，有 user 表、db 表、tables_priv 表、columns_priv 表等。

- user 表：存放用户账户信息以及全局级别（所有数据库）权限，决定了来自哪些主机的哪些用户可以访问数据库实例，如果有全局权限，则意味着对所有数据库都有此权限。
- db 表：存放数据库级别的权限，决定了来自哪些主机的哪些用户可以访问此数据库。
- tables_priv 表：存放表级别的权限，决定了来自哪些主机的哪些用户可以访问数据库的这个表。
- columns_priv 表：存放列级别的权限，决定了来自哪些主机的哪些用户可以访问数据库表的这个字段。

权限表的验证过程如下。

① 先从 user 表中的 Host、User、Password 这 3 个字段中判断连接的 IP、用户名、密码是否存在，存在则通过身份验证。

② 通过身份认证后，进行权限分配，按照 user→db→tables_priv→columns_priv 的顺序进行验证。即先检查全局权限表 user，如果 user 中对应的权限为 Y，则此用户对所有数据库的权限都为 Y，将不再检查 db、tables_priv、columns_priv；如果为 N，则到 db 表中检查此用户对应的具体数据库，并得到 db 中为 Y 的权限；如果 db 中为 N，则检查 tables_priv 中此数据库对应的具体表，取得表中的权限 Y，以此类推。

**（2）权限**

1）权限级别

- 全局性的管理权限：作用于整个 MySQL 实例级别。
- 数据库级别的权限：作用于某个指定的数据库上或者所有的数据库上。
- 数据库对象级别的权限：作用于指定的数据库对象上（表、视图等）或者所有的数据库对象上。

2）MySQL 权限详解

- ALL/ALL PRIVILEGES 权限：代表全局或者全数据库对象级别的所有权限。
- ALTER 权限：代表允许修改表结构的权限，但必须要求有 CREATE 和 INSERT 权限配合。如果是 RENAME 表名，则要求有 ALTER 和 DROP 原表，CREATE 和 INSERT 新表的权限。
- ALTER ROUTINE 权限：代表允许修改或者删除存储过程、函数的权限。
- CREATE 权限：代表允许创建新的数据库和表的权限。
- CREATE ROUTINE 权限：代表允许创建存储过程、函数的权限。
- CREATE TABLESPACE 权限：代表允许创建、修改、删除表空间和日志组的权限。
- CREATE TEMPORARY TABLES 权限：代表允许创建临时表的权限。
- CREATE USER 权限：代表允许创建、修改、删除、重命名 user 的权限。
- CREATE VIEW 权限：代表允许创建视图的权限。
- DELETE 权限：代表允许删除行数据的权限。
- DROP 权限：代表允许删除数据库、表、视图的权限，包括 TRUNCATE TABLE 命令。
- EVENT 权限：代表允许查询、创建、修改、删除 MySQL 事件。

笔 记

- EXECUTE 权限：代表允许执行存储过程和函数的权限。
- FILE 权限：代表允许在 MySQL 可以访问的目录下进行读写磁盘文件操作，可使用的命令包括 LOAD DATA INFILE、SELECT … INTO OUTFILE、LOAD FILE()函数。
- GRANT OPTION 权限：代表是否允许此用户授权或者收回给其他用户所给予的权限，重新付给管理员时需要加上该权限。
- INDEX 权限：代表是否允许创建和删除索引。
- INSERT 权限：代表是否允许在表中插入数据，同时在执行 ANALYZE TABLE、OPTIMIZE TABLE、REPAIR TABLE 语句时也需要 INSERT 权限。
- LOCK 权限：代表允许对拥有 SELECT 权限的表进行锁定，以防止其他链接对此表的读或写。
- PROCESS 权限：代表允许查看 MySQL 中的进程信息，如执行 show processlist、mysqladmin processlist、show engine 等命令。
- REFERENCE 权限：在 5.7.6 版本之后引入，代表是否允许创建外键。
- RELOAD 权限：代表允许执行 FLUSH 命令，指明重新加载权限表到系统内存中，REFRESH 命令代表关闭和重新开启日志文件并刷新所有的表。
- REPLICATION CLIENT 权限：代表允许执行 show master status、show slave status、show binary logs 命令。
- REPLICATION SLAVE 权限：代表允许 slave 主机通过此用户连接 master 以便建立主从复制关系。
- SELECT 权限：代表允许从表中查看数据，某些不查询表数据的 SELECT 执行则不需要此权限，如 SELECT 1+1、SELECT pi()+2；而且 SELECT 权限在执行 UPDATE/DELETE 语句中含有 WHERE 条件的情况下也是需要的。
- SHOW DATABASES 权限：代表通过执行 SHOW DATABASES 命令查看所有的数据库名。
- SHOW VIEW 权限：代表通过执行 SHOW CREATE VIEW 命令查看视图创建的语句。
- SHUTDOWN 权限：代表允许关闭数据库实例，执行语句包括 mysqladmin shutdown。
- SUPER 权限：代表允许执行一系列数据库管理命令，包括 kill 强制关闭某个连接命令、change master to 创建复制关系命令，以及 CREATE/ALTER/DROP SERVER 等命令。
- TRIGGER 权限：代表允许创建、删除、执行、显示触发器的权限。
- UPDATE 权限：代表允许修改表中的数据的权限。
- USAGE 权限：创建一个用户之后的默认权限，其本身代表连接登录权限。

**（3）授予权限**

使用 GRANT 语句授予用户权限，语句语法如下：

```
GRANT 权限 ON 对象名 TO 用户;
```

- 授予用户服务器中的所有数据库中的所有权限，除了 GRANT OPTION（允许授予权限）之外。权限为 ALL 权限，对象名使用*.*。

```
GRANT ALL ON *.* TO '用户名'@'host';
```

- 授予用户 MySQL 管理员的权限。

```
GRANT ALL ON *.* TO   '用户名'@'host' WITH GRANT OPTION;
```

- 授予用户某一数据库中的所有权限，对象名使用数据库名.*。

```
GRANT ALL ON 数据库名.* TO '用户名'@'host';
```

- 授予用户某数据库中某一张的所有权限，对象名使用数据库名.表名。

```
GRANT ALL ON 数据库名.表名 TO '用户名'@'host';
```

- 授予某数据库中某一张表中某一个字段的权限。

```
GRANT 权限(字段名) ON 数据库名.表名 TO '用户名'@'host';
```

【例 4】 创建用户并分别授予不同的权限。

① 创建用户。

```
CREATE USER 'ceshi1'@'localhost' IDENTIFIED BY '123';
CREATE USER 'ceshi2'@'localhost' IDENTIFIED BY '123';
CREATE USER 'ceshi3'@'localhost' IDENTIFIED BY '123';
CREATE USER 'ceshi4'@'localhost' IDENTIFIED BY '123';
FLUSH PRIVILEGES;
```

② 授予'ceshi1'@'localhost'用户所有数据库的 SELECT 授权。

```
GRANT SELECT ON *.* TO 'ceshi1'@'localhost';
```

③ 在 user 表中可以查到 cesh1 用户的 SELECT 权限被设置为 Y。

④ 授予'ceshi2'@'localhost'用户 School 数据库的 SELECT 授权。

```
GRANT SELECT ON School.* TO 'ceshi2'@'localhost';
```

⑤ 在 db 表中可以查到 ceshi2 用户的 SELECT 权限被设置为 Y。

⑥ 授予'ceshi3'@'localhost'用户 School 数据库中 Student 表的 SELECT 授权。

```
GRANT SELECT ON School.Student TO 'ceshi3'@'localhost';
```

⑦ 在 tables_priv 表中可以查到 ceshi3 用户的 SELECT 权限。

⑧ 授予'ceshi4'@'localhost'用户 School 数据库 Student 表中相应字段的授权。

```
GRANT SELECT(Sno,Sname),UPDATE(Sex) ON School.Student TO 'ceshi4'@'localhost';
```

⑨ 可以在 tables_priv 和 columns_priv 中看到相应的权限。

**（4）收回权限**

REVOKE 跟 GRANT 的语法类似，只需要把关键字 TO 换成 FROM 即可。语句语法如下：

```
REVOKE 权限 ON 对象名 FROM 用户名;
```

注意：

执行 GRANT 语句授予权限，REVOKE 语句收回权限后，该用户只有重新连接 MySQL 数据库，权限才能生效。

**（5）查看权限**

① 查看当前用户的权限。

语句语法如下：

```
SHOW GRANTS;
```

② 查看某用户的权限。

语句语法如下：

```
SHOW GRANTS FOR 用户名;
```

微课 6-6
问题解决：Windows 中 MySQL 8.0 的 Root 用户密码丢失

**3．Windows 中 Root 用户密码丢失的解决方法**

① 停止 MySQL 服务。

② 新建一个记事本文件，如为 C:\init.txt。

在该记事本文件中输入：

```
ALTER USER 'root'@'localhost' IDENTIFIED BY '新密码';
```

其中新密码为新设置的密码。

③ 以管理员身份运行 cmd，在 DOS 窗口中输入 mysqld 程序命令。

```
mysqld --defaults-file="C:\\ProgramData\\MySQL\\MySQL Server 8.0\\my.ini" --init-file=C:\\init.txt
```

其中，“C:\\ProgramData\\MySQL\\MySQL Server 8.0\\my.ini”要根据自己计算机 my.ini 文件的实际路径来设置。C:\\MySQL-init.txt 要和第 2 步新建的记事本文件的路径和文件名一致。

若提示 mysqld 命令不是内部或外部命令，先配置环境变量，将 bin 目录添加到系统的环境变量中。或者先使用 CD 命令切换到 MySQL 安装目录的 bin 目录下，如 CD C:\Program Files\MySQL\MySQL Server 8.0\bin，如图 6-7 所示。

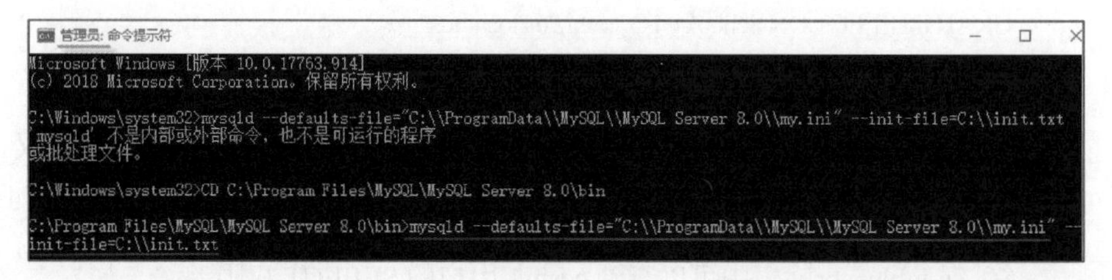


图 6-7
输入 mysqld 程序命令

④ 关闭 DOS 窗口，启动 MySQL 服务，使用新密码即可连接到 MySQL 服务器，最后删除 C:\MySQL-init.txt。

## 【任务实施】

微课 6-7
任务实施:MySQL 日常管理

【练习 1】 设置 MySQL 服务的启动类型为“手动”。

【练习 2】 修改用户 root 的密码。

【练习 3】 备份恢复 School 数据库。

【练习 4】 导出数据。

① 导出 School 数据库 Student 表中的数据到 TXT 文本文件中。

② 导出 School 数据库 Student 表中的数据到 Excel 文件中。

【练习 5】 新建管理员用户，用户名为'admin'@'localhost'。

【练习 6】 新建普通用户'ceshi1'@'localhost'，并授予该用户 School 数据库的所有权限。

【练习 7】 新建普通用户'ceshi2'@'localhost'，并授予该用户 School 数据库 Student 表的所有权限。

【练习 8】 修改普通用户'ceshi2'@'localhost'的密码，查看该普通用户的权限。

文本 参考答案

【任务总结】

在系统维护中，保证数据的安全性无疑是非常重要的，失去了数据，可能就失去了一切。

当然，保护服务器的安全对于保障 MySQL 数据库的安全也是至关重要的。

## 巩固知识点

文本 参考答案

一、选择题

1. MySQL 中，还原数据库的命令是（　　）。

A. mysqldump　　B. mysql

C. backup　　D. return

2. 给用户名是 zhangsan 的用户分配对数据库 studb 中的 stuinfo 表的查询和插入数据权限的语句是（　　）。

A. GRANT SELECT,INSERT ON studb.stuinfo FOR 'zhangsan'@'localhost';

B. GRANT SELECT,INSERT ON studb.stuinfo TO 'zhangsan'@'localhost';

C. GRANT 'zhangsan'@'localhost' TO SELECT,INSERT FOR studb.stuinfo;

D. GRANT 'zhangsan'@'localhost' TO studb.stuinfo ON SELECT,INSERT;

3. 删除用户的命令是（　　）。

A. DROP USER　　B. DELETE USER

C. DROP ROOT　　D. TRUNCATE USER

4. MySQL 中存储用户全局权限的表是（　　）。

A. table_priv　　B. procs_priv

C. columns_priv　　D. user

5. MySQL 中，备份数据库的命令是（　　）。

A. mysqldump　　B. mysql

C. backup　　D. copy

6. 以下（　　）表不用于 MySQL 的权限管理。

A. user　　B. db

C. columns_priv　　D. manager

7. 收到用户的访问请示后，MySQL 最先在（　　）表中检查用户的权限。

A. table_priv　　B. procs_priv

C. columns_priv　　D. user

8. 创建用户的命令是（　　）。

A．JOIN USER　　B．CREATE USER
C．CREATE ROOT　　D．MYSQL USER

9．为用户授权使用下述（　　）语句。
A．GIVE　　B．SET
C．PASS　　D．GRANT

10．授予用户权限时 ON 子句中使用“ *.* ”表示（　　）。
A．授予数据库的权限　　B．授予列的权限
C．授予表的权限　　D．授予全部权限

11．下述（　　）语句可以指定用户将自己所拥有的权限授予其他用户。
A．PASS GRANT OPION　　B．WITH GRANT OPION
C．GET GRANT OPION　　D．SET GRANT OPION

12．以下命令可以删除用户的是（　　）。
A．DELETE USER　　B．REVOKE USER
C．DROP USER　　D．RENAME USER

13．下述（　　）命令可以回收用户权限。
A．ROLL BACK　　B．GET
C．BACK　　D．REVOKE

14．下述（　　）命令用来给在创建用户时设定密码。
A．PASSWORD BY　　B．PWD BY
C．IDENTIFIED BY　　D．SET BY

15．下列关于用户及权限的叙述中，错误的是（　　）。
A．删除用户时，系统同时删除该用户创建的表
B．root 用户拥有操作和管理 MySQL 的所有权限
C．系统允许给用户授予与 root 相同的权限
D．新建用户必须经授权才能访问数据库

16．把对 Student 表和 Course 表的全部操作权授予用户 User1 和 User2 的语句是（　　）。
A．GRANT All ON Student, Course TO User1, User2;
B．GRANT Student, Course ON All TO User1, User2;
C．GRANT All TO Student, Course ON User1, User2;
D．GRANT All TO User1, User2 ON Student, Course;

17．设有学生表 Student（Sno, Sname, Sdept），若要收回用户 User1 修改字段学号 Sno 的权限，正确的语句是（　　）。
A．REVOKE UPDATE(Sno) ON Student FROM User1;
B．REVOKE UPDATE ON Student FROM User1;
C．REVOKE UPDATE(Sno) ON User1 FROM Student;
D．REVOKE UPDATE Student(Sno) FROM User1;

18．设有如下语句：REVOKE SELECT ON student FROM 'tmpuser'@'localhost'; 以下关于该语句的叙述中，正确的是（　　）。
A．收回对 student 的 SELECT 权限
B．收回 localhost 用户的 SELECT 权限

C．回滚对 tmpuser 用户授权操作

D．回滚对 student 的授权操作

19．在 GRANT ALL ON *.* TO…授权语句中，ALL 和*.*的含义分别是（　　）。

A．所有权限、所有数据库表　　B．所有数据库表、所有权限

C．所有用户、所有权限　　D．所有权限、所有用户

20．执行 REVOKE 语句的结果是（　　）。

A．用户的权限被撤销，但用户仍保留在系统中

B．用户的权限被撤销，并且从系统中删除该用户

C．将某个用户的权限转移给其他用户

D．保留用户权限

21．在 DROP USER 语句的使用中，若没有明确指定账户的主机名，则该账户的主机名默认为是（　　）。

A．%　　B．localhost

C．root　　D．super

22．下列关于表的叙述中，错误的是（　　）。

A．所有合法用户都能执行创建表的命令

B．MySQL 中建立的表一定属于某个数据库

C．建表的同时能够通过 PRIMARY KEY 指定表的主键

D．MySQL 中允许建立临时表

23．在 MySQL 中，用户账号信息存储在（　　）中。

A．mysql.host　　B．mysql.account

C．mysql.user　　D．information_schema.user

24．MySQL 数据库中最小授权对象是（　　）。

A．列　　B．表

C．数据库　　D．用户

二、简答题

1．MySQL 有哪些权限表？分别存放什么级别的权限？

2．简述 MySQL 权限表的验证过程。

单元 7

# 数据库设计

数据库的开发步骤是先进行数据库设计，然后根据设计结果进行数据库实施、维护和管理。而单元 2 开始直接根据设计结果进行数据库实施，在本单元才进行数据库设计，原因是数据库设计是难度最高的一步，尤其是对于初学者来说，更无从下手。

数据库设计是软件开发中不可缺少的环节，现实世界存在内外复杂的连接关系，要求对数据库进行设计。三分技术，七分管理，十二分基础数据。

本单元完成“学生信息管理系统”数据库的设计，包含的学习任务和单元学习目标具体如下。

**【学习任务】**

- 任务 7-1　数据库设计步骤及数据库三级模式。
- 任务 7-2　需求分析。
- 任务 7-3　概念结构设计。
- 任务 7-4　逻辑结构设计。
- 任务 7-5　关系规范化。

**【学习目标】**

- 理解数据库设计步骤、数据库三级模式。
- 理解概念模型、关系模型。
- 理解关系规范化、1NF、2NF、3NF。
- 能根据需求分析结果设计数据库概念模型。
- 能将概念模型转换为关系模型。
- 能将关系规范到 3NF。

# 任务 7-1　数据库设计步骤及数据库三级模式

PPT：7-1　数据库设计步骤及数据库三级模式

【任务提出】

数据库设计是软件开发中不可缺少的环节。数据库设计的过程，是一个把现实世界中需要管理的实体、对象、属性等事物的静态特性分析抽取，建立并优化一个可以在计算机上实现的数据模型的过程。

【任务分析】

良好的数据库设计能：

- 节省数据的存储空间。
- 能够保证数据的完整性。
- 方便进行数据库应用系统的开发。

糟糕的数据库设计会造成：

- 数据冗余、存储空间浪费。
- 数据更新和插入异常等。

微课 7-1
数据库设计步骤及数据库三级模式

【相关知识与技能】

1．数据库设计步骤

数据库设计的设计步骤包括需求分析、概念结构设计、逻辑结构设计、物理结构设计。其中需求分析和概念结构设计独立于任何数据库管理系统。

① 需求分析阶段：分析清楚用户的需求，包括数据、功能和性能需求。

② 概念结构设计阶段：根据需求分析阶段分析得到的结果设计数据库的概念模型。常用的设计方法是采用实体-联系方法（Entity-Relationship），该方法用 E-R 图来描述现实世界的概念模型，称 E-R 方法或 E-R 模型。

③ 逻辑结构设计阶段：根据概念模型设计数据库的逻辑模型。目前常用的逻辑模型是关系模型，关系模型中数据的逻辑结构是一张二维表，称为关系。即该阶段的设计任务是将概念结构设计阶段得到的 E-R 图转换为关系。

④ 物理结构设计阶段：根据 DBMS 特点和处理的需要，进行物理存储安排，建立索引，形成数据库内模式。

一个成功的管理系统，是由“50%的业务+50%的软件”所组成，而 50%的成功软件又由“25%的数据库+25%的程序”所组成，数据库设计的好坏非常关键。如果把企业的数据视为生命所必需的血液，那么数据库的设计就是应用中最重要的一部分。

2．数据库三级模式

美国国家标准协会（American National Standard Institute, ANSI）的数据库管理系统研究小组于 1978 年提出了标准化的建议，将数据库结构分为 3 级：面向用户或应用程序员的用户级、面向建立和维护数据库人员的概念级、面向系统程序员的物理级。

数据库三级模式如图 7-1 所示。

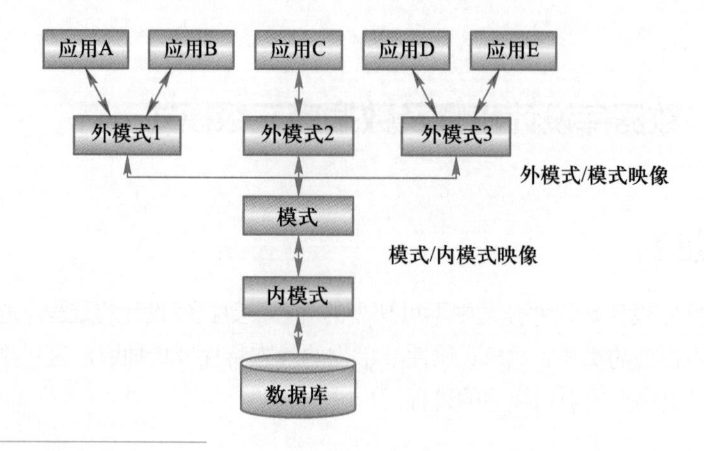


图 7-1
数据库三级模式

**（1）外模式**

外模式又称用户模式，对应于用户级。它是某个或某几个用户所看到的数据库的数据视图。外模式是从模式导出的一个子集，包含模式中允许特定用户使用的那部分数据。用户可以通过外模式描述语言来描述、定义对应于用户的数据记录（外模式），也可以利用数据操纵语言（Data Manipulation Language, DML）对这些数据记录进行操作。外模式反映了数据库的用户观。

**（2）模式**

模式又称逻辑模式，对应于概念级。它是由数据库设计者综合所有用户的数据，按照统一观点构造的全局逻辑结构，是对数据库中全部数据的逻辑结构和特征的总体描述。它是由数据库管理系统提供的数据模式描述语言（Data Description Language, DDL）来描述、定义的，体现、反映了数据库系统的整体观。

**（3）内模式**

内模式又称存储模式，对应于物理级，它是数据库中全体数据的内部表示或底层描述，它描述了数据在存储介质上的存储方式和物理结构，对应着实际存储在外存储介质上的数据库。

在一个数据库系统中只有唯一的数据库，因此作为定义、描述数据库存储结构的内模式和定义、描述数据库逻辑结构的模式是唯一的；但建立在数据库系统之上的应用则是非常广泛、多样的，所以对应的外模式不是唯一的，也不可能是唯一的。

【任务总结】

三分技术，七分管理，十二分基础数据，请重视数据库设计。

PPT：7-2 需求分析

## 任务 7-2 需求分析

微课 7-2
需求分析

【任务提出】

需求分析简单而言就是分析用户的需求，它是设计数据库的起点，需求分析结果是否准确反映用户的实际要求将直接影响到后面各阶段的设计，并影响到设计结果是否合理和实用。

笔 记

【任务分析】

需求分析是数据库设计的第一步。必须在熟悉实际业务活动的基础上分析清楚各种需求，包括信息要求、处理要求、安全性和完整性要求等。

【相关知识与技能】

1. 需求分析的任务

需求分析的任务是通过详细调查现实世界要处理的对象（如组织、部门、企业等），充分了解原系统（手工系统或计算机系统）的工作概况，明确用户的各种需求，然后在此基础上确定新系统的功能。新系统必须充分考虑今后可能的扩充和改变，不能仅仅按当前的应用需求来设计数据库。

调查的重点是“数据”和“处理”，通过调查、收集与分析，获得用户对数据库的如下要求。

① 信息要求。

② 处理要求。

③ 安全性与完整性要求。

2. 调查用户需求的具体步骤

① 调查组织机构情况。

② 调查各部门的业务活动情况。

③ 在熟悉业务活动的基础上，协助用户明确对新系统的各种要求，包括信息要求、处理要求、安全性与完整性要求。

④ 确定新系统的边界。对前面的调查结果进行初步分析，确定哪些功能由计算机完成或将来准备让计算机完成，哪些活动由人工完成。由计算机完成的功能就是新系统应该实现的功能。

3. 常用的调查方法

① 跟班作业。通过亲身参加业务工作来了解业务活动的情况。

② 开调查会。通过与用户座谈来了解业务活动情况及用户需求。

③ 请专人介绍。

④ 询问。对某些调查中的问题可以找专人询问。

⑤ 设计调查表请用户填写。

⑥ 查阅记录。查阅与原系统有关的数据记录。

4. 数据字典

数据字典是关于数据库中数据的描述，在需求分析阶段建立，是进行下一步概念结构设计的基础。开发和维护人员在遇到不了解的条目的时候，可以通过数据字典得到相应条目的解释，比如数据的类型，可能预先定义的值，以及相关的文字性描述。这些解释可以减少数据之间的不兼容现象。

数据字典通常包括：数据项、数据结构、数据流、数据存储、处理过程 5 个部分。其中，数据项是数据的最小组成单位，若干个数据项可以组成一个数据结构，数据字典通过对数据项和数据结构的定义来描述数据流和数据存储的逻辑内容。

数据项是不可再分的数据单位，对数据项的描述通常包括：

数据项描述=｛数据项名，数据项含义说明，别名，数据类型，长度，取值范围，取值含义，与其他数据项的逻辑关系，数据项之间的联系}；

其中，“取值范围”“与其他数据项的逻辑关系”定义了数据的完整性约束条件，是设计数据检验功能的依据。

【例1】 学生信息管理系统的数据字典。

数据项：学号

含义说明：唯一标识每个学生。

别名：学生编号。

数据类型：字符型。

长度：15。

取值范围：000000000000000～999999999999999。

取值含义：前4位为学生入学年份，第5位后表示学院、专业、班级、序号。

与其他数据项的逻辑关系：学号的值确定了其他数据项的值。

【任务总结】

需求分析是数据库设计的第一步，也是最关键的一步，因为本阶段的任务是从不确定的现实世界抽取出较为确定的用户需求，明确系统的总体目标。

PPT：7-3 概念结构设计

## 任务7-3 概念结构设计

【任务提出】

在需求分析的基础上，针对系统中的数据专门进行抽取、分类、整合，建立数据模型。针对现实世界与计算机世界不同的表达思维，在设计过程中要把数据模型进行分层，一层是面向现实世界的问题描述的概念模型，一层是面向计算机世界实现的逻辑模型。概念结构设计阶段的任务是根据需求分析的结果进行概念模型的设计。

微课7-3
概念结构设计

【任务分析】

本课程中的概念结构设计采用实体-联系方法对信息世界进行建模，得到概念模型。该方法用E-R图来描述现实世界的概念模型，称为E-R方法或E-R模型。

【相关知识与技能】

1. 信息世界的基本概念

**（1）3个世界**

3个世界如图7-2所示。

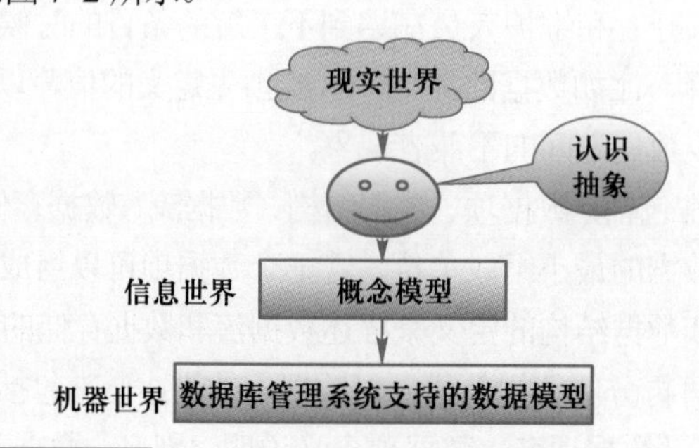


图7-2
3个世界

- 现实世界：存在于人脑之外的客观世界。
- 信息世界：现实世界在人脑中的反映。
- 机器世界：信息世界中的信息在计算机中的数据存储。

**（2）实体**

实体：客观存在且可区别于其他对象的事物。它可以是具体的对象，如学生、课程、班级等，也可以是抽象的事件，如订货、购物等。

**（3）属性**

属性：实体所具有的某一特性。一个实体可以由若干个属性来刻画。例如，学生实体可以由属性学号、姓名、性别、出生年月等来描述。

**（4）联系**

联系：实体之间的联系。

联系类型就是两个实体之间的联系，可以分为以下 3 类。

1）一对一（1:1）

实体集 A 中的每个实体，在实体 B 中至多只有一个实体与之对应，反之亦然，则称实体 A 与实体 B 是一对一联系。

举例：班级—班长

2）一对多（1:*n*）

实体集 A 中的每个实体，在实体 B 中有任意个（0 个或多个）实体与之相对应，而对于 B 中的每个实体却至多和 A 中的一个实体相对应，则称实体 A 与 B 之间的联系是一对多联系。

举例：学生—班级 部门—员工

3）多对多（*m*:*n*）

实体集 A 中的每个实体，在实体 B 中有任意个（0 个或多个）实体与之相对应，反之亦然，则称实体 A 与实体 B 是多对多联系。

举例：学生—课程 订单—商品

**2. E-R 图**

E-R 图中的基本元素有：实体、联系、属性，它们的表示符号见表 7-1。

表 7-1 E-R 图中表示符号

| 符号 | 含义 |
| --- | --- |
| 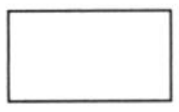 矩形 | 实体，一般是名词 |
| 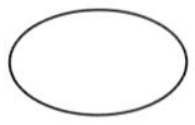 椭圆 | 属性，一般是名词 |
| 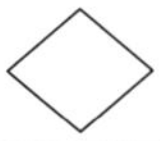 菱形 | 联系，一般是动词 |

实体：带实体名的矩形框表示，如图 7-3 所示。

学生　　课程　　班级

图 7-3
实体矩形表示图

属性：带属性名的椭圆形框表示，并用直线将其与相应的实体连接起来，如图 7-4 所示。

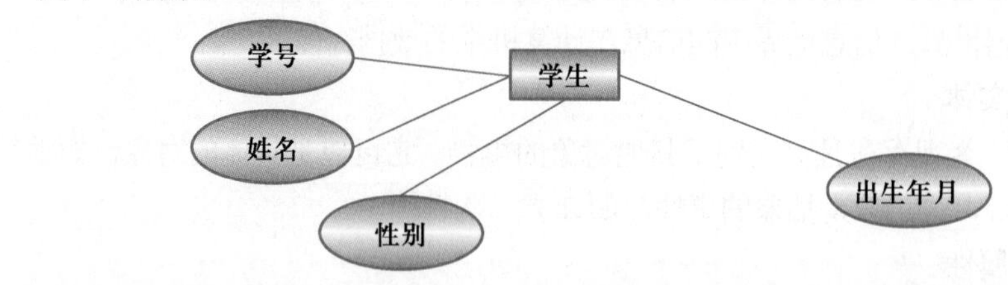


图 7-4
实体及属性表示图

联系：带联系名的菱形框表示，并用直线将联系与相应的实体相连接，且在直线靠近实体的那端标上联系的类型，1∶$n$ 或 1∶1 或 $n$∶$m$。1∶1 表示一对一联系，1∶$n$ 表示一对多联系，$m$∶$n$ 表示多对多联系，如图 7-5 所示。

图 7-5
联系表示图

**注意：**

联系本身也是一种实体，也可以有属性。如果一个联系具有属性，则这些属性也要用无向边与该联系连接起来，如图 7-6 所示。

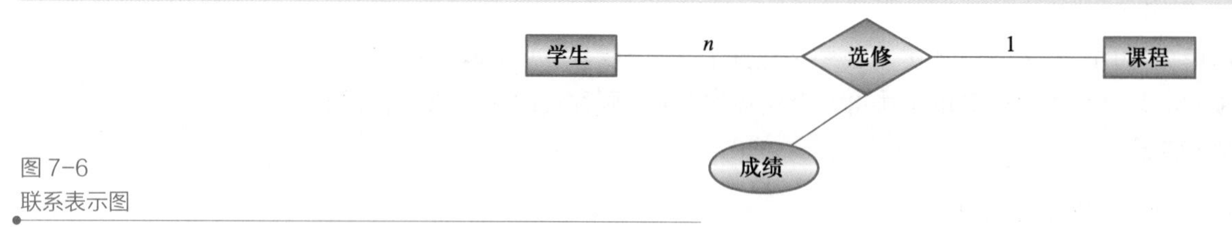


图 7-6
联系表示图

3. 设计概念模型

设计概念模型最常用的策略是自底向上方法，即第一步是抽象数据并设计分 E-R 图，即按业务活动或功能模块进行分块绘制；第二步是合并分 E-R 图，生成总的 E-R 图。

**（1）设计分 E-R 图**

步骤 1：确定实体，即客观存在并在该系统中要具体描述清楚的对象。

步骤 2：确定实体间的联系及联系类型。

步骤 3：确定实体及联系的属性。

实际上实体与属性是相对而言的，同一事物，在一种应用环境中作为“属性”，在另一种应用环境中就必须作为“实体”。例如，学校中的专业，在某种应用环境中，它只是作为“学生”实体的一个属性，表明一个学生属于哪个专业；而在另一种环境中，由于需要考虑专业特点、专业培养目标、教师人数等，这时它就需要作为实体。一般来说，在给定的应用环境中：

① 属性不能再具有需要描述的性质，即属性必须是不可分的数据项，不能再由另一些属性组成。

② 属性不能与其他实体具有联系，联系只能发生在实体之间。

符合上述两条特性的事物一般被作为属性对待。为了简化 E-R 图的处理，现实世界中的事物凡能够作为属性对待的，应尽量作为属性。

**（2）合并分 E-R 图**

当系统功能较复杂时，设计分 E-R 图后需合并分 E-R 图。

笔 记

各个局部应用所面向的问题不同，且通常是由不同的设计人员进行分 E-R 图设计，这就导致各个分 E-R 图之间必定会存在许多不一致的地方，因此合并分 E-R 图时并不能简单地将各个分 E-R 图画到一起，而是必须着力消除各个分 E-R 图中的不一致，以形成一个能为全系统中所有用户共同理解和接受的统一的概念模型。

合理消除各分 E-R 图之间的冲突是合并分 E-R 图的主要工作与关键所在，各分 E-R 图之间的冲突主要有 3 类：属性冲突、命名冲突、结构冲突。

1）属性冲突

① 属性域冲突。

属性值的类型、取值范围不同。例如，在用户管理分 E-R 模型中，用户 ID 定义为整数；而在部门人员管理分 E-R 模型中，用户 ID 定义为字符型。

② 属性取值单位冲突。

同种商品的单位不统一，采用的标准不一致。例如，重量单位有的采用公斤，有的采用斤，有的采用克。

属性冲突理论上好解决，实际应用中主要通过讨论协商。

2）命名冲突

① 同名异义。

不同意义的对象在不同的局部应用中具有相同的名字。例如，网上商城系统中，管理人员的用户类型和客户的用户类型，虽然都是用户类型，实际上对应的含义不尽相同。

② 异名同义。

同一意义的对象在不同的局部应用中具有不同的名字。例如，用户属于某种用户类型，也有称用户属于某种用户类别，实际上表达的都是用户与用户类型之间的联系。

命名冲突可能发生在实体、联系或属性各级上，其中属性一级最常见。处理方法类似属性冲突，以讨论协商为主。

3）结构冲突

① 同一对象在不同应用中具有不同的抽象层次。

同是用户类型，可以作为实体存在，也可以作为属性存在。

解决方法：属性变换为实体或实体变换为属性。

② 同一实体在不同分 E-R 图中所包含的属性个数和属性排列、次序不尽相同。

例如，销售中的商品所包含的属性与库存中的商品所需的属性及侧重点都将有所不同。

解决方法：根据应用的语义对实体联系的类型进行综合调整。

**4. 学生成绩管理子系统数据库的 E-R 图设计**

**【例 1】** 学生成绩管理子系统数据库的 E-R 图设计。

学生成绩管理子系统的需求分析简要描述如下。

学生成绩管理是学生信息管理的重要组成部分，也是学校教学工作的重要组成部分。学生成绩管理子系统的开发能大大减轻教务管理人员和教师的工作量，同时能使学生及时了解选修课程成绩。该系统主要包括学生信息管理、课程信息管理、成绩管理等，具体功能如下。

① 完成数据的录入和修改，并提交数据库保存。其中的数据包括班级信息、学生信息、课程信息、学生成绩等。

- 班级信息包括班级编号、班级名称、学生所在的学院名称、专业名称、入学年份等。
- 学生信息包括学生的学号、姓名、性别、出生年月等。
- 课程信息包括课程编号、课程名称、课程的学分、课程学时等。
- 各课程成绩包括各门课程的平时成绩、期末成绩、总评成绩等。

② 实现基本信息的查询，主要包括班级信息的查询、学生信息的查询、课程信息的查询和成绩的查询等。

③ 实现信息的查询统计，主要包括各班学生信息的统计、学生选修课程情况的统计、开设课程的统计、各课程成绩的统计、学生成绩的统计等。

根据需求分析进行系统 E-R 图设计，按照如下步骤展开。

**步骤 1**：确定实体。

实体有学生、班级、课程。

**步骤 2**：确定实体间的联系及联系类型。

学生—班级：因为一个学生属于一个班，而一个班有多个学生，为 $n$∶1 的联系。

学生—课程：一个学生可以选修多门课程，一门课程有多个学生选修，为 $n$∶$m$ 的联系。

**步骤 3**：确定实体及联系的属性。

实体的属性如下。

学生：学号、姓名、性别、出生年月。

班级：班级编号、班级名称、学生所在的学院名称、专业名称、入学年份。

课程：课程编号、课程名称、课程的学分、课程学时。

联系的属性如下。

学生选修课程：平时成绩、期末成绩。

**步骤 4**：绘制 E-R 图，整合修改完善。

绘制完成的 E-R 图如图 7-7 所示。

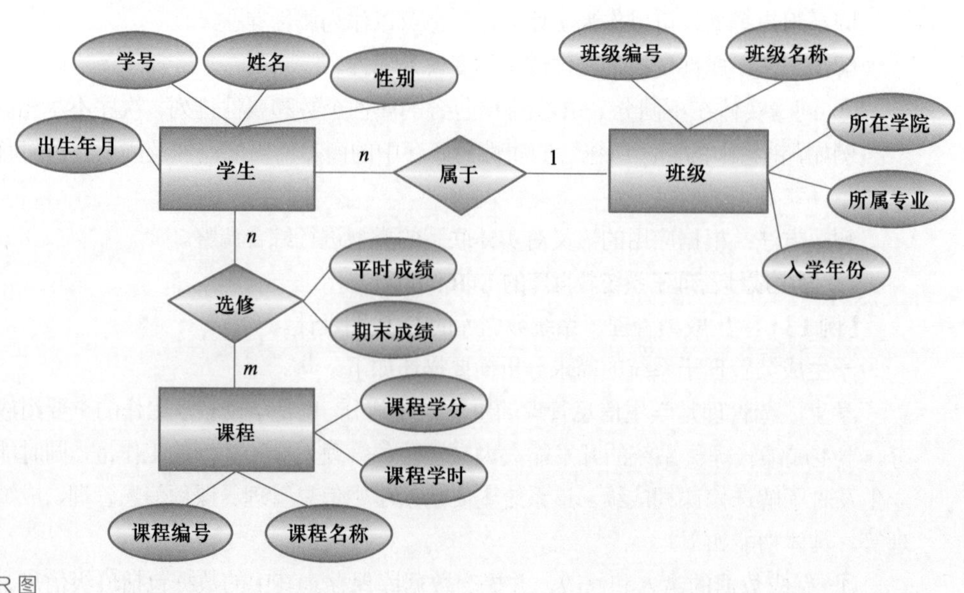


图 7-7
学生成绩管理子系统数据库的 E-R 图

【任务实施】

微课 7-4
任务实施：画出系统的 E-R 图

画出以下系统的 E-R 图（须注明属性和联系类型）。

【练习 1】 设有商业销售记账数据库。一个顾客可以购买多种商品，一种商品可供应给多个顾客。每个顾客购买每种商品都有购买数量。一种商品由多个供应商供应，一个供应商供应多种商品，供应商每次供应某种商品都有相应的供应数量。

各实体的属性如下。

顾客：顾客编号，顾客姓名，单位，电话号码。

商品：商品编号，商品名称，型号，单价。

供应商：供应商号，供应商名，所在地址，联系人，联系电话。

文本 参考答案

【练习 2】 某企业集团有若干工厂，每个工厂生产多种产品，且每一种产品可以在多个工厂生产，每个工厂按照固定的计划数量生产产品；每个工厂聘用多名职工，且每名职工只能在一个工厂工作，工厂聘用职工有聘期和工资。工厂的属性有工厂编号、厂名、地址，产品的属性有产品编号、产品名、规格，职工的属性有职工号、姓名。

笔 记

【练习 3】 设有教师、学生、课程等实体，其中教师实体包括工作证号码、教师名、出生日期、党派等属性；学生实体包括学号、姓名、出生日期、性别等属性；课程实体包括课程号、课程名、预修课号等属性。

设每个教师教多门课程，一门课程由一个教师教。每个学生可选多门课程，每个学生选修一门课程有一个成绩。

【练习 4】 学生住宿管理系统数据库的 E-R 图设计。

学生住宿管理系统的需求分析简要描述如下。

学生的住宿管理面对大量的数据信息，要简化烦琐的工作模式，使管理更趋合理化和科学化，就必须运用计算机管理信息系统，以节省大量的人力和物力，避免大量重复性的工作。该系统主要包括学生信息管理、宿舍管理、学生入住管理、宿舍卫生管理等。具体功能如下。

① 完成数据的录入和修改，并提交数据库保存。其中的数据包括班级信息、学生信息、宿舍信息、入住信息、卫生检查信息等。

- 班级信息包括班级编号、班级名称、学生所在的学院名称、专业名称、入学年份等。
- 学生信息包括学生的学号、姓名、性别、出生年月等。
- 宿舍信息包括宿舍所在的楼栋、所在楼层、房间号、总床位数、宿舍类别、宿舍电话等。
- 入住信息包括入住的宿舍、床位、入住日期、离开宿舍时间等。
- 卫生检查信息包括检查的宿舍、检查时间、检查人员、检查成绩、存在的问题等。

② 实现基本信息的查询。主要包括班级信息的查询、学生信息的查询、宿舍信息的查询、入住信息的查询和宿舍卫生情况等。

③ 实现信息的查询统计。主要包括各班学生信息的统计、学生住宿情况的统计、各班宿舍情况统计、宿舍入住情况统计、宿舍卫生情况统计等。

要求：根据以上需求分析结果进行数据库 E-R 图设计。

【任务总结】

数据库概念结构设计的主要任务是根据需求分析的结果分析抽象出实体、联系、属性，并用 E-R 图表示，生成概念模型。

## 任务 7-4 逻辑结构设计

【任务提出】

该阶段的任务是根据概念模型设计数据库的逻辑模型。目前常用的逻辑模型是关系模型，关系模型中数据的逻辑结构是一张二维表，称为关系。即该阶段的设计任务是将概念结构设计阶段得到的 E-R 图转换为关系。

【任务分析】

微课 7-5
逻辑结构设计

将 E-R 图向关系模型的转换，要解决的问题是如何将实体和实体间的联系转换为关系，如何确定这些关系的属性和码。

E-R 图是由实体、实体间联系、属性三要素组成的，将 E-R 图转换为关系实际上是将实体、联系、属性转换为关系。

【相关知识与技能】

**1. 概念模型转换为关系模型**

① 一个实体转换成一个关系。实体的属性就是关系的属性。关系的码就是实体的码。

② 一个 $m$∶$n$ 联系转换成一个关系。关系的属性是与之相联的各实体的码及联系本身的属性。关系的码为各实体码的组合。

③ 一个 1∶$n$ 联系可以与 $n$ 端对应的关系合并，在 $n$ 端对应的关系中加上 1 端实体的码和联系本身的属性。

也可以转换为一个独立的关系，关系的属性是与之相联的实体的码及联系本身的属性。关系的码是为 $n$ 端实体的码。

④ 一个 1∶1 联系可以与任意一端对应的关系合并，在某一端对应的关系中加上另一端实体的码和联系本身的属性即可。

也可以转换为一个独立的关系，关系的属性是与之相联的实体的码及联系本身的属性，每个实体的码均是该关系的候选码。

⑤ 3 个或 3 个以上实体间的一个多元联系可以转换成一个关系。关系的码是与之相联的各实体的码的组合，关系的属性是与之相联的实体的码及联系本身的属性。

具有相同码的关系可合并。为了减少系统中的关系个数，如果两个关系具有相同的主码，可以考虑将它们合并为一个关系。合并方法是将其中一个关系的全部属性加入另一个关系中，然后去掉其中的同义属性（可能同名也可能不同名），并适当调整属性的次序。

【例 1】 将图 7-8 所示的学生成绩管理子系统数据库的 E-R 图转换为关系。

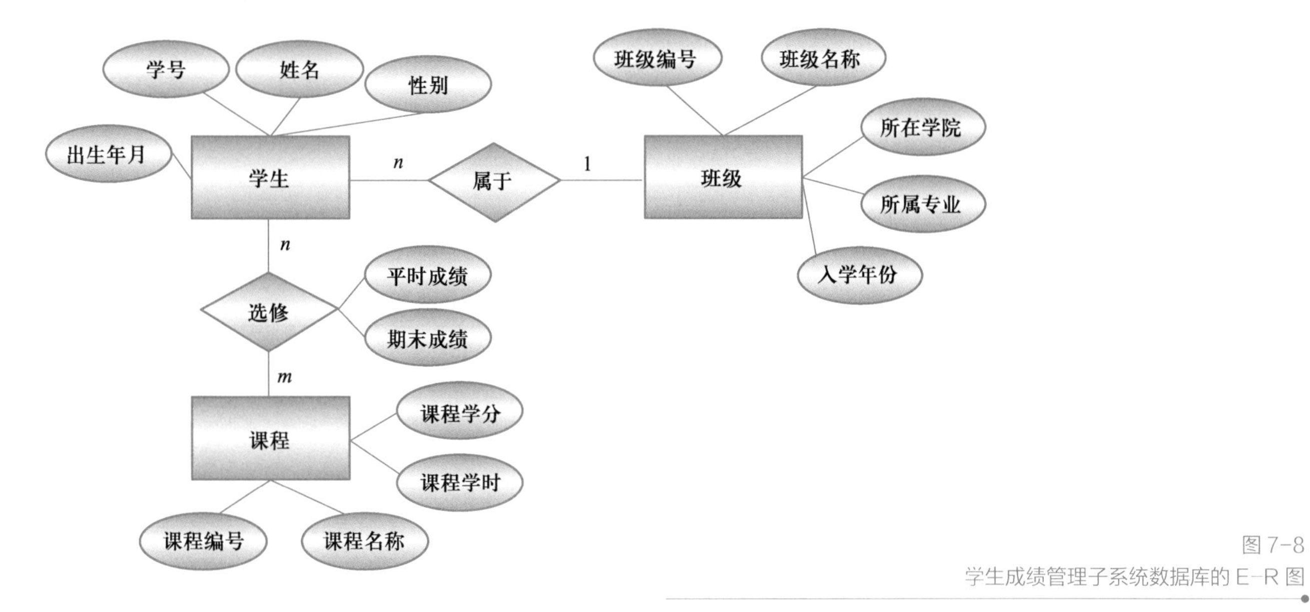


图 7-8
学生成绩管理子系统数据库的 E-R 图

步骤 1：一个实体转换成一个关系。

学生（学号，姓名，性别，出生年月）

班级（班级编号，班级名称，所在学院，所属专业，入学年份）

课程（课程编号，课程名称，课程学分，课程学时）

步骤 2：一个 $m:n$ 联系转换成一个关系模式。

选修（学号，课程编号，平时成绩，期末成绩）

步骤 3：一个 $1:n$ 联系与 $n$ 端对应的关系合并。

在学生对应的关系中加上 1 端班级的主码班级编号，完成转换，学生成绩管理子系统包含的关系如下所示。

学生（学号，姓名，性别，出生年月，班级编号）

班级（班级编号，班级名称，所在学院，所属专业，入学年份）

课程（课程编号，课程名称，课程学分，课程学时）

选修（学号，课程编号，平时成绩，期末成绩）

2. 关系模型的详细设计

**（1）基本设计**

关系中各个属性的设计，包括关系名、属性名、属性的数据类型、字段长度、是否为空等基本属性的设计。

**（2）完整性约束设计**

完整性约束设计主要包括主键 PRIMARY KEY、外键 FOREIGN KEY、默认值 DEFAULT、唯一 UNIQUE 等约束的设计。

【例 2】 对学生成绩管理子系统的各关系进行详细设计。详细设计结果见表 7-2～表 7-5。

笔 记

表 7-2 班级信息表 Class

| 字段名 | 字段说明 | 数据类型 | 长度 | 允许空值 | 约束 |
|---|---|---|---|---|---|
| ClassNo | 班级编号 | VARCHAR | 10 | 否 | 主键 |
| ClassName | 班级名称 | VARCHAR | 30 | 否 | |
| College | 所在学院 | VARCHAR | 30 | 否 | |
| Specialty | 所属专业 | VARCHAR | 30 | 否 | |
| EnterYear | 入学年份 | INT | — | 是 | |

表 7-3 学生信息表 Student

| 字段名 | 字段说明 | 数据类型 | 长度 | 允许空值 | 约束 |
|---|---|---|---|---|---|
| Sno | 学号 | VARCHAR | 15 | 否 | 主属性，参照 Student 表中的 Sno |
| Cno | 课程编号 | VARCHAR | 10 | 否 | 主属性，参照 Course 表中的 Cno |
| Uscore | 平时成绩 | NUMERIC(4,1) | — | 是 | |
| EndScore | 期末成绩 | NUMERIC(4,1) | — | 是 | |

表 7-4 课程信息表 Course

| 字段名 | 字段说明 | 数据类型 | 长度 | 允许空值 | 约束 |
|---|---|---|---|---|---|
| Cno | 课程编号 | VARCHAR | 10 | 否 | 主键 |
| Cname | 课程名称 | VARCHAR | 30 | 否 | |
| Credit | 课程学分 | NUMERIC(4,1) | — | 是 | |
| ClassHour | 课程学时 | INT | — | 是 | |

表 7-5 选修成绩表 Score

| 字段名 | 字段说明 | 数据类型 | 长度 | 允许空值 | 约束 |
|---|---|---|---|---|---|
| Sno | 学号 | VARCHAR | 15 | 否 | 主键 |
| Sname | 姓名 | VARCHAR | 10 | 否 | |
| Sex | 性别 | CHAR | 2 | 否 | |
| Birth | 出生年月 | DATE | — | 是 | |
| ClassNo | 班级编号 | VARCHAR | 10 | 否 | 外键，参照 Class 表中的 ClassNo |

微课 7-6
任务实施：将 E-R 图转换为关系并指出各关系的主键和外键

【任务实施】

【练习 1】 将如图 7-9 所示的 E-R 图转换为关系模型，并指出各表的主键和外键。

文本　参考答案

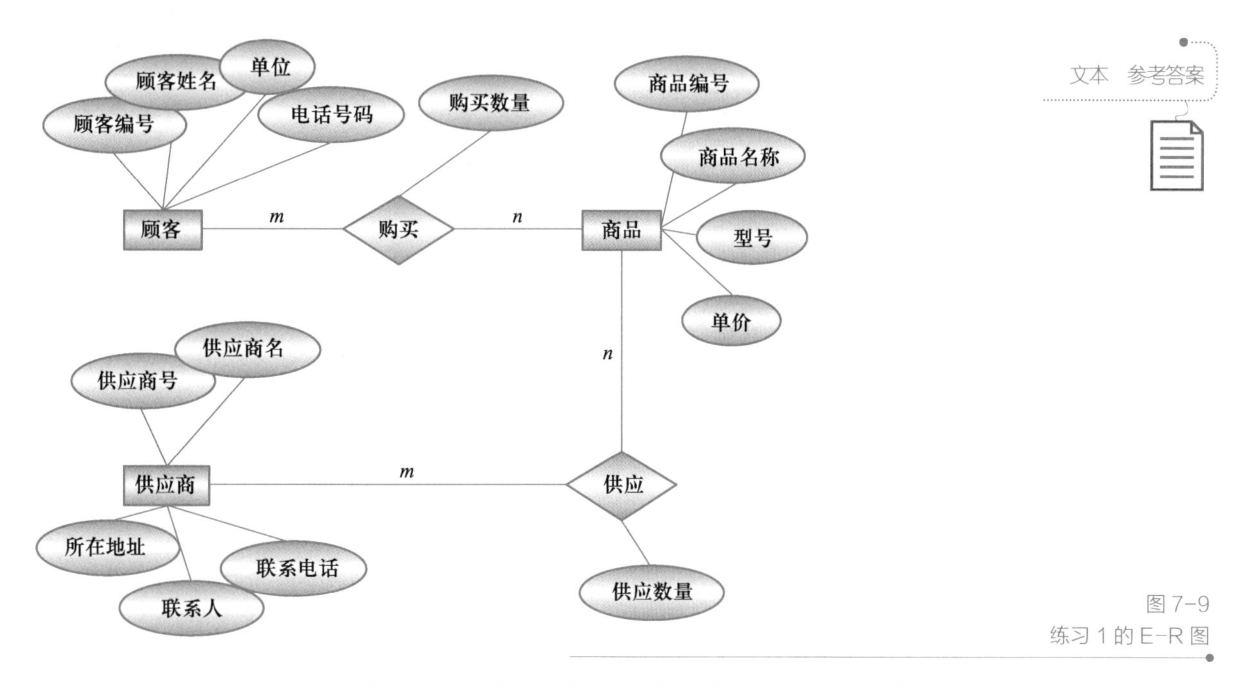


图 7-9
练习 1 的 E-R 图

【练习 2】 将如图 7-10 所示的 E-R 图转换为关系模型，并指出各表的主键和外键。

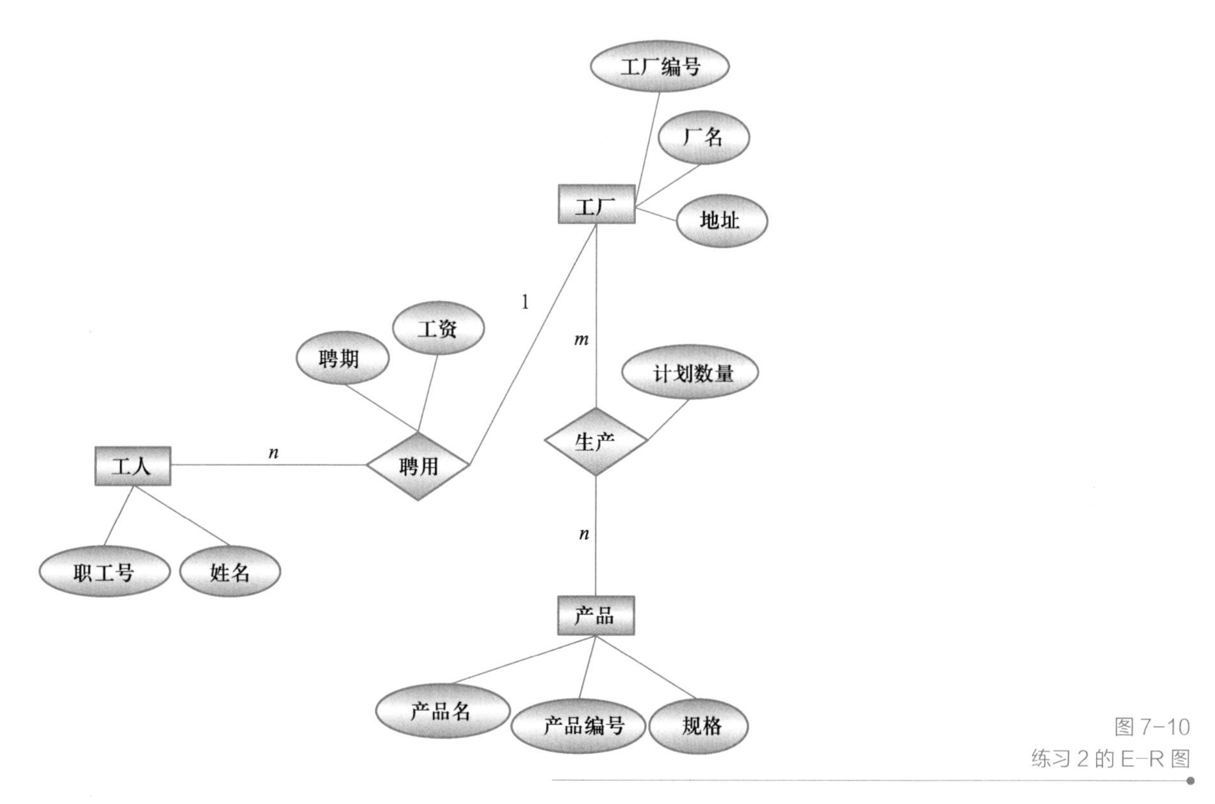


图 7-10
练习 2 的 E-R 图

【练习 3】 将如图 7-11 所示的 E-R 图转换为关系模型，并指出各表的主键和外键。

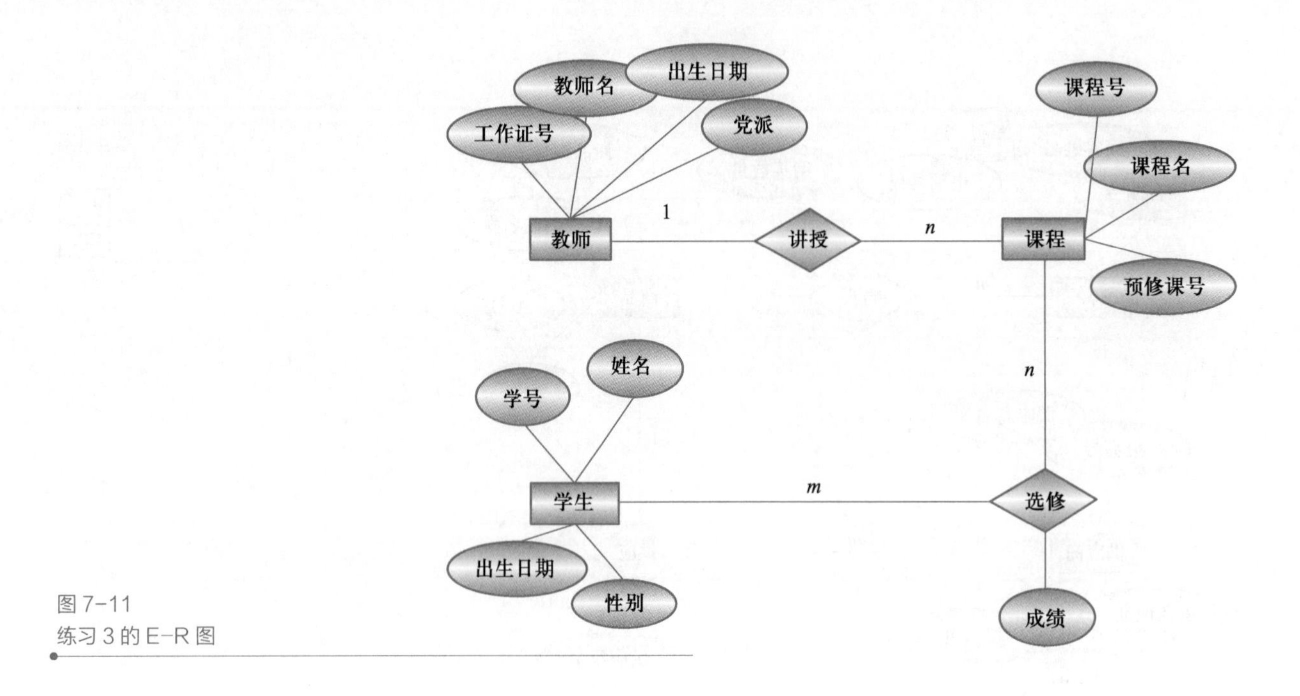


图 7-11
练习 3 的 E-R 图

【任务总结】

数据库详细设计主要任务是设计数据库的关系模型，包括 E-R 图转换为关系，各关系属性的设计，及包括各完整性约束的详细设计。数据库的关系模式通过优化，即可作为下一阶段数据库实施的依据。

## 任务 7-5 关系规范化

PPT：7-5 关系规范化

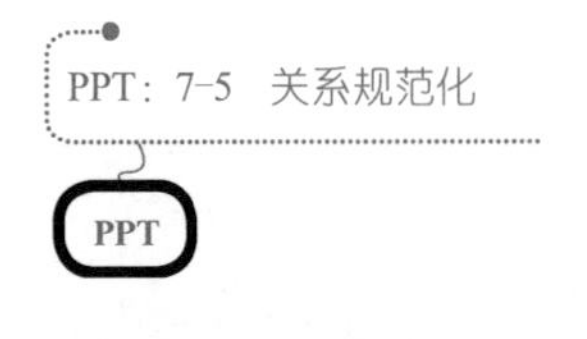

微课 7-7
关系规范化

【任务提出】

数据库逻辑结构设计的结果并不是唯一的，为了进一步提高数据库应用系统的性能，需要根据应用进行适当修改，调整关系模型的结构，即对关系模型进行优化。

关系模型的优化通常以规范化理论为指导，因此关系模型的优化又称为关系模型的规范化。

【任务分析】

关系模型如果设计不好，属性与属性之间存在某些数据间的依赖，会造成数据冗余太大，在插入、删除、修改的操作后出现异常现象，影响数据的一致性和完整性。因此对关系模型进行规范化判断与设计是必要的。根据数据间依赖的种类与程度，规范化的关系可划分为不同的范式。常规应用中有第一范式（1NF）、第二范式（2NF）、第三范式（3NF）。

【相关知识与技能】

1. 范式

范式是符合某一种级别的关系模式的集合。关系数据库中的关系必须满足一定的要求，满足不同程度要求的为不同的范式。目前主要有 6 种范式：第一范式、第二范式、第三范式、BC 范式、第四范式和第五范式。满足最低要求的为第一范式，简称为 1NF。在第一范式基础上进一步满足一些要求的为第二范式，简称为 2NF。显然各种范式之间存在如下联系：

$$1NF \supset 2NF \supset 3NF \supset BCNF \supset 4NF \supset 5NF$$

笔 记

**2. 函数依赖**

规范化理论致力于解决关系模式中不合适的数据依赖问题。首先是要理解函数依赖的相关概念。

**（1）函数依赖**

设 R（U）是一个属性集 U 上的关系，X 和 Y 是 U 的子集。若对于 R 中不可能存在两个元组在 X 上的属性值相等，而在 Y 上的属性值不等，则称“X 函数确定 Y”或“Y 函数依赖于 X”，记作 X→Y。

例如，选课关系 Sc（Sno，Cno，Grade，Credit），其中 Sno 为学号，Cno 为课程号，Grade 为成绩，Credit 为学分。该表的主键为（Sno，Cno）。

非主属性对主键的函数依赖有：（Sno，Cno）→Grade，（Sno，Cno）→Credit。

**（2）完全函数依赖、部分函数依赖**

在关系模式 R（U）中，如果 X→Y，并且对于 X 的任何一个真子集 X'，都有 X' $\nrightarrow$Y，则称 Y 完全函数依赖于 X，记 $X \xrightarrow{f} Y$。

若 X' →Y，但 Y 不完全函数依赖于 X，则称 Y 部分函数依赖于 X，记作 $X \xrightarrow{p} Y$。

例如，函数依赖（Sno，Cno）→Grade，因为 Sno$\nrightarrow$Grade 和 Cno$\nrightarrow$Grade，所以（Sno，Cno）$\xrightarrow{f}$ Grade 是完全函数依赖。函数依赖（Sno，Cno）→Credit，因为 Cno→Credit，所以（Sno，Cno）$\xrightarrow{p}$ Credit 是部分函数依赖。

**（3）传递函数依赖**

在关系模式 R（U）中，如果 X→Y，Y→Z，且 Y$\not\subseteq$X，Y$\nrightarrow$X，则称 Z 传递函数依赖于 X。

例如，Student（Sno，Sname，Dno，Dname），其中各属性分别代表学号、姓名、所在系编号、系名称。Sno→Dno，Dno→Dname，而 Dno$\nrightarrow$Sno，所以 Dname 传递函数依赖于 Sno，Sno $\xrightarrow{传递}$ Dname。

**3. 第一范式**

第一范式：关系模式 R 的所有属性都是不可分的基本数据项，则 R∈1NF。第一范式是对关系模式的一个最起码的要求，不满足第一范式的数据库模式不能称为关系数据库。

例如，一个人的英文名字分为 FirstName 和 LastName，因此，经常会看到如下学生信息，见表 7–6。

表 7–6　学生信息表

| Sno | Name | | Sex |
|---|---|---|---|
| | FirstName | LastName | |
| 200931010100101 | Jun | Ni | 男 |
| 200931010100102 | Guochen | Chen | 男 |
| 200931010100207 | Kangjun | Wang | 女 |

笔 记

在表7-6中，Name含有FirstName和LastName两项，出现了“表中有表”的现象，不满足1NF。将Name分成FirstName和LastName两列，将其规范化，满足1NF，见表7-7。

表7-7 满足1NF的学生信息表

| Sno | FirstName | LastName | Sex |
|---|---|---|---|
| 200931010100101 | Jun | Ni | 男 |
| 200931010100102 | Guochen | Chen | 男 |
| 200931010100207 | Kangjun | Wang | 女 |

满足第一范式的关系模式并不一定是一个好的关系模式。

例如，选课关系Sc（Sno，Cno，Grade，Credit），其中Sno为学号，Cno为课程号，Grade为成绩，Credit为学分。在应用中使用该关系模式存在以下问题。

① 数据冗余太大。假设同一门课由40个学生选修，Credit的值就需要重复40次。

② 更新复杂。若调整了某课程的学分，相应元组的Credit值都要更新，造成修改的复杂性。

③ 插入异常。如计划开新课，由于没人选修，学号字段没有值，而学号为主属性不能为空，所以只能等有人选修才能把课程号和学分存入数据库。

④ 删除异常。若学生已结业，会从当前数据库删除选修记录。若某门课程新生尚未选修，则此门课程的课程号及学分信息也被删除。

**4. 第二范式**

第二范式：若关系模式R∈1NF，并且每一个非主属性都完全函数依赖于R的主键，则R∈2NF。如果主键只包含一个属性，则R∈2NF。

Sc关系模式出现上述问题的原因是非主属性Credit仅函数依赖于Cno，也就是Credit部分函数依赖主键（Sno，Cno），而不是完全函数依赖。为了消除存在的部分函数依赖，可以采用投影分解法，分成两个关系模式：Sc（Sno，Cno，Grade）和Course（Cno，Credit），消除了上述存在的问题。

**【例1】** 有如下关系模式，试将该关系模式规范到2NF。

学生成绩（学号，姓名，性别，课程名，课程号，平时成绩，期末成绩）

**步骤1**：判断关系是否满足1NF。

因为表中每一属性都是不可分的，故满足1NF。

**步骤2**：判断关系是否满足2NF，如果不满足则采用投影分解法分解表。

若关系模式R∈1NF，并且每一个非主属性都完全函数依赖于R的主键，则R∈2NF。

① 确定主键（学号，课程号）。

② 写出每一非主属性对主键的函数依赖。

（学号，课程号）→姓名

（学号，课程号）→性别

（学号，课程号）→课程名

（学号，课程号）→平时成绩

笔记

（学号，课程号）→期末成绩

③ 判断每一个函数依赖是完全的还是部分的，如果是部分的，写出完全依赖。

（学号，课程号）$\xrightarrow{p}$ 姓名　　　∵学号→姓名

（学号，课程号）$\xrightarrow{p}$ 性别　　　∵学号→性别

（学号，课程号）$\xrightarrow{p}$ 课程名　　∵课程号→课程名

（学号，课程号）$\xrightarrow{f}$ 平时成绩

（学号，课程号）$\xrightarrow{f}$ 期末成绩

④ 判断存在部分函数依赖，采用投影分解法分解如下。

学生（学号，姓名，性别）

课程（课程号，课程名）

成绩（学号，课程号，平时成绩，期末成绩）

⑤ 以上 3 个关系满足 2NF。

**5. 第三范式**

第三范式：若关系模式 R∈2NF，并且每一个非主属性都不存在传递函数依赖于 R 的主键，则 R∈3NF。

若 R∈3NF，则 R 的每一个非主属性既不存在部分函数依赖于主键也不存在传递函数依赖于主键。

非主属性对主键的传递函数依赖指存在以下情况：主键 X→非主属性 Y，非主属性 Y→非主属性 Z，且 $Y \nsubseteq X$，$Y \nrightarrow X$，则称非主属性 Z 传递函数依赖于主键 X。

例如，Student（Sno，Sname，Dno，Dname），各属性分别代表学号、姓名、所在系编号、系名称。主键为 Sno，由于主键是单个属性，不会存在非主属性对主键的部分函数依赖，肯定满足 2NF。但在应用中使用该关系模式存在以下问题。

① 数据冗余太大。假设一个系有 300 个学生，Dname 的值就需要重复 300 次。

② 更新复杂。若调整了某个系的系名称，相应元组的 Dname 值都要更新，造成修改的复杂性。

③ 插入异常。如某个系刚成立，还没有招生，Sno 字段没有值，而 Sno 为主键不能为空，所以只能等招生后才能把 Dno 和 Dname 存入数据库。

④ 删除异常。如果某个系的学生全部毕业，在删除该系学生信息的同时，这个系的编号及其名称信息也将删除。

存在以上问题的原因是关系中存在非主属性 Dname 对主键 Sno 的传递函数依赖。

解决方法：采用投影分解法，分解成两个关系：Student（Sno，Sname，Dno）和 Depart（Dno，Dname）。

注意：

关系 Student 中不能没有 Dno，否则两个关系之间失去联系。

【例 2】 设关系模式 R（学号，姓名，出生年月，班级代码，专业代码，专业名称），学校规定：每个学生的学号唯一，一个班级只属于一个专业。

试将该关系模式规范到 3NF。

**步骤 1：** 判断关系是否满足 1NF。

因为表中每一属性都是不可分的，故满足 1NF。

**步骤 2：** 判断关系是否满足 2NF。

主键是学号，因为主键只包含一个属性，则 R∈2NF。

**步骤 3：** 判断关系是否满足 3NF。

若关系模式 R∈2NF，并且每一个非主属性都不传递函数依赖于 R 的主键，R∈3NF。

① 判断是否存在非主属性对主键的传递函数依赖。

∵学号→班级代码，班级代码→专业代码，∴学号 $\xrightarrow{传递}$ 专业代码

∵学号→专业代码，专业代码→专业名称，∴学号 $\xrightarrow{传递}$ 专业名称

② 采用投影分解法分解如下。

R1（学号，姓名，出生年月，班级代码）

R2（班级代码，专业代码）

R3（专业代码，专业名称）

**6. 理解规范化和性能的关系**

是否规范化的程度越高越好？这要根据要求来决定，提高范式的方式主要是数据表的拆分，但是“拆分”得越深，产生的关系越多，连接操作就会越频繁，而连接操作最消耗时间，特别对以查询为主的数据库应用来说，频繁连接会影响查询速度。

为满足某种商业目标，数据库性能比规范化数据库更重要。通过在给定表中添加额外的字段，以大量减少需要从中搜索信息所需的时间。

综上所述，在进行数据库设计时，既要考虑三大范式，避免数据的冗余和各种数据操作异常，还要考虑数据访问性能，适当允许少量数据的冗余，才是合适的数据库设计方案。

微课 7-8
任务实施：关系规范化

【任务实施】

【练习 1】 表 7-8 给出一个数据集，请判断它是否可直接作为关系数据库中的关系，若不行，请将它尽可能改造成为好的并能作为关系数据库中关系的形式，同时说明进行这种改造的理由。

表 7-8 练习 1 的数据集

| 系名 | 课程名 | 教师名 |
|---|---|---|
| 计算机系 | DB | 李军，刘强 |
| 机械系 | CAD | 金山，宋海 |
| 造船系 | CAM | 王华 |
| 自控系 | CTY | 张红，曾健 |

【练习 2】 设有如表 7-9 所示的关系 R，完成以下分析。

表 7-9 关 系 R

| 课程名 | 教师名 | 教师地址 |
|---|---|---|
| C1 | 马千里 | D1 |
| C2 | 于得水 | D1 |
| C3 | 余快 | D2 |
| C4 | 于得水 | D1 |

笔 记

① 它为第几范式？为什么？

② 是否存在删除操作异常？若存在，请说明在什么情况下发生？

③ 将它分解为高一级范式，分解后的关系如何解决分解前可能存在的删除操作的异常问题？

【练习 3】 设有如表 7-10 所示的关系 R，分析 R 是否属于 3NF，为什么？若不是，那么它属于第几范式？如何规范化为 3NF？

表 7-10 关 系 R

| 职工号 | 职工名 | 年龄 | 性别 | 单位号 | 单位名 |
|---|---|---|---|---|---|
| E1 | ZHAO | 20 | F | D3 | CCC |
| E2 | QIAN | 25 | M | D1 | AAA |
| E3 | SUN | 38 | M | D3 | CCC |
| E4 | LI | 25 | F | D3 | CCC |

【练习 4】 设有关系模式 R（运动员编号，比赛项目，成绩，比赛类别，比赛主管）。如果规定每个运动员每参加一个比赛项目，就有一个成绩；每个比赛项目只属于一个比赛类别；每个比赛类别只有一个比赛主管。请回答下列问题。

① 根据上述描述，写出模式 R 的基本函数依赖和候选键。

② 分析 R 是否为 2NF，并说明理由。

③ 分析 R 是否为 3NF，如果不是，请将 R 分解成 3NF。

【练习 5】 有一个关系模式：教学（教师编号，教师名字，教师职称，课程编号，课程名，教学效果，学生编号，学生姓名，学生出生年月日，性别，成绩）。

一个教师可以教多门课，一门课可以由多个教师任课，一个学生可以选修多门课程，一门课程可以被多个学生选修，教学效果为某教师任某门课程的教学评价。

利用规范化理论规范该关系模式到 3NF。

【任务总结】

① 第一范式（1NF）的目标：确保关系的所有属性都是不可分的基本数据项。

② 第二范式（2NF）的目标：确保关系的每一个非主属性都完全函数依赖于 R 的主键。

③ 第三范式（3NF）的目标：确保关系的每一个非主属性都不传递函数依赖于 R 的主键。

## 巩固知识点

一、选择题

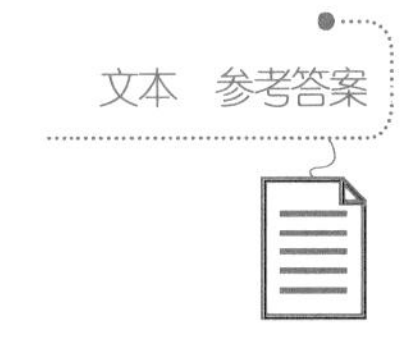


1．概念结构设计阶段得到的结果是（　　）。

A．数据字典描述的数据需求

B．E-R 图表示的概念模型

C．某个 DBMS 所支持的数据模型

D．包括存储结构和存取方法的物理结构

2．关于 E-R 图，以下描述中正确的是（ ）。

A．实体和联系都可以包含自己的属性

B．联系仅存在于两个实体之间，即只有二元联系

C．两个实体型之间的联系可分为 1∶1、1∶$n$ 两种

D．通常使用 E-R 图建立数据库的物理模型

3．设某关系模式 S（SNO，CNO，G，TN，D），其中 SNO 表示学号，CNO 表示课程号，G 表示成绩，TN 表示教师姓名，D 表示系名。属性间的依赖关系为：（SNO，CNO）→G，CNO→TN，TN→D。则该关系模式最高满足（ ）。

A．1NF　　B．2NF

C．3NF　　D．BCNF

4．现有关系：学生（学号，姓名，课程号，系号，系名，成绩），为了消除数据冗余，至少需要分解为（ ）。

A．1 个表　　B．2 个表

C．3 个表　　D．4 个表

5．关系模型的基本结构是（ ）。

A．二维表　　B．树形结构

C．无向图　　D．有向图

6．关系数据库规范化是为解决关系数据库中（ ）问题而引入的。

A．插入异常、删除异常和数据冗余

B．提高查询速度

C．减少数据操作的复杂性

D．保证数据的安全性和完整性

7．关系数据库的规范化理论指出，关系数据库中的关系应满足一定的要求，最起码的要求是达到 1NF，即满足（ ）。

A．主关键字唯一标识表中的每一行

B．关系中的行不允许重复

C．每个非关键字列都完全依赖于主关键字

D．每个属性都是不可再分的基本数据项

8．数据库系统的三级模式结构是（ ）。

A．模式、外模式、内模式

B．外模式、子模式、内模式

C．模式、逻辑模式、物理模式

D．逻辑模式、物理模式、子模式

9．若关系模式 R∈3NF，则下面最正确的说法是（ ）。

A．某个非主属性不传递依赖于码

B．某个非主属性不部分依赖于码

C．所有非主属性都不传递依赖于码

D．所有非主属性都不部分依赖于码

10．关系数据模型的 3 个要素是（ ）。

A．关系数据结构、关系操作集合和关系规范化理论

B. 关系数据结构、关系规范化理论和关系完整性的约束

C. 关系规范化理论、关系操作集合和关系完整性约束

D. 关系数据结构、关系操作集合和关系完整性约束

11. 学生社团可以接纳多名学生参加，但每个学生只能参加一个社团，从社团到学生之间的联系类型是（　　）。

A. 多对多　　B. 一对一

C. 多对一　　D. 一对多

12. 下列关于 E-R 图向关系模式转换的描述中，正确的是（　　）。

A. 一个多对多的联系可以与任意一端实体对应的关系合并

B. 3 个实体间的一个联系可以转换为 3 个关系模式

C. 一个一对多的联系只能转换为一个独立的关系模式

D. 一个实体型通常转换为一个关系模式

13. 关系数据模型的 3 个组成部分中，不包括（　　）。

A. 完整性规则　　B. 数据结构

C. 数据操作　　D. 并发控制

14. 数据库的逻辑结构设计任务是把（　　）转换为与所选用的 DBMS 支持的数据模型相符合的过程。

A. 逻辑结构　　B. 物理结构

C. 概念结构　　D. 层次结构

15. 一个规范化的关系至少应当满足（　　）的要求。

A. 1NF　　B. 2NF

C. 3NF　　D. 4NF

16. 关系模式中 3NF 是指（　　）。

A. 满足 2NF 且不存在非主属性对关键字的传递依赖现象

B. 满足 2NF 且不存在非主属性对关键字的部分依赖现象

C. 满足 2NF 且不存在非主属性

D. 满足 2NF 且不存在组合属性

17. 某公司经销多种产品，每名业务员可推销多种产品，且每种产品由多名业务员推销，则业务员与产品之间的关系是（　　）。

A. 一对一　　B. 一对多

C. 多对多　　D. 多对一

18. 设有关系模式 EMP（职工号，姓名，年龄，技能），假设职工号唯一，每个职工有多项技能，则 EMP 表的主键是（　　）。

A. 职工号　　B. 姓名，技能

C. 技能　　D. 职工号，技能

19. 一个实体型转换为一个关系模式，关系的码为（　　）。

A. 实体的码　　B. 二个实体码的组合

C. $n$ 端实体的码　　D. 每个实体的码

20. 以下关于外键和相应的主键之间的关系，正确的是（　　）。

A. 外键并不一定要与相应的主键同名

B. 外键一定要与相应的主键同名

C．外键一定要与相应的主键同名而且唯一

D．外键一定要与相应的主键同名，但并不一定唯一

21．数据库的完整性是指数据的（　　）。

A．正确性和相容性　　B．合法性和不被恶意破坏

C．正确性和不被非法存取　　D．合法性和相容性

22．关系模式中，满足2NF的模式，（　　）。

A．可能是1NF　　B．必定是1NF

C．必定是3NF　　D．必定是BCNF

23．E-R模型用于数据库设计的（　　）阶段。

A．需求分析　　B．概念结构设计

C．逻辑结构设计　　D．物理结构设计

24．表达实体之间逻辑联系的E-R模型，是数据库的（　　）。

A．概念模型　　B．逻辑模型

C．外部模型　　D．物理模型

25．主键中的属性称为（　　）。

A．非主属性　　B．主属性

C．复合属性　　D．关键属性

26．下面列出的数据模型中，（　　）是数据库系统中最早出现的数据模型。

A．关系模式　　B．层次模型

C．网状模型　　D．面向对象模型

27．在概念模型中，客观存在并可以相互区别的事物称为（　　）。

A．码　　B．属性

C．联系　　D．实体

28．下面有关主键的叙述正确的是（　　）。

A．不同的记录可以具有重复的主键值或空值

B．一个表中的主键可以是一个或多个字段

C．在一个表中主键只可以是一个字段

D．表中的主键的数据类型必须定义为自动编号或文本

29．设计性能较优的关系模式称为规范化，规范化主要的理论依据是（　　）。

A．关系规范化理论　　B．关系运算理论

C．关系代数理论　　D．数理逻辑

30．规范化理论是关系数据库进行逻辑设计的理论依据。根据这个理论，关系数据库中的关系必须满足：其每一属性都是（　　）。

A．互不相关的　　B．不可分解的

C．长度可变的　　D．互相关联的

31．设有关系模式R（ABC），下面关于函数依赖不正确的推理是（　　）。

A．A→B，B→C，则A→C　　B．AB→C，则A→C，B→C

C．A→B，A→C，则A→BC　　D．A→B，C→B，则AC→B

32．关系模式1NF是指（　　）。

A．不存在传递依赖现象　　B．不存在部分依赖现象

C．不存在非主属性　　D．不存在组合属性

33．下面对 2NF 的叙述中，不正确的说法是（　　）。

A．2NF 模式中不存在非主属性对主键的部分依赖

B．2NF 模式中不存在传递依赖

C．任何一个二元模式一定是 2NF

D．不是 2NF 模式，一定不是 3NF

34．关系模式中 2NF 是指（　　）。

A．满足 1NF 且不存在非主属性对主键的传递依赖现象

B．满足 1NF 且不存在非主属性对主键的部分依赖现象

C．满足 1NF 且不存在非主属性

D．满足 1NF 且不存在组合属性

35．关于 E-R 图，以下描述中正确的是（　　）。

A．实体可以包含多个属性，但联系不能包含自己的属性

B．联系仅存在于两个实体之间，即只有二元联系

C．两个实体之间的联系可分为 1∶1、1∶$n$、$m$∶$n$ 这 3 种

D．通常使用 E-R 图建立数据库的物理模型

36．下列选项中与 DBMS 无关的是（　　）。

①概念模型②逻辑模型③物理模型

A．①　　　　B．①③

C．①②③　　　　D．③

37．在关系模型中，下列规范条件对表的约束要求最严格的是（　　）。

A．BCNF　　　　B．1NF

C．2NF　　　　D．3NF

38．下列关于数据库设计的叙述中，正确的是（　　）。

A．在需求分析阶段建立数据字典

B．在概念设计阶段建立数据字典

C．在逻辑设计阶段建立数据字典

D．在物理设计阶段建立数据字典

39．以下关于数据库设计的叙述中，错误的是（　　）。

A．设计数据库就是编写数据库的程序

B．数据库逻辑设计的结果不是唯一的

C．数据库物理设计与具体的设备和数据库管理系统相关

D．数据库设计时，要对关系模型进行优化

40．在数据库的概念结构设计过程中，最常用的是（　　）。

A．实体—联系模型图（E-R 模型图）

B．UML 图

C．程序流程图

D．数据流图

二、填空题

1．现有关系：学生（学号，姓名，课程号，系号，系名，成绩），为了消除数据冗余，至少需要分解为（　　）张表。

2．现有关系：学生（学号，姓名，系号，系名），为了消除数据冗余，至少需要分解为（　　）张表。

3．在 E-R 图中，用（　　）表示实体，用（　　）表示联系，用（　　）表示属性。

4．实体之间的联系类型有 3 种，分别为（　　）、（　　）和（　　）。

5．实体—联系模型的三要素是（　　）、属性和实体之间的联系。

6．将 E-R 图中的实体和联系转换为关系模型中的关系，这是数据库设计过程中（　　）设计阶段的任务。

7．关系数据库的规范化理论指出，关系数据库中的关系应满足一定的要求，最起码的要求是达到 1NF，即满足（　　）。

8．在数据库设计中使用 E-R 图工具的阶段是（　　）。

9．用二维表结构表示实体以及实体间联系的数据模型称为（　　）。

10．关系模型中一般讲数据完整性分为 3 类：（　　）、（　　）、（　　）。

三、简答题

1．简述数据库设计步骤。

2．理解并给出下列术语的定义：函数依赖、部分函数依赖、完全函数依赖、传递函数依赖、1NF、2NF、3NF。

## 阶段综合练习

一、综合练习的目的和要求

1．综合练习目的

通过综合练习使学生进一步巩固提高数据库设计、关系规范化、数据库实施、数据库日常操作和维护管理能力、系统分析能力、系统开发能力，同时通过团队合作提高团队合作能力，同时资料检索和撰写文档能力也会得到相应提高。

2．综合练习要求

要求分团队（2～4 人一组）完成。要求根据数据库设计规范设计数据库，使用 MySQL 灵活创建数据库和管理维护数据库。开发的系统项目名称小组自己选择，要有实际应用价值。

具体完成如下任务。

① 数据库需求分析。

② 数据库概念结构设计。

③ 数据库逻辑结构设计。

④ 关系规范化。

⑤ 数据库详细设计。

⑥ 数据库实施：创建数据库、表、约束、索引、视图。

二、综合练习内容

1．数据库需求分析

分析清楚系统涉及的数据和数据的流程，数据流程指数据在系统中产生、传输、加工处理、使用、存储的过程。

2．数据库概念结构设计

根据数据库需求分析的结果对数据进行抽象、设计各个局部 E-R 图，然后合并成总体 E-R 图，形成数据库的概念模型。

3．数据库逻辑结构设计

将 E-R 图转换为关系模型。

4．关系规范化

将各关系规范到 3NF。

5．数据库详细设计

① 根据命名规范确定各表名和属性名。

② 表详细设计，包括字段名、数据类型、长度、是否为空、默认值、约束（主键、外键、唯一）。

③ 视图设计，包括创建哪些视图？视图来源自哪些表？视图包含哪些字段？该视图有什么作用？

④ 索引设计，包括在哪个表的什么字段名创建索引？索引的类型是什么？有什么用途？

6．数据库实施

创建数据库、表、约束、索引、视图。

① 表结构设计必须合理，根据实际情况设置表字段约束、表间关系。

② 根据实际情况和视图的优点创建若干视图。

③ 根据实际情况和索引的优点创建若干索引。

④ 表中的记录数没有限制，可以少量。

7．备份数据库

备份数据库生成备份文件。

# 单元 8

# 函数和存储过程

本书单元 8 和单元 9 以提高项目“网上商城系统”数据库 eshop 贯穿。

电子商务是网络时代非常活跃的活动，与人们的生活越来越密不可分。网上商城是电子商务的核心元素与组成，是日常电子商务活动的基础平台。

eshop 数据库中的表有：用户基本信息表 UserInfo、商品分类表 Category、商品信息表 ProductInfo、购物车表 ShoppingCart、订单表 Orders、订单详细信息表 OrderItems、管理员角色表 AdminRole、管理员信息表 Admins、管理员日志表 AdminAction。

eshop 数据库各表结构见【项目资源】，请先下载备份文件还原 eshop 数据库。

项目资源：“网上商城系统”数据库 eshop

函数和存储过程是在数据库中定义了一些 SQL 语句的集合，可以直接调用这些存储过程和函数来执行已经定义好的 SQL 语句。函数和存储过程可以避免开发人员重复编写相同的 SQL 语句，而且存储过程和函数是在 MySQL 服务器中存储和执行的，可以减少客户端和服务器端的数据传输。

本单元根据实际需求完成函数和存储过程的创建，包含的学习任务和单元学习目标具体如下。

【学习任务】

- 任务 8-1　使用函数。

- 任务 8-2 使用变量和流程控制语句。
- 任务 8-3 创建简单存储过程。
- 任务 8-4 创建带输入参数的存储过程。
- 任务 8-5 创建带输入/输出参数的存储过程。
- 任务 8-6 使用循环语句生成足够多的测试数据。

**【学习目标】**

- 熟悉 MySQL 中常用的系统函数。
- 理解自定义函数的作用及其创建和使用方法。
- 掌握变量、流程控制语句的使用。
- 理解存储过程的作用及其创建和使用方法。
- 掌握函数、存储过程创建的 SQL 语句。
- 能灵活定义、使用函数。
- 能灵活创建、调用执行存储过程。

# 任务 8-1　使用函数

PPT：8-1　使用函数

PPT

## 【任务提出】

MySQL 中函数有两种：系统函数、用户自定义函数。MySQL 的系统函数包括数学函数、字符串函数、日期和时间函数、条件判断函数、系统信息函数、加密函数、格式化函数等。用户自定义函数一般用于实现较简单的有针对性的功能。

## 【任务分析】

MySQL 的函数可以对表中数据进行处理，以便得到用户需要的数据。可以在 SELECT 语句及其条件表达式中使用函数，也可以在 INSERT、UPDATE、DELETE 语句及其条件表达式中使用。函数使 MySQL 数据库的功能更加强大。

## 【相关知识与技能】

微课 8-1
系统函数

### 1. 系统函数

#### （1）数学函数

常用数学函数见表 8-1。

表 8-1　常用数学函数

| 函数 | 功能 | 举例 |
| --- | --- | --- |
| ABS(X) | 返回 X 的绝对值 | SELECT ABS(-32); |
| MOD(N,M)或% | 返回 N 被 M 除的余数 | SELECT MOD(15,7);<br>SELECT 15%7; |
| SQRT(X) | 返回 X 的平方根 | SELECT SQRT(4); |
| POW(X,Y) | 返回 X 的 Y 次方 | SELECT POW(2,3); |
| FLOOR(X)<br>FLOOR(1+(RAND()*50)) | 返回不大于 X 的最大整数值<br>得到 1～50 的 MySQL 随机整数 | SELECT FLOOR(1.23);<br>SELECT FLOOR(-1.23); |
| CEILING(X) | 返回不小于 X 的最小整数值 | SELECT CEILING(1.23);<br>SELECT CEILING(-1.23); |
| ROUND(X) | 返回 X 的四舍五入的一个整数 | SELECT ROUND(1.58);<br>SELECT ROUND(-1.58); |
| RAND() | 返回大于或等于 0 小于 1 的随机数 | SELECT RAND(); |
| MAX(字段名) | 返回该字段中的最大值 | |
| MIN(字段名) | 返回该字段中的最小值 | |
| SUM(字段名) | 返回该字段中值的总和 | |
| AVG(字段名) | 返回该字段中值的平均值 | |
| COUNT(字段名) | 返回列值非空值的个数 | |

#### （2）字符串函数

常用字符串函数见表 8-2。

笔 记

表 8–2 常用字符串函数

| 函数 | 功能 | 举例 |
| --- | --- | --- |
| ASCII(str) | 返回字符串 str 的最左边字符的 ASCII 代码值 | SELECT ASCII('AX'); |
| CONCAT(str1,str2,...) | 将多个字符串连接成一个字符串 | SELECT CONCAT('My','S','QL'); |
| LENGTH(str) | 返回字符串的字节长度，使用 UFT-8 编码字符集时，一个汉字是 3 字节，一个数字或字母是一字节 | SELECT LENGTH('你好'); |
| CHAR_LENGTH(str) | 返回字符长度 | SELECT CHAR_LENGTH('你好'); |
| LOCATE(substr,str) | 返回子串 substr 在字符串 str 第一个出现的位置，如果 substr 不在 str 中，返回 0 | SELECT LOCATE('bar','foobarbar'),LOCATE('xbar','foobar'); |
| SUBSTRING(str, position,length) | 从字符串中提取子字符串 | SELECT SUBSTRING('MySQL',3,3); |
| LEFT(str,len) | 返回字符串 str 的最左边 len 个字符 | SELECT LEFT('MySQL',3); |
| RIGHT(str,len) | 返回字符串 str 的最右边 len 个字符 | SELECT RIGHT('MySQL',3); |
| TRIM(str) | 返回删除了前后置空格的字符串 | SELECT TRIM(' b ar '); |
| LTRIM(str) | 返回删除了前置空格字符的字符串 | SELECT LTRIM(' barbar'); |
| RTRIM(str) | 返回删除了后置空格字符的字符串 | SELECT RTRIM('barbar '); |
| REPLACE(str,from_str,to_str) | 将字符串 str 中的所有字符串 from_str 由字符串 to_str 代替 | SELECT REPLACE('hello', 'l', 'L'); |
| REPEAT(str,count) | 返回由重复 count 次的字符串 str 组成的一个字符串 | SELECT REPEAT('MySQL',3); |
| REVERSE(str) | 返回颠倒字符顺序的字符串 | SELECT REVERSE('ABC'); |

**（3）日期和时间函数**

常用日期和时间函数见表 8-3。

表 8–3 常用日期和时间函数

| 函数 | 功能 | 举例 |
| --- | --- | --- |
| NOW() | 返回当前日期+时间 | SELECT NOW(); |
| CURDATE() | 返回当前日期 | SELECT CURDATE(); |
| CURRENT_DATE() | 返回当前日期 | SELECT CURRENT_DATE(); |
| CURRENT_TIME() | 返回当前时间 | SELECT CURRENT_TIME(); |
| YEAR(date) | 返回 date 的年份 | SELECT YEAR(NOW()); |
| MONTH(date) | 返回 date 的月份 | SELECT MONTH(NOW()); |
| DAY(date) | 返回 date 的日 | SELECT DAY(NOW()); |
| HOUR(time) | 返回 time 的小时 | SELECT HOUR(NOW()); |
| MINUTE(time) | 返回 time 的分钟 | SELECT MINUTE(NOW()); |

续表

| 函数 | 功能 | 举例 |
|---|---|---|
| SECOND(time) | 返回 time 的秒数 | SELECT SECOND(NOW()); |
| DATE_ADD(date, INTERVAL expr type) | 进行日期增加的操作，可以精确到秒 | SELECT DATE_ADD(NOW(), INTERVAL 1 DAY); |
| DATE_SUB(date, INTERVAL expr type) | 进行日期减少的操作，可以精确到秒 | SELECT DATE_SUB(NOW(), INTERVAL 2 HOUR); |
| DATEDIFF(date1, date2) | 计算日期 date1～date2 的相隔天数 | SELECT DATEDIFF('2019-1-1','2018-1-1'); |
| TIMESTAMPDIFF (type,smalldate,bigdate) | 计算日期 bigdate～smalldate 相隔的 year/month/day/hour/minute/second 数 | SELECT TIMESTAMPDIFF(YEAR, '2006-1-13', CURDATE()),TIMESTAMPDIFF(DAY, '2006-1-13', CURDATE()); |
| TO_DAYS(date) | 给出一个日期 date，返回一个天数（从 0 年开始的天数） | SELECT TO_DAYS('2019-12-1'); |
| FROM_DAYS(n) | 给出一个天数 *n*，返回一个 date 值 | SELECT FROM_DAYS(380); |

笔 记

**（4）控制流程函数**

常用控制流程函数见表 8-4。

表 8-4　常用控制流程函数

| 函数 | 功能 | 举例 |
|---|---|---|
| IF(条件表达式,结果 1,结果 2) | 如果条件表达式为真返回结果 1，否则返回结果 2 | SELECT IF(1>2,2,3);<br>SELECT IF(1<2,'yes ','no'); |
| CASE<br>WHEN 条件表达式1 THEN 结果1<br>WHEN 条件表达式2 THEN 结果2<br>…<br>ELSE 结果 *n*<br>END | 如果条件表达式1为真返回结果 1；如果条件表达式2为真返回结果 2；…若以上条件都不满足返回结果 *n* | CASE<br>WHEN Sex = '1' THEN '男'<br>WHEN Sex = '2' THEN '女'<br>ELSE '其他'<br>END |
| CASE 字段名或计算表达式<br>WHEN 值 1 THEN 结果 1<br>WHEN 值 2 THEN 结果 2<br>…<br>ELSE 结果 *n*<br>END | 如果字段名或计算表达式等于值 1，返回结果 1；如果等于值 2，返回结果 2…否则返回结果 *n* | CASE Sex<br>WHEN '1' THEN '男'<br>WHEN '2' THEN '女'<br>ELSE '其他'<br>END |

【例 1】 在 School 数据库中查询出所有学生学号、学生姓名、课程编号、课程名称、期末成绩，要求期末成绩显示为五级制。查询结果如图 8-1 所示。

| Sno | Sname | Cno | Cname | 成绩 |
|---|---|---|---|---|
| 200931010100101 | 倪骏 | 0901170 | 数据库技术与应用2 | 优秀 |
| 200931010100101 | 倪骏 | 2003003 | 计算机文化基础 | 中等 |
| 200931010100102 | 陈国成 | 0901170 | 数据库技术与应用2 | 及格 |
| 200931010100102 | 陈国成 | 2003003 | 计算机文化基础 | 及格 |
| 200931010100207 | 王康俊 | 0901170 | 数据库技术与应用2 | (Null) |
| 200931010100207 | 王康俊 | 2003003 | 计算机文化基础 | 及格 |
| 200931010100321 | 陈虹 | 0901025 | 操作系统 | 良好 |
| 200931010100322 | 江苹 | 0901025 | 操作系统 | (Null) |
| 200931010190118 | 张小芬 | 0901169 | 数据库技术与应用1 | 良好 |
| 200931010190119 | 林芳 | 0901169 | 数据库技术与应用1 | 及格 |

图 8-1
例 1 查询结果

```
SELECT Student.Sno,Sname,Course.Cno,Cname,
  (CASE
      WHEN Endscore>=90 THEN '优秀'
      WHEN Endscore>=80 THEN '良好'
      WHEN Endscore>=70 THEN '中等'
      WHEN Endscore>=60 THEN '及格'
      WHEN Endscore<60 THEN '不及格'   #考虑到 Endscore 字段值为 NULL
  END) 成绩
FROM Student JOIN Score ON Student.Sno=Score.Sno
 JOIN Course ON Course.Cno=Score.Cno;
```

【例 2】 CASE 的独到用处——行转列功能。

在 School 数据库中统计每个班级的男生人数和女生人数。要分别得到如图 8-2 所示的结果，如何实现？

| ClassNo | Sex | 人数 |
|---|---|---|
| 200901001 | 男 | 2 |
| 200901002 | 女 | 1 |
| 200901002 | 男 | 1 |
| 200901003 | 女 | 2 |
| 200901901 | 女 | 2 |

| ClassNo | 男生人数 | 女生人数 |
|---|---|---|
| 200901001 | 2 | 0 |
| 200901002 | 1 | 1 |
| 200901003 | 0 | 2 |
| 200901901 | 0 | 2 |

图 8-2
例 2 查询结果

```
SELECT ClassNo,Sex,Count(Sno) 人数
FROM Student
GROUP BY ClassNo,Sex;

SELECT ClassNo,SUM(CASE Sex WHEN '男' THEN 1 ELSE 0 END) AS 男生人数,SUM
(CASE Sex WHEN '女' THEN 1 ELSE 0 END)  AS 女生人数
FROM Student
GROUP BY ClassNo;
```

**（5）其他常用函数**

其他常用函数见表 8-5。

表 8-5 其他常用函数

| 函数 | 功能 | 举例 |
|---|---|---|
| DATABASE() | 返回当前数据库名 | SELECT DATABASE(); |
| VERSION() | 返回数据库的版本号 | SELECT VERSION(); |
| USER() | 返回当前用户 | SELECT USER(); |
| PASSWORD(str) | 返回字符串 str 加密后的值 | SELECT PASSWORD('12'); |
| MD5(str) | 返回字符串的 MD5 加密后的值 | SELECT MD5('12'); |

微课 8-2
用户自定义函数

**2. 用户自定义函数**

用户自定义函数一般用于实现较简单的有针对性的功能。可以有输入参数，也可以没有输入参数，但必须有且只有一个返回值。不能在函数中使用 INSERT、UPDATE、DELETE、CREATE 等语句，所以函数不能实现较复杂的功能。

**（1）创建函数**

创建函数使用的语句是 CREATE FUNCTION，其语法格式如下：

```
CREATE FUNCTION 函数名([参数列表]) RETURNS 返回值的数据类型
    BEGIN
        SQL 语句;
        RETURN 返回值;
    END;
```

参数列表的格式是：

```
变量名 数据类型
```

其中的 SQL 语句可以包含多个 SQL 语句，但 MySQL 在执行时碰到函数中的第一个“;”符号时就认为函数创建结束，所以会出错。需要使用 DELIMITER 语句改变 MySQL 的语句结束符：

```
DELIMITER //
```

作用是将 MySQL 语句标准结束符“;”更改为“//”，与函数语法无关。除“\”符号外，任何字符都可以作为语句结束符，因为“\”是 MySQL 的转义字符。

DELIMITER 后面必须要有空格。DELIMITER 的快捷命令为\d，可使用\d 替换 DELIMITER。

```
DELIMITER //                    #将 MySQL 语句标准结束符“;”更改为“//”
CREATE FUNCTION 函数名([参数列表]) RETURNS 返回值的数据类型
    BEGIN
        SQL 语句;
        RETURN 返回值;
    END;
//                              #使用分隔符“//”来指示函数的结束
DELIMITER;                      #将语句结束符更改回分号
```

说明：

在 Navicat 中可以不使用 DELIMITER，软件会默认修改语句结束符。但在 MySQL 中必须使用，否则碰到函数语句中的第一个“;”符号就认为函数创建结束。

【例 3】 在 School 数据库中创建函数 calculate_age，根据输入的出生日期计算年龄。

```
USE School;
DELIMITER //
CREATE FUNCTION calculate_age(birth DATE) RETURNS INT
    BEGIN
        RETURN YEAR(NOW())-YEAR(birth);
    END;
//
DELIMITER;
```

使用该函数查询出所有学生的学号、姓名和年龄。

```
SELECT Sno,Sname,calculate_age(Birth) AS Age
FROM Student;
```

根据年龄定义要计算周岁，对定义的函数 Calculate_age 进行改良：

```
DELIMITER //
DROP FUNCTION IF EXISTS calculate_age;
CREATE FUNCTION calculate_age(Birth DATE) RETURNS INT
    BEGIN
        RETURN TIMESTAMPDIFF(YEAR,Birth,CURDATE());
    END;
//
DELIMITER;
```

注意：

若执行创建函数语句时提示错误：[Err] 1418 - This function has none of DETERMINISTIC, NO SQL, or READS SQL DATA in its declaration and binary logging is enabled (you *might* want to use the less safe log_bin_trust_function_creators variable)，则说明我们开启了 bin-log，在主服务器上，除非子程序被声明为确定性的或者不更改数据，否则创建或者替换子程序将被拒绝。

为此，必须指定函数是否是下列情况：

- DETERMINISTIC（确定性函数）——对函数进行编译时不会检查这个函数是否是确定性的。
- NO SQL（没有 SQL 语句）——当然也不会修改数据。
- READS SQL DATA（只是读取数据）——当然也不会修改数据。

微课 8-3
问题解决：自定义函数时出现 [Err] 1418-This function has none of DETERMINISTIC…

解决办法有如下两种。

第 1 种：在创建子程序（存储过程、函数、触发器）时，声明为 DETERMINISTIC、NO SQL 或 READS SQL DATA 中的一个。

例如：
```
CREATE FUNCTION  函数名() RETURNS 数据类型
    DETERMINISTIC
    BEGIN
        ……
        RETURN 返回值;
    END;
```

第 2 种：信任子程序的创建者，禁止创建、修改子程序时对 SUPER 权限的要求，设置 log_bin_trust_routine_creators 全局系统变量为 1。

设置方法有如下 3 种。

① 在客户端上执行 SET GLOBAL log_bin_trust_function_creators = 1。

② MySQL 启动时，加上--log-bin-trust-function-creators 选项，参数设置为 1。

③ 在 MySQL 配置文件 my.ini 或 my.cnf 中的[mysqld]段上加 log-bin-trust-function-creators=1。

**（2）管理函数**

其语法形式如下。

删除函数：DROP FUNCTION [IF EXISTS] 函数名;

查看函数创建语句：SHOW CREATE FUNCTION 函数名;

【任务实施】

【练习 1】 创建函数 rand_num，根据输入的整数 $n$，返回一个 1～$n$ 之间的随机整数。

微课 8-4
任务实施：用户自定义函数

【任务总结】

MySQL 有很多系统函数，用户可以直接使用函数对数据进行相应的处理。用户也可以根据实际需求自定义函数，实现较简单的有针对性的功能。不能在函数中使用 INSERT、UPDATE、DELETE、CREATE 等语句，若要实现较复杂的功能，可以通过创建存储过程实现。

## 任务 8-2　使用变量和流程控制语句

【任务提出】

PPT：8-2　使用变量和流程控制语句

PPT

在用户自定义函数、存储过程中往往包含多个 SQL 语句，语句间经常需要传递数据、使用变量。实现较复杂功能需要使用到判断、循环语句，即流程控制语句。

【任务分析】

MySQL 的自定义变量分局部变量和用户变量，常用的是局部变量。流程控制语句包括 IF 选择语句，WHILE、REPEAT、LOOP 循环语句。

【相关知识与技能】

### 1. 使用局部变量

变量是用来在语句之间传递数据的方式之一，是语言中必不可少的组成部分。MySQL 的自定义变量分局部变量和用户变量两种。

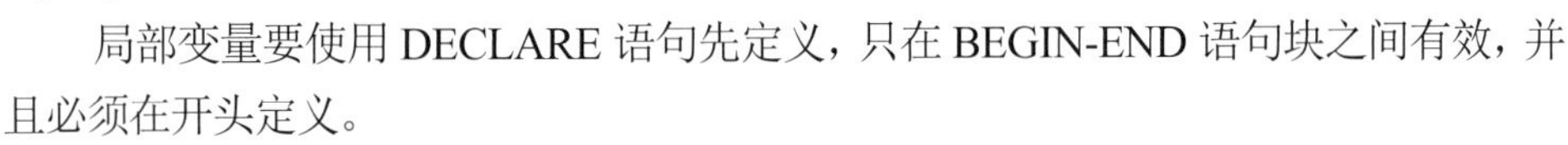

局部变量要使用 DECLARE 语句先定义，只在 BEGIN-END 语句块之间有效，并且必须在开头定义。

微课 8-5
使用变量和流程控制语句

用户变量以“@”开头，使用 SET 语句直接赋值，对当前客户端生效，不能被其他客户端使用。当客户端退出时，该客户端连接中的所有用户变量将自动释放。用户变量随处可以使用，但滥用用户变量会导致程序难以理解及管理。

在函数、存储过程内部，建议使用局部变量，不要使用用户变量。

**（1）定义局部变量**

其语法格式如下：

```
DECLARE 变量名 数据类型 [DEFAULT 默认值];
```

如果没有 DEFAULT 子句，初始值为 NULL。

可以在一行同时定义多个数据类型相同的局部变量，但不能同时定义多个数据类型不同的局部变量：

```
DECLARE 变量名 1,变量名 2,变量名 2,…  数据类型 [DEFAULT 默认值];
```

**（2）给局部变量赋值**

其语法格式如下：

```
SET 变量名=值;
```

或者

```
SELECT … INTO 变量名 [FROM …];
```

【例1】 创建函数adds，返回两个数的和，使用局部变量。

```
DELIMITER  //
CREATE FUNCTION adds( a INT, b INT) RETURNS INT
     BEGIN
        DECLARE c INT DEFAULT 0;    #定义c为局部变量
        SET c = a + b;
        RETURN c;
     END;
//
DELIMITER;
#使用函数
SELECT adds(2,3);
```

**2．IF选择语句**

IF…ELSE语句是条件判断语句，其中，ELSE子句是可选的，最简单的IF语句可以没有ELSE子句部分。IF…ELSE语句用来判断当某一条件成立时执行某语句块，当条件不成立时执行另一语句块。允许嵌套使用IF…ELSE语句，而且嵌套层数没有限制。

语法格式为：

```
IF 逻辑条件表达式 THEN
  一个语句或多个语句;
[ELSE
    一个语句或多个语句;]
END  IF;
```

说明：

① IF语句执行时先判断逻辑条件表达式的值，若为TRUE则执行THEN后的语句；若为FALSE则执行ELSE后的语句，没有ELSE则直接执行后续语句。

② END IF中间有空格。

【例2】 创建函数is_even，判断某个数是否为偶数，如果是返回1，否则返回0。

```
DELIMITER //
CREATE FUNCTION is_even (num INT) RETURNS INT
    BEGIN
        IF num%2=0 THEN
           RETURN 1;
        ELSE
          RETURN 0;
        END IF;
    END;
//
DELIMITER;
```

```
#使用函数
SELECT is_even (3);
```

3. 循环语句

MySQL 中的循环语句有 WHILE、REPEAT、LOOP 3 种。

（1）**WHILE** 循环语句

语法如下：

```
WHILE 条件 DO
……
END WHILE;
```

（2）**REPEAT** 循环语句

语法如下：

```
REPEAT
  ……
UNTILE 条件
END REPEAT;
```

（3）**LOOP** 循环语句

语法如下：

```
LOOP
  ……
END LOOP;
```

退出循环使用 LEAVE 语句。

【例 3】 创建函数 rand_string，根据输入的整数 $n$，返回 1 个长度为 $n$ 的随机字符串。

```
DROP FUNCTION IF EXISTS rand_string;
DELIMITER //
CREATE FUNCTION rand_string (n INT) RETURNS VARCHAR(255)
    BEGIN
        DECLARE char_str VARCHAR(100) DEFAULT 'abcdefghijklmnopqrstuvwxyzABCDE-
FGHIJKLMNOPQRSTUVWXYZ0123456789';
        DECLARE return_str VARCHAR(255) DEFAULT '';
        DECLARE i INT DEFAULT 0;
        WHILE i < n DO
            SET return_str = CONCAT(return_str, SUBSTRING(char_str, FLOOR(1 +
RAND()*62), 1));
            SET i = i+1;
        END WHILE;
        RETURN return_str;
    END;
//
DELIMITER ;
```

【任务实施】

文本 参考答案

【练习 1】 在 School 数据库创建函数 CONVERT_grade，将输入的百分制成绩转换为五级制。查询出所有学生学号、学生姓名、课程编号、课程名称、期末成绩，使

用函数 CONVERT_grade 将期末成绩转换为五级制。

【练习 2】 创建函数 my_sum，根据输入的整数 $n$，返回 1 到 $n$ 的和。

【任务总结】

变量、流程控制语句使得自定义函数、存储过程更加灵活完善，可以实现特定功能。

## 任务 8-3 创建简单存储过程

PPT：8-3 创建简单存储过程

【任务提出】

系统用户最关心的问题是运行速度，提高运行速度的方法有：提高硬件配置，如采用性能更高的 CPU 和增加内存等；在硬件不变的情况下，创建索引，提高查询速度；创建存储过程，使得系统程序代码简洁且提高速度。

【任务分析】

微课 8-6
创建简单存储过程

存储过程（Stored Procedure）就是指存储在数据库中的一组编译成单个执行计划的 SQL 语句集。存储过程经编译后存储在数据库中，可由应用程序通过调用执行，使用存储过程不仅可以提高 SQL 的执行效率，而且可以使数据库的管理、复杂业务的实现更容易。

【相关知识与技能】

**1. 存储过程概述**

存储过程是由一系列对数据库进行复杂操作的 SQL 语句组成的，并且将代码事先编译好之后，作为一个独立的数据库对象进行存储管理。

存储过程可作为一个单元被用户直接调用，具有“编写一次处处调用”的特点，便于程序的维护和减少网络通信量。

存储过程可以接收参数，并可以返回多个参数值，可以使用局部变量、判断语句和循环语句，可以调用其他存储过程，也可以使用函数。

使用场景：存储过程在处理比较复杂的业务时非常实用。例如，一个复杂的数据操作，如果在前台处理的话，可能会涉及多次数据库连接。但如果用存储过程的话，就只有一次。从响应时间上来说有优势，也就是说存储过程可以带来运行效率提高的好处。另外，程序容易出现 BUG，而存储过程，只要数据库不出现问题，基本上是不会出现什么问题的。即从安全上讲，使用了存储过程的系统更加稳定。

**2. 存储过程的优点**

存储过程的优点如下。

① 增强 SQL 的功能和灵活性：存储过程可以用控制语句编写，有很强的灵活性，可以完成复杂的判断、循环操作。

② 标准组件式编程：存储过程被创建后，可以在程序中被多次调用，而不必重新编写该存储过程的 SQL 语句。而且数据库专业人员可以随时对存储过程进行修改，对应用程序源代码毫无影响。

③ 较快的执行速度：存储过程是预编译保存在数据库中，当需要时从数据库中直接调用，省去了编译的过程。

④ 减少应用程序和数据库服务器之间的流量：应用程序不必发送多个冗长的 SQL 语句，只需要发送存储过程的名称和参数。

⑤ 作为一种安全机制来充分利用：通过对执行某一存储过程的权限进行限制，能够实现对相应数据的访问权限的限制，避免了非授权用户对数据的访问，保证了数据的安全。

MySQL 5.0 以前并不支持存储过程，这使得 MySQL 在应用上大打折扣。好在从 MySQL 5.0 开始支持存储过程，这样既可以大大提高数据库的处理速度，同时也可以提高数据库编程的灵活性。

### 3. 存储过程和函数的区别

① 函数有且只有一个返回值，而存储过程没有返回值，但可以返回多个参数值；函数只能有输入参数，而且不能带 IN 参数，而存储过程可以有多个 IN、OUT、INOUT 参数。

② 存储过程中的语句功能更强大，存储过程可以实现很复杂的业务逻辑，而函数有很多限制，不能在函数中使用 INSERT、UPDATE、DELETE、CREATE 等语句。

③ 存储过程中可以使用函数，但函数中不能调用存储过程。

④ 存储过程一般作为一个独立的部分来执行（CALL 调用），在 INSERT、UPDATE、DELETE 语句及其条件表达式中使用，而函数在 SELECT 语句及其条件表达式中使用。

### 4. 创建简单存储过程

创建存储过程使用的语句是 CREATE PROCEDURE 语句，其语法格式如下：

```
CREATE PROCEDURE 存储过程名()
   BEGIN
      …
   END;
```

存储过程可以包含多条 SQL 语句，可以是 DML 语句、DDL 语句、变量、流程控制语句等。

【例 1】 在 eshop 数据库中创建存储过程 GetNewProductsList，获取新商品列表，即查询按商品编号降序排列的前 10 条商品信息。

```
DELIMITER //
CREATE PROCEDURE GetNewProductsList()
   BEGIN
      SELECT *
      FROM ProductInfo
      ORDER BY ProductId DESC
      LIMIT 10;
   END;
//
DELIMITER;
```

### 5. 调用执行存储过程

其语法格式如下：

```
CALL 存储过程名();
```

注意：

创建和调用存储过程时，存储过程名后面必须要有“()”符号。

【例 2】 在 eshop 数据库中调用存储过程 GetNewProductsList。

```
CALL GetNewProductsList();
```

6. 管理存储过程

**(1) 删除存储过程**

其语法格式如下：

```
DROP PROCEDURE [IF EXISTS] 存储过程名;
```

注意：

删除存储过程时，存储过程名后面不需要跟“()”符号，只给出存储过程名。

**(2) 查看存储过程**

其语法格式如下：

```
SHOW CREATE PROCEDURE 存储过程名;
```

微课 8-7
任务实施：创建简单存储过程

文本 参考答案

【任务实施】

在 eshop 数据库中创建以下存储过程，并调用执行：

【练习 1】 创建存储过程 GetProductInfo，获取商品信息，查询商品编号为 20 的商品信息，并将该商品的点击次数增 1。

【练习 2】 创建存储过程 GetAllProduct，从 ProductInfo 表中获取全部商品信息。

【练习 3】 创建存储过程 GetPopularProduct，获取热门商品列表，即从 ProductInfo 表中查询点击数在前 10 位的商品信息。

【练习 4】 创建存储过程 UpdatePass，修改 UserInfo 表中用户 chenrui 的密码为 chen123，修改后查询出该用户的基本信息。

【练习 5】 调用执行存储过程 GetProductInfo、GetAllProduct、GetPopularProduct、UpdatePass。

【任务总结】

存储过程是一组预编译的 SQL 语句，可以加快语句执行速度、提高安全性、减少网络流量和模块化编程。CREATE PROCEDURE 语句用于创建存储过程，CALL 语句用于调用存储过程。

## 任务 8-4 创建带输入参数的存储过程

PPT：8-4 创建带输入参数的存储过程

【任务提出】

存储过程可以接收参数。向存储过程设定输入参数的主要目的是通过参数向存储过程输入信息来扩展存储过程的功能。通过输入参数，可以多次使用同一存储过程并按用户要求得到所需的结果。

【任务分析】

一个存储过程可以定义多个输入参数。在执行存储过程时用户将相应的值传给输入参数，得到所需的结果。

【相关知识与技能】

微课 8-8
创建带输入参数的存储过程

1. 存储过程的参数类型

- IN 输入参数：表示调用者向存储过程传入值，传入值可以是字面量或变量。
- OUT 输出参数：表示存储过程向调用者传出值，传出值只能是变量。
- INOUT 输入输出参数：既表示调用者向存储过程传入值，又表示存储过程向调用者传出值。

说明：

输入值使用 IN 参数，返回值使用 OUT 参数，INOUT 参数尽量少用。

2. 创建带输入参数的存储过程

输入参数是指由调用程序向存储过程传递的参数，它们在创建存储过程语句中被定义，在执行存储过程时给出相应的变量值。为了定义接受输入参数的存储过程，需要在 CREATE PROCEDURE 语句中声明一个或多个变量作为参数。

输入参数定义时使用：IN 输入参数名 数据类型，可同时定义多个参数，参数间使用逗号分隔即可。其语法格式如下:

```
DELIMITER //
CREATE PROCEDURE 存储过程名(IN 输入参数名称 数据类型)
  BEGIN
   …
  END;
 //
DELIMITER;
```

【例 1】 在 eshop 数据库中创建存储过程 GetAction，实现从 AdminAction 表中查找某管理员的管理员日志，管理员编号 AdminID 的值作为输入参数输入。

```
USE eshop;
DROP PROCEDURE IF EXISTS GetAction;
DELIMITER //
CREATE PROCEDURE GetAction(IN aid INT)
   BEGIN
       SELECT * FROM AdminAction WHERE AdminID=aid;
   END;
//
DELIMITER ;
```

【例 2】 在 eshop 数据库中创建存储过程 ShoppingCartAddItem，将某商品加入到某购物车，输入参数的值有购物车编号 CartID、产品编号 ProductID、购买数量 Quantity。

提示：

该购物车中已有该商品的记录，只需更新该商品的数量；如果该购物车中没有该商品的记录，则插入新记录。

```
USE eshop;
DROP PROCEDURE IF EXISTS ShoppingCartADDItem;
DELIMITER //
CREATE PROCEDURE ShoppingCartADDItem
( IN CID VARCHAR(50),
  IN PID INT,
  IN Qty INT
)
  BEGIN
    DECLARE Items INT;
    SELECT Count(ProductID) INTO items
    FROM ShoppingCart
    WHERE ProductID = PID AND CartID = CID;
    IF Items > 0 THEN /* 该购物车中已有该商品的记录，更新数量*/
      UPDATE ShoppingCart
      SET Quantity = (Qty +Quantity)
      WHERE ProductID = PID AND CartID = CID;
     ELSE /* 该购物车中没有该商品的记录，插入新记录*/
        INSERT INTO ShoppingCart( CartID,Quantity,ProductID)
        VALUES( CID,Qty,PID);
  END IF;
  END;
//
DELIMITER;
```

**3．调用带输入参数的存储过程**

其语法格式如下：

```
CALL 存储过程名(具体的值);
```

把具体的值传给输入参数。

注意：

如果有多个输入参数，则调用时值和输入参数要一一对应。

【例3】 在eshop数据库中调用存储过程GetAction、ShoppingCartAddItem。

```
CALL GetAction(5);
CALL ShoppingCartAddItem('1',29,3);
CALL ShoppingCartAddItem('1',37,3);
```

微课8-9
任务实施：创建带参数的存储过程

## 【任务实施】

在eshop数据库中创建以下存储过程，并调用执行。

【练习1】 创建存储过程AddNewCategory，实现往Category表中添加新的商品类别，新的商品分类名称CategoryName作为输入参数输入。

文本　参考答案

【练习 2】 创建存储过程 ShoppingCartUpdate，实现更新购物车中某物品的购买数量，即根据输入的购物车编号 CartId 和产品编号 ProductId 的值修改其对应的购买数量 Quantity 的值。

【练习 3】 创建存储过程 GetUserInfo，获取用户信息，根据输入的用户 ID 号从 UserInfo 表中查询该用户的基本信息。

【练习 4】 创建存储过程 GetProductCountByCategory，获取某商品类别的商品个数，根据输入的商品分类 ID 号从 ProductInfo 表中查询对应的商品个数。

【练习 5】 创建存储过程 GetSearchResultCount，获取查询结果个数，根据输入的商品名称值从 ProductInfo 表中模糊查询相关的商品个数。

【练习 6】 创建存储过程 AddNewProduct，添加新的商品，往 ProductInfo 表中添加新的商品信息，输入参数有商品名称 ProductName、商品价格 ProductPrice、商品介绍 Intro、所属分类介绍 CategoryId。

【练习 7】 创建存储过程 UpdateUserAcount，更新用户预存款，根据输入的用户 ID 号修改其 UserInfo 表中的账户金额 Acount。

【练习 8】 创建存储过程 GetInfo，获取商品信息，根据输入的商品编号 ProductId 查询该商品信息，同时该商品的点击数 ClickCount 值增加 1。

【练习 9】 创建存储过程 GetAdminList，获取管理员列表，根据输入的管理员角色 ID 号从管理员信息表 Admins 和管理员角色表 AdminRole 中查询其 AdminID、LoginName、RoleName。如果输入的 RoleId 值为-1，则查询所有的管理员信息。

【任务总结】

存储过程可以完成一系列复杂的处理。存储过程可以接收一个或多个输入参数，这样可大大提高应用的灵活性。

## 任务 8-5　创建带输入/输出参数的存储过程

PPT：8-5　创建带输入/输出参数的存储过程

【任务提出】

存储过程不但可以接收参数，还可以返回多个参数值。通过定义一个或多个输出参数，从存储过程中返回一个或多个值。

【任务分析】

存储过程的输入参数使得存储过程的代码非常灵活，通过给予不同的参数值可以得到不同的结果。存储过程还可以定义多个输出参数，返回多个值给调用者。

微课 8-10
创建带输入/输出参数的存储过程

【相关知识与技能】

1. 创建带输入/输出参数的存储过程

其语法格式如下：

```
DELIMITER //
CREATE PROCEDURE 存储过程名(IN 输入参数名称 数据类型,OUT 输出参数名称 数据类型)
```

```
        BEGIN
            …
            SELECT … INTO 输出参数名称 FROM …;
            或者
            SET 输出参数名称=值;
        END;
    //
    DELIMITER;
```

通过 SELECT…INTO 或者 SET 语句将返回值赋给输出参数。

【例 1】 在 eshop 数据库中创建存储过程 ShoppingCartItemCount，获取某购物车中购物种数并作为输出参数输出，购物车编号 CartID 为输入参数。

```
USE eshop;
DROP PROCEDURE IF EXISTS ShoppingCartItemCount;
DELIMITER //
CREATE PROCEDURE ShoppingCartItemCount
( IN CID VARCHAR(50),
 OUT ItemCount INT
)
    BEGIN
        SELECT COUNT(ProductID) INTO ItemCount
        FROM ShoppingCart
        WHERE CartID = CID;
    END
//
DELIMITER;
```

2. 调用带输出参数的存储过程

调用有输出参数的存储过程，需使用用户变量去接收存储过程输出的值。

用户变量以“@”开头，对当前客户端生效，不能被其他客户端使用。当客户端退出时，该客户端连接中的所有用户变量将自动释放。其语法格式如下：

```
CALL 存储过程名(@变量名);
SELECT @变量名;
```

【例 2】 在 eshop 数据库中调用存储过程 ShoppingCartItemCount。

```
CALL ShoppingCartItemCount(5,@ItemCount);
SELECT @ItemCount;
```

【任务实施】

微课 8-11
任务实施:创建带输入/输出参数的存储过程

在 eshop 数据库中创建以下存储过程，并调用执行。

【练习 1】 创建存储过程 GetOrdersDetail，取得订单详细信息，输入参数为订单号 OrderId 和用户号 UserId，输出参数为订单日期 OrderDate 和该订单总金额 Quantity *UnitCost。要求：如果存在相应的订单信息，则首先通过输出参数返回订单总金额，然后查询该订单详细信息。

提示：

found_rows()返回前一条 SELECT 语句得到的行数。

【练习 2】 创建存储过程 AddNewAdmin，添加新管理员，如果该管理员已经存在，则返回-1，表示添加不成功；否则添加该管理员信息，并返回 1，表示添加成功。

【练习 3】 创建存储过程 ShoppingCartTotal，取得购物车中物品价格总和（各商品 productPrice *Quantity 的总和），根据输入的购物车编号 CartId 返回该购物车的物品价格总和，作为输出参数输出。

【练习 4】 创建存储过程 AddNewUser，添加新用户，如果该用户已经存在，则返回-1，表示添加不成功；否则添加该用户信息，并返回 1，表示添加成功。

【练习 5】 创建存储过程 ChangePassword，更改某用户的密码，并返回更改密码成功与否。如果存在与输入的用户姓名和旧密码相同的用户记录，则修改旧密码为输入的新密码，并返回 1，否则返回-1。

【练习 6】 创建存储过程 ChangeAdminPassword，更改管理员密码，修改某管理员的密码，并返回更改密码成功与否，返回 1 表示修改成功，返回-1 表示修改不成功。

【练习 7】 创建存储过程 PayOrder，实现订单的结算，输入用户 ID 号和订单总金额，如果该用户的预存款不足，返回-1，表示结算不成功；如果预存款足够支付，扣除相应的金额，并返回 1。

【任务总结】

存储过程可以完成一系列复杂的处理。存储过程可以接收一个或多个输入参数，可以返回一个或多个输出参数，这样可大大提高应用的灵活性。

## 任务 8-6　使用循环语句生成足够多的测试数据

【任务提出】

为了有效测试数据库和应用程序的性能，必须拥有足够多的测试数据，以便暴露潜在的性能问题。但如果人工一条条添加大量测试数据，肯定不现实，这可以通过循环语句来生成足够多的测试数据。

【任务分析】

在函数或存储过程中使用循环语句实现往表中添加大量测试数据。

【任务实施】

【例 1】 通过当前系统时间和%生成测试数据。

```
#创建 ceshi 数据库
DROP DATABASE IF   EXISTS ceshi;
CREATE DATABASE ceshi;
USE ceshi;
CREATE TABLE tstutest
(stuno INT PRIMARY KEY,        -- 编号
 stuname VARCHAR(50),          -- 姓名
 stusex   INT,                 -- 性别
```

```
regdate DATE);                    -- 入学日期
#创建存储过程，实现通过当前系统时间和%生成测试数据
DROP PROCEDURE IF EXISTS Addstu;
DELIMITER //
CREATE PROCEDURE Addstu()
  BEGIN
    DECLARE i INT;
    DECLARE cnt INT;
    DECLARE d DATE;
    SET d= CURRENT_DATE(),i=1,cnt=100;
    WHILE (i<=cnt) DO
      INSERT INTO tstutest
        VALUES(i,CONCAT('name',i),i%2,DATE_SUB(d,INTERVAL i DAY));
      SET i=i+1;
    END WHILE;
  END;
//
DELIMITER ;

#调用存储过程
CALL Addstu();
SELECT * FROM tstutest;
```

【例 2】 随机生成姓名字段的值。

```
#创建包含姓名字段的表
USE ceshi;
CREATE TABLE Student
            (ID BIGINT AUTO_INCREMENT PRIMARY KEY,
             Sname VARCHAR(20)) ENGINE=INNODB DEFAULT CHARSET=utf8;
DROP PROCEDURE IF EXISTS insertdata;

#创建存储过程，实现随机生成姓名字段的值
DELIMITER   //
CREATE PROCEDURE insertdata(IN icnt BIGINT)
  BEGIN
    DECLARE XN,MN,FN VARCHAR(300);
      DECLARE XN_N,MN_N,FN_N INT;
      DECLARE TMP VARCHAR(1000);
      DECLARE i INT;
      SET XN='李王张刘陈杨黄赵周吴徐孙朱马胡郭林何高梁郑罗宋谢唐韩曹许邓萧
冯曾程蔡彭潘袁于董余苏叶吕魏蒋田杜丁沈姜范江傅钟卢汪戴崔任陆廖姚方金邱夏谭韦贾邹石熊孟秦阎
薛侯雷白龙段郝孔邵史毛常万顾赖武康贺严尹钱施牛洪龚';
      SET MN='德绍宗邦裕傅家積善昌世贻维孝友继绪定呈祥大正启仕执必定仲元魁
家生先泽远永盛在人为任伐风树秀文光谨潭棰';
      SET FN='丽云峰磊亮宏红洪量良梁良粮靓七旗奇琪谋牟弭米密祢磊类蕾肋庆情
清青兴幸星刑';
      SET XN_N=LENGTH(XN)/3;
      SET MN_N=LENGTH(MN)/3;
      SET FN_N=LENGTH(FN)/3;
```

```
            SET i=0;
            WHILE i<icnt DO
            BEGIN
                SET TMP=SUBSTRING(XN,FLOOR(RAND()*XN_N),1);
                SET TMP=CONCAT(TMP,SUBSTRING(MN,FLOOR(RAND()*MN_N),1));
                SET TMP=CONCAT(TMP,SUBSTRING(FN,FLOOR(RAND()*FN_N),1));
                INSERT INTO Student(Sname) VALUES(TMP);
                SET i=i+1;
            END;
        END WHILE;
    END;
    //
    DELIMITER;

    #调用存储过程
    CALL INSERTDATA(100);
    SELECT * FROM Student;
```

【例 3】 结合函数生成测试数据。

```
#创建表
USE ceshi;
DROP TABLE IF EXISTS 'vote_record';
CREATE TABLE 'vote_record' (
    'id' INT(10) NOT NULL AUTO_INCREMENT,
    'user_id' VARCHAR(20) NOT NULL COMMENT '用户 Id',
    'vote_num' INT(10) NOT NULL COMMENT '投票数',
    'group_id' INT(10) NOT NULL COMMENT '用户组 id 0-未激活用户  1-普通用户  2-vip 用
户  3-管理员用户',
    'status' TINYINT(2) NOT NULL COMMENT '状态  1-正常  2-已删除',
    'Create_time' DATETIME NOT NULL COMMENT '创建时间',
    PRIMARY KEY ('id'),
    KEY 'index_user_id' ('user_id') USING HASH COMMENT '用户 ID 哈希索引'
) ENGINE=INNODB DEFAULT CHARSET=utf8 COMMENT='投票记录表';

#创建生成长度为 n 的随机字符串的函数
SET global log_bin_trust_function_creators=1;
DROP FUNCTION IF EXISTS 'rand_string';
DELIMITER //
CREATE FUNCTION 'rand_string' (n INT) RETURNS VARCHAR(255)
    BEGIN
        DECLARE char_str VARCHAR(100) DEFAULT 'abcdefghijklmnopqrstuvwxyzABCDE-
FGHIJKLMNOPQRSTUVWXYZ0123456789';
    DECLARE return_str VARCHAR(255) DEFAULT '';
    DECLARE i INT DEFAULT 0;
    WHILE i < n DO
        SET return_str = CONCAT(return_str, SUBSTRING(char_str, FLOOR(1 + RAND()*62), 1));
        SET i = i+1;
    END WHILE;
    RETURN return_str;
```

```
END;
//
DELIMITER;

#创建插入数据的存储过程
DROP PROCEDURE IF EXISTS 'Add_vote_record_memory';
DELIMITER  //
CREATE PROCEDURE 'Add_vote_record_memory' (IN n INT)
    BEGIN
        DECLARE i,j INT DEFAULT 1;
        DECLARE vote_num INT DEFAULT 0;
        DECLARE group_id INT DEFAULT 0;
        DECLARE status TINYINT DEFAULT 1;
        WHILE i < n DO
            SET vote_num = FLOOR(1 + RAND() * 10000);
            SET group_id = FLOOR(0 + RAND()*3);
            SET status = FLOOR(1 + RAND()*2);
            SET j= FLOOR(1 + RAND()*10000);
            INSERT INTO 'vote_record' VALUES (NULL, rand_string(20), vote_num, group_id,
status, DATE_SUB(NOW(),INTERVAL j DAY));
            SET i = i + 1;
        END WHILE;
    END;
//
DELIMITER;

#调用存储过程，生成多条记录
CALL Add_vote_record_memory(100);
SELECT * FROM 'vote_record';
```

【任务总结】

结合循环语句、函数、存储过程可以生成大量测试数据。

## 巩固知识点

文本 参考答案

一、选择题

1．设有学生成绩表 score(sno, cno, grade)，各字段含义分别是学生学号、课程号及成绩。现有如下创建存储函数的语句：

```
CREATE FUNCTION fun() RETURNS DECIMAL
    BEGIN
        DECLARE x DECIMAL
        SELECT AVG(grade) INTO x FROM score
        RETURN x
    END;
```

以下关于上述存储函数的叙述中，错误的是（　　）。

A．表达式 AVG(grade) INTO x 有语法错误

B．x 是全体学生选修所有课程的平均成绩

C．fun 没有参数

D．RETURNS DECIMAL 指明返回值的数据类型

2．在 MySQL 中编写函数、存储过程时，合法的流程控制语句不包括（　　）。

A．FOR(...;...;...) 循环语句　　B．IF...ELSE 条件语句

C．WHILE...END WHILE 循环语句　　D．CASE...WHEN...ELSE 分支语句

3．下列关于存储过程的叙述中，正确的是（　　）。

A．存储过程可以带有参数

B．存储过程能够自动触发并执行

C．存储过程中只能包含数据更新语句

D．存储过程可以有返回值

4．使用关键字 CALL 可以调用的数据库对象是（　　）。

A．触发器　　B．事件　　C．存储过程　　D．存储函数

5．对事务的描述中不正确的是（　　）。

A．事务具有原子性　　B．事务具有隔离性

C．事务回滚使用 COMMIT 命令　　D．事务具有可靠性

6．事务中能实现回滚的命令是（　　）。

A．TRANSACTION　　B．COMMIT

C．ROLLBACK　　D．SAVEPOINT

7．设有如下定义存储过程的语句框架：

```
CREATE PROCEDURE test(IN x INT)
    BEGIN
    …
    END;
```

调用该存储过程的语句是（　　）。

A．CALL test(10);　　B．CALL test 10;

C．SELECT test(10);　　D．SELECT test 10;

二、填空题

1．事务（Transaction）可以看成是由对数据库的若干操作组成的一个单元，这些操作要么（　　　），要么（　　　）。

2．SQL 中，创建存储过程使用的语句是（　　　）。

三、简答题

1．简述存储过程和函数的区别。

2．简述存储过程的优点。

单元 9

# 事务和游标

用户在执行一些比较复杂的数据操作时，往往需要通过一组 SQL 语句来执行多项并行业务逻辑或程序，为了保证所有命令执行的同步性，用户可以优先考虑使用事务。而游标是一种能从包括多条记录的结果集中每次提取一条记录的机制，是面向集合与面向值的设计思想之间的一种桥梁。

本单元包含的学习任务和单元学习目标具体如下。

【学习任务】

- 任务 9-1　使用事务。
- 任务 9-2　使用游标。

【学习目标】

- 理解事务及其特性。
- 掌握管理事务的 SQL 语句。
- 理解游标及其优缺点。
- 掌握使用游标的 SQL 语句。
- 能使用事务处理比较复杂的业务逻辑。
- 能简单应用游标。

## 任务 9-1 使用事务

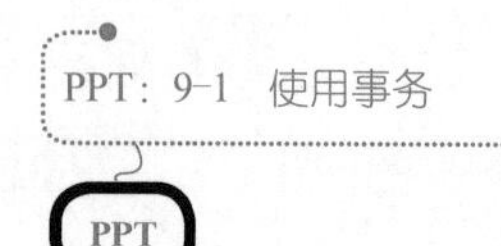


【任务提出】

当对数据库进行许多相关联的更新操作时，必须确保所有更新操作都被正确执行，假如发生任何更新操作失败，则必须恢复到对数据库操作前的原始状态。

例如银行转账，假定资金从张三账户转到李四账户，至少需要两步：张三账户的资金减少；然后李四账户的资金相应增加。

```
#创建数据库、创建 bank 顾客信息表
DROP DATABASE IF EXISTS bankdata;
CREATE DATABASE bankdata
USE bankdata;
CREATE TABLE bank
(   customerName CHAR(10),          #顾客姓名
    currentMoney DECIMAL(18,2)      #当前余额
);

#张三开户，开户金额为 100 元；李四开户，开户金额为 1 元
INSERT INTO bank(customerName,currentMoney) VALUES('张三',100);
INSERT INTO bank(customerName,currentMoney) VALUES('李四',1);

/*--转账测试：张三转账 200 元给李四--*/
#可能会这样编写语句
#张三的账户少 200 元，李四的账户多 200 元
UPDATE bank SET currentMoney=currentMoney-200 WHERE customerName='张三';
UPDATE bank SET currentMoney=currentMoney+200 WHERE customerName='李四';

#查看语句执行后的结果
SELECT * FROM bank;
#出现张三的金额少于 0 元，而李四的金额照常增加的错误
```

【任务分析】

微课 9-1
使用事务

如何解决呢？需要将转账的两个 UPDATE 语句视为一个整体，保证它们要么全部正确执行，要么全部都不执行。

【相关知识与技能】

**1．理解事务**

事务（Transaction）是指作为单个逻辑工作单元执行的一系列操作，一个事务可以是一条 SQL 语句、一组 SQL 语句，这些 SQL 语句要么完全执行，要么完全不执行。

事务是一个最小的不可再分的工作单元，通常一个事务对应一个完整的业务，如银行账户转账业务，该业务就是一个最小的工作单元。一个完整的业务需要批量的 DML（INSERT、UPDATE、DELETE）语句共同完成。事务只和 DML 语句有关，或

者说 DML 语句才有事务。

注意：

在 MySQL 中，INNODB 存储引擎支持事务，MyISAM 存储引擎不支持事务。

**2. 管理事务的语句**

管理事务的语句如下：

START TRANSACTION：开启事务。

COMMIT：提交事务。事务正常结束，提交事务的所有操作，事务中所有对数据库的更新永久生效。

ROLLBACK：回滚事务。事务异常终止，即在事务运行过程中发生了故障，不能继续执行，回滚事务的所有更新操作，回到事务开始时的状态。

注意：

在 MySQL 中，只能在存储过程中进行事务处理。不允许在函数或触发器中使用事务，否则会提示出错信息：[ERR] 1422 - EXPLICIT OR IMPLICIT COMMIT IS NOT ALLOWED IN STORED FUNCTION OR TRIGGER。

**3. 事务的 4 大特征（ACID）**

事务是恢复和并发控制的基本单位。

事务具有 4 个属性：原子性、一致性、隔离性、持久性。这 4 个属性通常称为 ACID 特性。

- 原子性（Atomicity）：一个事务是一个不可分割的工作单位，事务中包括的操作要么都做，要么都不做。
- 一致性（Consistency）：事务使数据库从一个一致性状态变到另一个一致性状态。
- 隔离性（Isolation）：一个事务的执行不被其他事务干扰，即一个事务内部的操作及使用的数据对并发的其他事务是隔离的，并发执行的各个事务之间不互相干扰。
- 持久性（Durability）：一个事务一旦提交，它对数据库中数据的改变就是永久性的。

**4. 使用事务实现银行转账**

【例 1】 使用事务来解决上述转账问题。

思路：先转账，转账后，使用 IF 流程控制语句判断转账过程中是否有错，如果有，取消转账中的所有操作。

在 MySQL 中，只能在存储过程中进行事务处理，所以需要先创建存储过程。

```
DROP PROCEDURE IF EXISTS changemoney;
DELIMITER //
CREATE PROCEDURE changemoney()
    BEGIN
        START TRANSACTION;    #开启事务
        UPDATE bank
        SET currentMoney=currentMoney-200
        WHERE customerName='张三';
        UPDATE bank
        SET currentMoney=currentMoney+200
        WHERE customerName='李四';
```

```
            IF (SELECT currentMoney FROM bank
                WHERE customerName='张三')<0 THEN
                ROLLBACK;     #回滚事务
            ELSE
                COMMIT;        #提交事务
            END IF;
        END;
    //
    DELIMITER ;

    #调用存储过程
    CALL    changemoney();

    #查看结果
    SELECT * FROM bank;
```

【任务实施】

微课 9-2
任务实施：使用事务

【练习 1】 模拟实现 ATM 取款机的取款和存款业务。

需求说明：

① 实现取款或存款中的一种业务便可。

② 交易步骤如下：向交易明细表插入交易类型（支取/存入）；更新账户余额。

文本 参考答案

```
#创建数据库、账户信息表 bank 和交易信息表 transinfo
DROP DATABASE IF EXISTS bankdata;
CREATE DATABASE bankdata
USE bankdata;
DROP TABLE IF EXISTS transinfo;
DROP TABLE IF EXISTS bank;

CREATE TABLE bank                                        #账户信息表
(CustomerName VARCHAR(10) NOT NULL,                      #顾客姓名
 CardID CHAR(10) NOT NULL,                               #卡号
 CurrentMoney DECIMAL(18,2) NOT NULL);                   #当前余额
CREATE TABLE transinfo                                   #交易信息表
(CardID CHAR(10) NOT NULL,                               #卡号
 TransType CHAR(4) NOT NULL,                             #交易类型（存入/支取）
 TransMoney DECIMAL(18,2) NOT NULL,                      #交易金额
 TransDate TIMESTAMP NOT NULL DEFAULT CURRENT_TIMESTAMP   #交易日期
);
/*    添加约束：bank 表的 CardID 为主键        */
ALTER TABLE bank ADD CONSTRAINT PK_bank PRIMARY KEY(CardID);
/*    添加约束：transinfo 表的 CardID 参照 bank 表的 CardID        */
ALTER TABLE transinfo ADD CONSTRAINT FK_transinfo_bank FOREIGN KEY(CardID)
REFERENCES bank(CardID);

/*    插入测试数据：张三开户，开户金额为 1000     */
INSERT INTO bank(customername,cardid,currentmoney)
VALUES('张三','1001 0001',1000);
```

```
/* 创建存储过程实现取款业务，从某张卡中支取指定金额，输入参数为卡号和支取的金额 */

                    (在此处编写存储过程)

#执行存储过程
CALL changemoney('1001 0001',2000);

/*  查询取款后的余额和交易信息   */
SELECT * FROM bank;
SELECT * FROM transInfo;
```

【任务总结】

事务是用户定义的一个数据库操作序列，这些操作要么全做，要么全都不做，是一个不可分割的工作单位，保证数据库从一个一致性状态变到另一个一致性状态。

## 任务 9-2　使用游标

【任务提出】

在使用数据库时，经常会遇到这种情况：用查询语句得到一个结果集，但对这个结果的操作不是相同的，需要根据不同的条件，对不同的记录进行不同的处理。这时，就需要用到游标。

【任务分析】

游标实际上是一种能从包括多条记录的结果集中每次提取一条记录的机制。游标总是与一条 SQL 查询语句相关联，允许应用程序对 SELECT 语句返回的行结果集中的每一行进行相同或不同的操作，而不是一次对整个结果集进行同一种操作。这种特性使得对数据的操作十分灵活。

【相关知识与技能】

微课 9-3
使用游标

1. 理解游标

**（1）游标的概念**

游标（Cursor）就是游动的标识，是一种能从包括多条数据记录的结果集中每次提取一条记录的机制。游标充当指针的作用，尽管游标能遍历结果中的所有行，但它一次只指向一行。游标就是用于对查询数据库所返回的记录进行遍历，以便进行相应的操作。

**（2）游标的优点**

因为游标是针对行操作的，所以可以对从数据库中 SELECT 查询得到的每一行进行分开的、独立的进行相同或不同的操作，是一种分离的思想。

游标可以满足对某个结果行进行特殊的操作，它是从关系数据库这种面向集合的系统中抽离出来的，单独针对行进行表达。游标是面向集合与面向值的设计思想之间的一种桥梁。

**（3）游标的缺点**

游标的缺点是只能一行一行地操作，在数据量大的情况下，是不适用的，速度过慢。这里有个比喻就是：当你去 ATM 存钱是希望一次性存完呢，还是 100 元一张一张地存？这里的 100 元一张一张地存就是游标针对行的操作。

**（4）游标的使用场景**

游标主要在循环处理、存储过程、函数中使用，用来对查询结果遍历判断并得到想要的结果集。

注意：

MySQL 中游标只能用在存储过程中。

**2. 使用游标**

游标的使用一般分为 4 个步骤，主要是：定义游标→打开游标→指向某一行提取数据，处理数据→关闭游标。

（1）定义游标，指向某个查询结果集。其语法格式如下：

```
DECLARE 游标名 CURSOR FOR SELECT 语句;
```

（2）打开游标。其语法格式如下：

```
OPEN 游标名;
```

（3）指向某一行提取数据，处理数据。

用关键字 FETCH 来取出数据，然后取出的数据需要有存放的地方，我们需要用 DECLARE 声明变量存放取出的数据。其语法格式如下：

```
DECLARE 变量 1 数据类型(与列值的数据类型相同);
FETCH FROM 游标名 INTO 变量名 1,变量名 2,… ;
```

对取出的值即变量值进行处理。

FETCH：取下一行的数据，游标一开始默认位于第一行之前，故要让游标指向第一行，就必须第一次就执行 FETCH 操作。

INTO：将一行中每个对应的列下的数据放到与列的数据类型相同的变量中。

（4）关闭游标。其语法格式如下：

```
CLOSE 游标名;
```

【例 1】 使用游标获取 eshop 数据库中 ProductInfo 表的第一条记录值。

```
USE eshop;
DROP PROCEDURE IF EXISTS cursor_test;
DELIMITER //
CREATE PROCEDURE cursor_test()
    BEGIN
        #变量声明时，数据类型必须与取出列的数据类型一致
        #DECLARE 语句必须要在存储过程的开头定义
        DECLARE pid INT;
        DECLARE pname VARCHAR(50);
```

```
        DECLARE pprice DECIMAL(18,0);
        DECLARE pIntro VARCHAR(200);
        #定义游标 mycursor
        DECLARE mycursor CURSOR FOR
            SELECT Productid,ProductName,ProductPrice,Intro    FROM ProductInfo;
        #打开游标
        OPEN mycursor;
        #使用游标获取列的值
        FETCH FROM mycursor INTO pid,pname,pprice,pintro;
        #对值进行处理
        SELECT pid,pname,pprice,pintro;
        #关闭游标
        CLOSE mycursor;
    END;
//
DELIMITER ;
#调用存储过程
CALL cursor_test();
```

3．使用循环和游标依次遍历每一行

【例 2】 使用游标遍历 eshop 数据库中 ProductInfo 表的每一条记录值。

```
USE eshop;
DROP PROCEDURE IF EXISTS cursor_test;
DELIMITER //
CREATE PROCEDURE cursor_test()
    BEGIN
        DECLARE jishu INT;
        DECLARE i INT;
        #变量声明时，数据类型必须与取出列的数据类型一致
        DECLARE pid INT;
        DECLARE pname VARCHAR(50);
        DECLARE pprice DECIMAL(18,0);
        DECLARE pintro VARCHAR(200);
        #定义游标 mycursor
        DECLARE mycursor CURSOR FOR
            SELECT Productid,ProductName,ProductPrice,Intro    FROM ProductInfo;
        SET i=1;
        SELECT COUNT(*) INTO jishu FROM ProductInfo;
                                        #使用局部变量统计表的行数，确定游标遍历的次数
        #打开游标
        OPEN mycursor;
        #使用游标获取列的值，使用循环语句依次遍历每一行
        WHILE i<=jishu DO
                FETCH FROM mycursor INTO pid,pname,pprice,pintro;
                #对值进行处理
                SELECT pid,pname,pprice,pintro;
                SET i=i+1;
        END WHILE;
```

```
            #关闭游标
            CLOSE mycursor;
        END;
//
DELIMITER ;

#调用存储过程
CALL cursor_test();
```

【任务总结】

游标就好比C语言中的指针，通过与某个查询结果构建技术联系，可以指定结果集中的任何位置，然后允许用户对指定位置的数据进行处理，以达到处理数据的目的。

## 巩固知识点

文本 参考答案

一、选择题

1．在下列创建游标的语法格式中，正确的是（　　）。

A．DECLARE cursor_name CURSOR FOR SELECT_statement

B．DECLARE CURSOR cursor_name FOR SELECT_statement

C．CREATE cursor_name CURSOR FOR SELECT_statement

D．CREATE CURSOR cursor_name FOR SELECT_statement

2．在使用 MySQL 进行数据库程序设计时， 若需要支持事务处理应用，其存储引擎应该是（　　）。

A．InnoDB　　B．MyISAM　　C．MEMORY　　D．CSV

二、简答题

1．简述事务的4大特征。

2．简述游标的概念和作用。

# 单元 10

# 创建触发器

触发器是与表有关的数据库对象，在满足定义条件时触发，并自动执行触发器中定义的语句集合。

触发器典型的应用是供销存系统，单元 10 以提高项目“供销存系统”数据库 gxc 贯穿。数据库中的表有：商品信息表 ProductInfo、入库单表 StorageInfo、销售单表 SalesInfo。

项目资源：“供销存系统”数据库 gxc

gxc 数据库的各表结构见【项目资源】，请先下载备份文件还原 gxc 数据库。

本单元根据实际需求完成触发器的创建，包含的学习任务和单元学习目标具体如下。

【学习任务】

- 任务 10-1　理解触发器。
- 任务 10-2　使用触发器设置数据完整性。
- 任务 10-3　使用触发器实现复杂业务。

【学习目标】

- 理解触发器。
- 掌握创建和管理触发器的 SQL 语句。
- 能使用触发器设置数据完整性。
- 能使用触发器实现复杂业务。

# 任务 10-1 理解触发器

PPT：10-1 理解触发器

微课 10-1
理解触发器

【任务提出】

数据库可以采用两类方法来保证数据的完整性：约束和触发器。约束是直接设置于数据表内的，有主键、外键、唯一、默认值约束，只能实现一些比较简单的约束限制。若要对表数据设置更加复杂的限制，需使用触发器。

若要删除或修改的主表记录在从表中存在相关记录，除了使用级联删除、级联更新外，可以通过编写触发器来实现，还可以使用触发器来实现复杂业务。

【任务分析】

触发器是在表上创建的对象，当满足定义条件时会自动触发执行。创建触发器前一定要分析清楚什么条件下该触发器触发，执行实现什么功能。

【相关知识与技能】

**1. 创建触发器**

触发器是与表有关的数据库对象，在满足定义条件时触发，并自动执行触发器中定义的语句集合。触发器只能在表上创建，而不能在视图上定义。

创建触发器使用的语句是 CREATE TRIGGER 语句，其语法格式如下：

```
CREATE TRIGGER 触发器名 触发时机 触发事件
    ON 表名 FOR EACH ROW
    BEGIN
        执行语句列表
    END;
```

触发时机：BEFORE 或者 AFTER。

触发事件：INSERT 或者 DELETE 或者 UPDATE。

表名：表示创建触发器的表名，即在哪张表上创建触发器。

MySQL 可创建以下 6 种触发器，见表 10-1。

表 10-1 6 种触发器

| BEFORE INSERT | BEFORE DELETE | BEFORE UPDATE |
|---|---|---|
| AFTER INSERT | AFTER DELETE | AFTER UPDATE |

注意：

① 触发器只能创建在永久表上，不能在临时表或视图上创建触发器。
② 触发器中不能使用开启或结束事务的语句。
③ 触发器中不允许有返回值，即不能有返回语句。

**2. NEW 和 OLD 的使用**

在 MySQL 中定义了 NEW 和 OLD 用来表示触发器所在表中触发了触发器的

那一条记录。

- INSERT 触发器：NEW 表示添加的那一条记录。
- UPDATE 触发器：OLD 表示修改前的旧记录，NEW 表示修改后的新记录。
- DELETE 触发器：OLD 表示删除的那一条记录。

NEW.列名：新增行的某列数据。

OLD.列名：删除行的某列数据。

**3．删除触发器**

其语法格式如下：

```
DROP TRIGGER [IF EXISTS] 触发器名;
```

**4．查看触发器**

查看触发器是指查看数据库中已存在的触发器的定义、状态和语法信息等。可以通过 SHOW TRIGGERS 语句和在 triggers 表中查看触发器信息。

① 通过 SHOW TRIGGERS 查看，其语法格式如下：

```
语句如下：SHOW TRIGGERS\G
```

② 查询 information_schema 数据库的 triggers 表中的记录，其语法格式如下：

```
SELECT * FROM information_schema.triggers [WHERE trigger_name='查看的触发器名'];
```

【任务总结】

触发器是创建在表中，当满足定义条件时会自动执行的对象。可使用触发器设置数据完整性，可以实现复杂业务。但触发器是针对表中每一行的，对增、删、改等操作比较频繁的表而言，建议不要使用触发器，因为会非常消耗资源。

## 任务 10-2　使用触发器设置数据完整性

PPT：10-2　使用触发器设置数据完整性

【任务提出】

数据库可以采用两类方法来保证数据完整性：约束和触发器。约束是直接设置于数据表内的，有主键、外键、唯一、默认值约束，只能实现一些比较简单的约束限制。若要对表数据设置更加复杂的限制，需使用触发器。

【任务分析】

如要限定字段取值范围，可以使用触发器来实现。使用 BEFORE INSERT 触发器，将不符合条件的值修改为符合条件后再插入，或者使用 AFTER INSERT 触发器，若值不符合要求，提出错误消息，取消插入。

微课 10-2
使用触发器设置数据完整性

【相关知识与技能】

**1．限定字段取值范围**

在 SQL Server 中，可以设置 CHECK 约束限定字段的取值范围，但 MySQL 所有的存储引擎均不支持 CHECK 约束，MySQL 会对 CHECK 子句进行分析，但是在插入数据时会忽略。

在 MySQL 中要限定字段的取值范围只有通过以下方法：使用 ENUM 数据类型或者创建触发器。但使用 ENUM 限制插入的值，只能用于离散型数据，对于限定为某个取值范围则无能为力。

【例 1】 使用 ENUM 数据类型，限定 sex 字段的值只能是‘男’或者‘女’。

```
CREATE DATABASE   testtrigger;
USE testtrigger;
#创建一张 users 表，规定 sex 字段只能是‘男’或者‘女’，可使用 ENUM 数据类型
CREATE TABLE users (
  id INT NOT NULL AUTO_INCREMENT,
  name VARCHAR(18) NOT NULL,
  sex ENUM('男','女'),
  remaining INT,
  PRIMARY KEY (id)
)
```

【例 2】 使用触发器来限定字段值在某个范围内。限定例 1 中 users 表的 remaining 字段的值不能小于 100。

方法 1：**使用 BEFORE  INSERT 触发器，将不符合条件的值修改为符合条件后再插入。**

```
DELIMITER  //
CREATE TRIGGER remaining_beforeinsert BEFORE INSERT
    ON users FOR EACH ROW
    BEGIN
        IF NEW.remaining < 100 THEN
            SET NEW.remaining = 100;
        END IF;
    END;
//
DELIMITER;
```

方法 2：**使用 AFTER INSERT 触发器，若值不符合要求将提示错误消息，取消插入。从 MySQL 5.5 开始提供了 SIGNAL 函数来实现这个功能。利用 SIGNAL SQLSTATE 'HY000' SET MESSAGE_TEXT = msg;的方式来手动抛出一个异常，导致 MySQL 事务回滚，取消 INSERT 操作。**

```
DELIMITER //
CREATE TRIGGER insert_check AFTER INSERT ON users FOR EACH ROW
    BEGIN
        DECLARE msg VARCHAR(200);
        IF NEW.remaining < 100 THEN
            SET msg='最低金额为 100';
            SIGNAL SQLSTATE 'HY000' SET MESSAGE_TEXT = msg;
        END IF;
END;
//
```

```
DELIMITER;
```

2．保证表间数据的一致性

若要删除或修改的主表记录在从表中存在相关记录，可以使用外键约束的级联删除、级联更新来实现，也可以通过编写触发器来实现。但 MyISAM 存储引擎不支持外键约束，而所有存储引擎支持触发器。

【例 3】 使用触发器来保证 Student 和 Score 中 Sno 字段值的一致性。

```
#创建数据库 School_2
DROP DATABASE IF EXISTS School_2;
CREATE DATABASE School_2
USE School_2;
#创建 Student 表
DROP TABLE IF EXISTS Student;
CREATE TABLE IF NOT EXISTS Student
(Sno VARCHAR(15) NOT NULL PRIMARY KEY,
Sname VARCHAR(10) NOT NULL,
Sex CHAR(4) NOT NULL ,
Birth DATE
);
#创建成绩表 Score
DROP TABLE IF EXISTS Score;
CREATE TABLE Score
(Sno VARCHAR(15) NOT NULL,
 Cno VARCHAR(10) NOT NULL,
 Uscore DECIMAL(4,1),
EndScore DECIMAL(4,1),
PRIMARY KEY(Sno,Cno)
);
/*往 Student 表中添加记录*/
INSERT INTO Student VALUES('200931010100101','倪骏','男','1991/7/5');
INSERT INTO Student VALUES('200931010100102','陈国成','男','1992/7/18');
INSERT INTO Student VALUES('200931010100207','王康俊','女','1991/12/1');
/*往 Score 表中添加记录*/
INSERT INTO Score VALUES('200931010100101','0901170',95.0,92.0);
INSERT INTO Score VALUES('200931010100102','0901170',67.0,45.0);
INSERT INTO Score(Sno,Cno,Uscore) VALUES('200931010100207','0901170',82.0);

/*在 Score 表中编写触发器，保证添加 Score 记录时该学生记录已经存在于 Student 表中。*/
USE School_2;
DROP TRIGGER IF EXISTS tr_insert_score;
DELIMITER //
CREATE TRIGGER tr_insert_score AFTER INSERT ON Score FOR EACH ROW
    BEGIN
        DECLARE msg VARCHAR(200);
        IF NOT EXISTS(SELECT * FROM Student WHERE Sno=NEW.Sno) THEN
                SET msg='不存在这个学生';
                SIGNAL SQLSTATE 'HY000' SET MESSAGE_TEXT = msg;
        END IF;
    END;
//
DELIMITER;
```

```
/*在 Score 表中编写触发器，保证修改 Score 表记录时，如果修改的是学号字段的值，修改后的学号值已经存在于 Student 表中*/
DROP TRIGGER IF EXISTS tr_update_score;
DELIMITER //
CREATE TRIGGER tr_update_score AFTER UPDATE ON Score FOR EACH ROW
    BEGIN
        DECLARE msg VARCHAR(200);
        IF NOT EXISTS(SELECT * FROM Student WHERE Sno=NEW.Sno) THEN
                SET msg='不存在这个学生';
                SIGNAL SQLSTATE 'HY000' SET MESSAGE_TEXT = msg;
        END IF;
    END;
//
DELIMITER ;

/*在 Student 表中编写触发器，保证在修改记录时，如果修改的是学号字段的值，修改 Score 表对应的 Sno 值*/

DROP TRIGGER IF EXISTS tr_update_student;
DELIMITER //
CREATE TRIGGER tr_update_student AFTER UPDATE ON Student FOR EACH ROW
    BEGIN
        IF NEW.Sno!=OLD.Sno THEN
            UPDATE Score SET Sno=NEW.Sno WHERE Sno=OLD.Sno;
        END IF;
    END;
//
DELIMITER ;
/*在 Student 表中编写触发器，保证在删除 Student 表中记录时，删除 Score 表中对应学生的记录*/
DROP TRIGGER IF EXISTS tr_delete_student;
DELIMITER //
CREATE TRIGGER tr_delete_student AFTER DELETE ON Student FOR EACH ROW
    BEGIN
        DELETE FROM Score WHERE Sno=OLD.Sno;
    END;
//
DELIMITER ;
```

【任务总结】

使用触发器可以限定表字段的取值范围，可以保证表间数据的一致性。

## 任务 10-3 使用触发器实现复杂业务

PPT：10-3 使用触发器实现复杂业务

【任务提出】

在网上商城系统中，若用户下订单购买商品，则应改变商品的销售数量和库存数量。在供销存系统中，商品销售在销售记录添加的同时库存数量应该减少；而当库存数量不足时，应禁止销售记录的添加。销售数量的改变、库存数量的减少等操作可以通过编写触发器来实现。

【任务分析】

涉及多张表数据的业务逻辑处理可以编写触发器来实现，保证业务操作后相关数据的一致。如在供销存系统中，每当往销售单表添加记录的同时，触发器实现商品信息表中该销售商品的库存数量相应减少。

【相关知识与技能】

微课 10-3
使用触发器实现复杂业务

1. 创建简易供销存系统数据库

触发器典型的应用是供销存系统，设计简易“供销存系统”数据库 gxc。数据库中的表有：商品信息表 ProductInfo、入库单表 StorageInfo、销售单表 SalesInfo。

各表结构见表 10-2～表 10-4。

表 10-2　ProductInfo 表结构

| 字段名 | 字段说明 | 数据类型 | 长度 | 允许空值 | 约束 |
|---|---|---|---|---|---|
| ProductNo | 商品编号 | VARCHAR | 20 | 否 | 主键 |
| ProductName | 商品名称 | VARCHAR | 30 | 否 | |
| ProductType | 商品类型 | VARCHAR | 10 | 是 | |
| StockNum | 库存数量 | DECIMAL(10,2) | — | 否 | |

表 10-3　StorageInfo 表结构

| 字段名 | 字段说明 | 数据类型 | 长度 | 允许空值 | 约束 |
|---|---|---|---|---|---|
| StorageNo | 入库单号 | VARCHAR | 20 | 否 | 主属性 |
| ProductNo | 商品编号 | VARCHAR | 20 | 否 | 主属性<br>外键，参照 ProductInfo 表 |
| StorageNum | 入库数量 | DECIMAL(10,2) | — | 否 | |
| StorageTime | 入库时间 | DATETIME | — | 是 | |

表 10-4　SalesInfo 表结构

| 字段名 | 字段说明 | 数据类型 | 长度 | 允许空值 | 约束 |
|---|---|---|---|---|---|
| SalesNo | 销售单号 | VARCHAR | 20 | 否 | 主属性 |
| ProductNo | 商品编号 | VARCHAR | 20 | 否 | 主属性<br>外键，参照 ProductInfo 表 |
| SalesNum | 销售数量 | DECIMAL(10,2) | — | 否 | |
| SalesTime | 销售时间 | DATETIME | — | 是 | |

创建数据库、创建表、添加记录的脚本如下。

```
DROP DATABASE IF EXISTS gxc;
CREATE DATABASE gxc;
USE gxc;
DROP TABLE IF EXISTS ProductInfo;
CREATE TABLE ProductInfo
(ProductNo VARCHAR(20) PRIMARY KEY,            #商品编号
```

```
ProductName   VARCHAR(30) NOT NULL,                  #商品名称
ProductType VARCHAR(10) ,                            #商品类型
StockNum DECIMAL(10,2) NOT NULL                      #库存数量
);
DROP TABLE IF EXISTS StorageInfo;
CREATE TABLE StorageInfo
(StorageNo VARCHAR(20) NOT NULL,                     #入库单号
ProductNo VARCHAR(20) NOT NULL,                      #商品编号
StorageNum DECIMAL(10,2) NOT NULL,                   #入库数量
StorageTime DATETIME,                                #入库时间
PRIMARY KEY (StorageNo,ProductNo),
FOREIGN KEY(ProductNo) REFERENCES ProductInfo(ProductNo)
);
DROP TABLE IF EXISTS SalesInfo;
CREATE TABLE SalesInfo
(SalesNo VARCHAR(20),                                #销售单号
ProductNo VARCHAR(20) ,                              #商品编号
SalesNum DECIMAL(10,2)NOT NULL ,                     #销售数量
SalesTime DATETIME,                                  #销售时间
PRIMARY KEY(SalesNo,ProductNo),
FOREIGN KEY(ProductNo) REFERENCES ProductInfo(ProductNo)
);
INSERT INTO ProductInfo VALUES('2000000341316','精品红富士','水果',45);
INSERT INTO ProductInfo VALUES ('6930504300198','李子园酸奶','牛奶',5);
INSERT INTO StorageInfo VALUES ('rk2010100701','6930504300198',20,'2018-10-7');
INSERT INTO StorageInfo VALUES ('rk2010100701','2000000341316',20,'2018-10-7');
INSERT INTO SalesInfo VALUES ('xs2010101001','6930504300198',2,'2018-11-7');
INSERT INTO SalesInfo VALUES ('xs2010101001','2000000341316',3,'2018-11-7');
```

**2. 在供销存系统数据库中编写 AFTER 触发器**

【例 1】 当商品入库后，该商品的库存数量能自动增加，创建触发器来实现，触发器名为 ADD_Storage。

```
USE gxc;
DROP TRIGGER IF EXISTS Add_Storage;
DELIMITER //
CREATE TRIGGER Add_Storage AFTER INSERT ON StorageInfo FOR EACH ROW
    BEGIN
        UPDATE ProductInfo
        SET StockNum=StockNum+NEW.StorageNum
        WHERE ProductNo=NEW.ProductNo;
    END
//
DELIMITER;
```

检验该触发器的正确性。

① 查看入库记录添加前的表数据。

```
SELECT * FROM ProductInfo;
SELECT * FROM StorageInfo;
```

② 往 StorageInfo 表中添加入库记录。

```
INSERT StorageInfo VALUES ('rk2010100702','2000000341316',20,'2018-10-7');
```

③ 查看执行后的表数据。

```
SELECT * FROM ProductInfo;
SELECT * FROM StorageInfo;
```

【例 2】 若修改某次销售的信息，销售记录修改后，商品表中该商品的库存数量能自动修改。创建触发器来实现，触发器名为 update_sales。

思路：原商品的库存数量增加，修改后商品的库存数量减少。

```
DROP TRIGGER IF EXISTS update_sales;
DELIMITER //
CREATE TRIGGER update_sales AFTER UPDATE ON SalesInfo FOR EACH ROW
BEGIN
    UPDATE ProductInfo SET StockNum=StockNum+OLD.SalesNum
    WHERE ProductNo=OLD.ProductNo;
    UPDATE ProductInfo SET StockNum=StockNum-NEW.SalesNum
    WHERE ProductNo=NEW.ProductNo;
END
//
DELIMITER ;
```

检验该触发器的正确性。

① 查看销售记录修改前的表数据。

```
SELECT * FROM ProductInfo;
SELECT * FROM SalesInfo;
UPDATE SalesInfo SET SalesNum=4 WHERE SalesNo='xs2010101001' AND ProductNo=
'6930504300198';
```

② 查看修改后的表数据。

```
SELECT * FROM ProductInfo;
SELECT * FROM SalesInfo;
```

## 【任务实施】

微课 10-4
任务实施：创建触发器

文本　参考答案

【练习 1】 在 gxc 数据库中，若修改某条入库信息，要修改的数据可能是入库商品编号或入库数量。入库记录修改后，商品表中该商品的库存数量能自动修改。通过创建触发器来实现，触发器名为 update_Storage。

【练习 2】 在 gxc 数据库中，若某顾客回来退某商品，该如何实现这类操作？销售记录删除后，商品表中该商品的库存数量能自动修改。通过创建触发器来实现，触发器名为 del_Sales。

【练习 3】 在 gxc 数据库中，若删除某条入库记录，入库记录删除后，商品表中该商品的库存数量能自动修改。通过创建触发器来实现，触发器名为 del_Storage。

【练习 4】 分组完成“图书借阅管理系统”数据库中的触发器的设计和编写。

① 各小组自己设计图书借阅管理系统数据库表结构，但必须有图书是否在馆内

的信息、图书借出及归还信息。

② 必须实现：随着图书借出或归还信息的添加，该图书的在馆状态能自动更新。其余功能由各小组自己设计扩展。

【任务总结】

可以通过创建触发器来修改其他数据表中的数据：当一个 SQL 语句对数据表进行操作时，触发器可以根据该 SQL 语句的操作情况对另一个数据表进行操作，实现复杂业务。

## 巩固知识点

文本 参考答案

一、选择题

1. 设有一个成绩表 Student_JAVA(id,name,grade)，现需要编写一个触发器，监视对该表中数据的插入和更新，并判断学生的成绩 grade。如果成绩超过 100 分，在触发器中强制将其修改为 100（最高分），那么应该将触发器定义为（　　）。

A. BEFORE 触发器

B. AFTER 触发器

C. AFTER 触发器和 BEFORE 触发器都可以

D. AFTER 触发器和 BEFORE 触发器都不可以

2. 下列关于 MySQL 触发器的描述中，错误的是（　　）。

A. 触发器的执行是自动的

B. 触发器多用来保证数据的完整性

C. 触发器可以创建在表或视图上

D. 一个触发器只能定义在一个基本表上

3. 下列操作中，不可能触发对应关系表上触发器的操作是（　　）。

A. SELECT　　B. INSERT

C. UPDATE　　D. DELETE

4. 下列关于触发器的定义中，正确的是（　　）。

A. DELIMITER $$
```
CREATE TRIGGER tr_stu AFTER DELETE ON tb_student FOR EACH ROW
    BEGIN
        DELETE FROM tb_sc WHERE sno=OLD.sno;
    END$$
```

B. DELIMITER $$
```
CREATE TRIGGER tr_stu AFTER INSERT ON tb_student FOR EACH ROW
    BEGIN
        DELETE FROM tb_sc WHERE sno=OLD.sno;
    END$$
```

C. DELIMITER $$
```
CREATE TRIGGER tr_stu BEFORE INSERT(sno)ON tb_student FOR EACH ROW
```

```
        BEGIN
            DELETE FROM tb_sc WHERE sno=NEW.sno;
        END$$
```

D. DELIMITER $$

```
        CREATE TRIGGER tr_stu AFTER DELETE ON tb_student FOR EACH ROW
            BEGIN
                DELETE FROM tb_sc WHERE sno=NEW.sno;
            END$$
```

5. 查看触发器内容的语句是（　　）。

   A. SHOW TRIGGERS;

   B. SELECT * FROM information_schema;

   C. SELECT * FROM TRIGGERS;

   D. SELECT * FROM TRIGGER;

6. 激活触发器的操作包括（　　）。

   A. CREATE、DROP、INSERT

   B. SELECT、CREATE、UPDATE

   C. INSERT、DELETE、UPDATE

   D. CREATE、DELETE、UPDATE

二、简答题

1. 在 MySQL 中，如何实现限定字段的取值范围？
2. 简述触发器的概念和创建触发器的 SQL 语句。

## 实践阶段测试

请在规定时间内完成以下操作。

1. 创建数据库，数据库名为 bank。
2. 在 bank 数据库中创建 UserInfo 表和 TransInfo 表。

① 账户基本信息表 UserInfo，表结构见表 10–5。

表 10–5　UserInfo 表结构

| 字段名 | 数据类型 | 允许空值 | 字段说明 |
|---|---|---|---|
| CustomerName | VARCHAR(10) | 否 | 顾客姓名 |
| CardID | CHAR(10) | 否 | 卡号 |
| CurrentMoney | DECIMAL(18,2) | 否 | 当前余额 |

② 交易信息表 TransInfo，表结构见表 10–6。

表 10–6　TransInfo 表结构

| 字段名 | 数据类型 | 允许空值 | 字段说明 |
|---|---|---|---|
| CardID | CHAR(10) | 否 | 卡号 |
| TransType | CHAR(4) | 否 | 交易类型 |
| TransMoney | DECIMAL(18,2) | 否 | 当前余额 |
| TransDate | DATETIME | 是 | 交易日期 |

3. 向 UserInfo 表和 TransInfo 表中插入以下记录，见表 10–7 和表 10–8。

笔 记

表 10–7 UserInfo 表中记录

| CustomerName | CardID | CurrentMoney |
| --- | --- | --- |
| 张三 | 1212 | 1000 |
| 李四 | 3434 | 1000 |

表 10–8 TransInfo 表中记录

| CardID | TransType | TransMoney | TransDate |
| --- | --- | --- | --- |
| 1212 | 存入 | 100 | 2018-12-1 |
| 1212 | 支取 | 500 | 2018-12-10 |
| 1212 | 支取 | 80 | 2018-12-20 |

4．在 bank 数据库中完成以下操作。

① 添加主键约束：UserInfo 表的 CardID 为主键。

② 添加外键约束：TransInfo 表的 CardID 参照 UserInfo 表的 CardID，同时设置级联更新。

③ 查询截至 2018 年 12 月，没有交易信息的账户基本信息（请使用 NOT EXISTS 相关子查询实现）。

④ 查询开户后交易信息不足 5 笔的账户基本信息。

⑤ 将交易次数超过 2 次的账户的余额增加 10 元。

⑥ 创建存储过程 create_user，实现某账户的开户。要求有调用执行存储过程的代码。

⑦ 创建存储过程 add_trans，实现某账户进行一次交易，并返回交易结果：交易成功返回 1，交易不成功则返回−1。若账户余额不足，无法完成支取交易。要求有调用执行存储过程的代码。

⑧ 删除 TransInfo 表的外键约束，通过编写触发器来实现该外键功能，即每当向 TransInfo 表中添加记录前，先查询在 UserInfo 表中是否有该账户，如果没有则提示错误消息，取消插入操作。

**提示 1：**

从 MySQL 5.5 开始提供了 SIGNAL 函数来实现这个功能。利用 SIGNAL SQLSTATE 'HY000' SET MESSAGE_TEXT = msg; 的方式手动抛出一个异常，导致 MySQL 事务回滚，取消 INSERT 操作。

**提示 2：**

实现步骤如下。

- 显示创建表时的 CREATE TABLE 语句得到外键约束名。
- 修改表删除该外键约束。
- 创建触发器。
- 向 TransInfo 表中添加记录来测试触发器是否生效。

⑨ 编写触发器实现当向 TransInfo 表中添加交易记录时，对应账户的当前余额更新。若账户当前余额不足，取消该交易记录的添加，并提示消息“账户金额不足，不能支取，取消交易”。要求有测试触发器是否生效的语句代码。

⑩ 创建 4 个用户，用户名自己定义。分别授予以下权限。

- 授予用户 1 所有数据库中的所有权限。
- 授予用户 2 数据库 bank 的所有权限。
- 授予用户 3 数据库 bank 中 UserInfo 表的所有权限。
- 授予用户 4 数据库 bank 中 UserInfo 表的字段 CustomerName 的 UPDATE 权限。

# 附录A 项 目 资 源

**1."学生信息管理系统"数据库School**

学生信息管理是高校学生管理工作的重要组成部分，是一项十分细致复杂的工作。随着计算机网络的发展和普及，学生信息管理网络化已成为当今发展的潮流。长期以来，学生信息管理一直采用手工方式进行，劳动强度大，工作效率低，极易出差错，且不便于查询、分类、汇总和对数据信息进行科学分析，所以迫切需要一套学生信息管理系统。

学生信息管理系统涉及学生从入学到毕业离校的整个过程，主要包括学生成绩管理、学生住宿管理、学生助贷管理、学生任职管理、学生考勤管理、学生奖惩管理、学生就业管理等子系统。

本书单元2～单元6以入门项目"学生信息管理系统"数据库的实施和管理贯穿。数据库名为School，数据库中的表有：班级信息表Class、学生信息表Student、课程信息表Course、选课成绩表Score、宿舍信息表Dorm、学生入住宿舍信息表Live、宿舍卫生检查表CheckHealth。

各表结构见表A-1～表A-7。

表A-1 Class表结构

| 字段名 | 字段说明 | 数据类型 | 长度 | 允许空值 | 约束 |
|---|---|---|---|---|---|
| ClassNo | 班级编号 | VARCAHR | 10 | 否 | 主键 |
| ClassName | 班级名称 | VARCAHR | 30 | 否 | |
| College | 所在学院 | VARCAHR | 30 | 否 | |
| Specialty | 所属专业 | VARCAHR | 30 | 否 | |
| EnterYear | 入学年份 | INT | — | 是 | |

表A-2 Student表结构

| 字段名 | 字段说明 | 数据类型 | 长度 | 允许空值 | 约束 |
|---|---|---|---|---|---|
| Sno | 学号 | VARCAHR | 15 | 否 | 主键 |
| Sname | 姓名 | VARCAHR | 10 | 否 | |
| Sex | 性别 | CHAR | 4 | 否 | |
| Birth | 出生年月 | DATE | — | 是 | |
| ClassNo | 班级编号 | VARCAHR | 10 | 否 | 外键，参照Class表 |

表A-3 Course表结构

| 字段名 | 字段说明 | 数据类型 | 长度 | 允许空值 | 约束 |
|---|---|---|---|---|---|
| Cno | 课程编号 | VARCAHR | 10 | 否 | 主键 |
| Cname | 课程名称 | VARCAHR | 30 | 否 | |
| Credit | 课程学分 | DECIMAL(4,1) | — | 是 | |
| ClassHour | 课程学时 | INT | — | 是 | |

表 A-4 Score 表结构

| 字段名 | 字段说明 | 数据类型 | 长度 | 允许空值 | 约束 |
|---|---|---|---|---|---|
| Sno | 学号 | VARCAHR | 15 | 否 | 主属性，<br>外键，参照 Student 表 |
| Cno | 课程编号 | VARCAHR | 10 | 否 | 主属性，<br>外键，参照 Course 表 |
| Uscore | 平时成绩 | DECIMAL(4,1) | — | 是 | |
| EndScore | 期末成绩 | DECIMAL(4,1) | — | 是 | |

表 A-5 Dorm 表结构

| 字段名 | 字段说明 | 数据类型 | 长度 | 允许空值 | 约束 |
|---|---|---|---|---|---|
| DormNo | 宿舍编号 | VARCAHR | 10 | 否 | 主键 |
| Build | 楼栋 | VARCAHR | 30 | 否 | |
| Storey | 楼层 | VARCAHR | 10 | 否 | |
| RoomNo | 房间号 | VARCAHR | 10 | 否 | |
| BedsNum | 总床位数 | INT | — | 是 | |
| DormType | 宿舍类别 | VARCAHR | 10 | 是 | |
| Tel | 宿舍电话 | VARCAHR | 15 | 是 | |

表 A-6 Live 表结构

| 字段名 | 字段说明 | 数据类型 | 长度 | 允许空值 | 约束 |
|---|---|---|---|---|---|
| Sno | 学号 | VARCAHR | 15 | 否 | 主属性，<br>外键，参照 Student 表 |
| DormNo | 宿舍编号 | VARCAHR | 10 | 否 | 外键，参照 Dorm 表 |
| BedNo | 床位号 | VARCAHR | 2 | 否 | |
| InDate | 入住日期 | DATE | — | 否 | 主属性 |
| OutDate | 离寝日期 | DATE | — | 是 | |

表 A-7 CheckHealth 表结构

| 字段名 | 字段说明 | 数据类型 | 长度 | 允许空值 | 约束 |
|---|---|---|---|---|---|
| CheckNo | 检查号 | INT | — | 否 | 主键，自动增长 |
| DormNo | 宿舍编号 | VARCAHR | 10 | 否 | 外键，参照 Dorm 表 |
| CheckDate | 检查时间 | DATETIME | — | 否 | 默认值为当前<br>系统时间 |
| CheckMan | 检查人员 | VARCAHR | 10 | 否 | |
| Score | 成绩 | DECIMAL(5,2) | — | 否 | |
| Problem | 存在问题 | VARCAHR | 50 | 是 | |

各表中的记录见表 A-8～表 A-14。

表 A-8　Class 表中记录

| ClassNo | ClassName | College | Specialty | EnterYear |
|---|---|---|---|---|
| 200901001 | 计算机 091 | 信息工程学院 | 计算机应用技术 | 2009 |
| 200901002 | 计算机 092 | 信息工程学院 | 计算机应用技术 | 2009 |
| 200901003 | 计算机 093 | 信息工程学院 | 计算机应用技术 | 2009 |
| 200901901 | 电商 091 | 信息工程学院 | 电子商务 | 2009 |
| 200901902 | 电商 092 | 信息工程学院 | 电子商务 | 2009 |
| 200905201 | 网络 091 | 信息工程学院 | 计算机网络技术 | 2009 |
| 200905202 | 网络 092 | 信息工程学院 | 计算机网络技术 | 2009 |
| 200907301 | 软件 091 | 信息工程学院 | 软件技术 | 2009 |

表 A-9　Student 表中记录

| Sno | Sname | Sex | Birth | ClassNo |
|---|---|---|---|---|
| 200931010100101 | 倪骏 | 男 | 1991-7-5 | 200901001 |
| 200931010100102 | 陈国成 | 男 | 1992-7-18 | 200901001 |
| 200931010100207 | 王康俊 | 女 | 1991-12-1 | 200901002 |
| 200931010100208 | 叶毅 | 男 | 1991-1-20 | 200901002 |
| 200931010100321 | 陈虹 | 女 | 1990-3-27 | 200901003 |
| 200931010100322 | 江苹 | 女 | 1990-5-4 | 200901003 |
| 200931010190118 | 张小芬 | 女 | 1991-5-24 | 200901901 |
| 200931010190119 | 林芳 | 女 | 1991-9-8 | 200901901 |

表 A-10　Course 表中记录

| Cno | Cname | Credit | ClassHour |
|---|---|---|---|
| 0901169 | 数据库技术与应用 1 | 4 | 56 |
| 0901170 | 数据库技术与应用 2 | 4 | 56 |
| 2003003 | 计算机文化基础 | 4 | 56 |
| 4102018 | 数据库课程设计 B | 1.5 | 30 |
| 0901038 | 管理信息系统 F | 4 | 60 |
| 0901191 | 操作系统原理 | 1.5 | 30 |
| 0901025 | 操作系统 | 4 | 60 |
| 0901020 | 网页设计 | 4 | 56 |
| 2003001 | 思政概论 | 2 | 30 |

表 A-11　Score 表中记录

| Sno | Cno | Uscore | EndScore |
|---|---|---|---|
| 200931010100101 | 0901170 | 95 | 92 |
| 200931010100102 | 0901170 | 67 | 45 |

续表

| Sno | Cno | Uscore | EndScore |
|---|---|---|---|
| 200931010100207 | 0901170 | 82 | |
| 200931010190118 | 0901169 | 95 | 86 |
| 200931010190119 | 0901169 | 70 | 51.5 |
| 200931010100101 | 2003003 | 80 | 76 |
| 200931010100102 | 2003003 | 60 | 54 |
| 200931010100207 | 2003003 | 85 | 69 |
| 200931010100321 | 0901025 | 96 | 88.5 |
| 200931010100322 | 0901025 | | |

表A-12 Dorm表中记录

| DormNo | Build | Storey | RoomNo | BedsNum | DormType | Tel |
|---|---|---|---|---|---|---|
| LCB04N101 | 龙川北苑04南 | 1 | 101 | 6 | 男 | 15067078589 |
| LCB04N421 | 龙川北苑04南 | 4 | 421 | 6 | 男 | 13750985609 |
| LCN02B206 | 龙川南苑02北 | 2 | 206 | 6 | 男 | 15954962783 |
| LCN02B313 | 龙川南苑02北 | 3 | 313 | 6 | 男 | 15954962783 |
| LCN04B408 | 龙川南苑04北 | 4 | 408 | 6 | 女 | 15958969333 |
| LCN04B310 | 龙川南苑04北 | 4 | 310 | 6 | 女 | |
| XSY01111 | 学士苑01 | 1 | 111 | 6 | 女 | 15218761131 |

表A-13 Live表中记录

| Sno | DormNo | BedNo | InDate | OutDate |
|---|---|---|---|---|
| 200931010100101 | LCB04N101 | 1 | 2010/9/10 | |
| 200931010100102 | LCB04N101 | 2 | 2010/9/10 | |
| 200931010100207 | LCN04B310 | 4 | 2010/9/10 | |
| 200931010100208 | LCB04N421 | 2 | 2010/9/10 | |
| 200931010100321 | LCN04B408 | 4 | 2010/9/11 | |
| 200931010100322 | LCN04B408 | 5 | 2010/9/20 | |
| 200931010190118 | XSY01111 | 3 | 2010/9/10 | |
| 200931010190119 | XSY01111 | 6 | 2010/9/10 | |

表A-14 CheckHealth表中记录

| CheckNo | DormNo | CheckDate | CheckMan | Score | Problem |
|---|---|---|---|---|---|
| 1 | LCB04N101 | 2010/11/19 | 余经纬 | 80 | 床上较凌乱 |
| 2 | LCB04N101 | 2010/10/20 | 余经纬 | 60 | 地面脏乱 |

续表

| CheckNo | DormNo | CheckDate | CheckMan | Score | Problem |
|---|---|---|---|---|---|
| 3 | LCB04N421 | 2010/12/2 | 余经纬 | 50 | 地面脏乱、有大功率电器 |
| 4 | LCN04B408 | 2010/11/19 | 周荃 | 90 | 桌上排放欠整齐 |
| 5 | LCN04B310 | 2010/10/20 | 周荃 | 75 | 床上较凌乱 |
| 6 | XSY01111 | 2010/11/19 | 陈静泓 | 83 | 地面不够整洁、桌上较乱 |
| 7 | XSY01111 | 2010/10/20 | 赵倩 | 70 | 地面脏乱 |
| 8 | LCN04B408 | 2010/12/2 | 周荃 | 95 | |

**2．“网上商城系统”数据库 eshop**

电子商务是网络时代非常活跃的活动，与人们的生活越来越紧密。网上商城是电子商务的核心元素与组成，是日常电子商务活动的基础平台。

本书单元 8 和单元 9 以提高项目“网上商城系统”数据库 eshop 贯穿。数据库中的表有：用户基本信息表 UserInfo、商品分类表 Category、商品信息表 ProductInfo、购物车表 ShoppingCart、订单表 Orders、订单详细信息表 OrderItems、管理员角色表 AdminRole、管理员信息表 Admins、管理员日志表 AdminAction。

各表结构见表 A-15～表 A-23。

表 A-15 UserInfo 表结构

| 字段名 | 字段说明 | 数据类型 | 长度 | 允许空值 | 约束 |
|---|---|---|---|---|---|
| UserID | 用户 ID | INT | — | 否 | 主键，自动增长 |
| UserName | 用户登录名 | VARCHAR | 50 | 是 | |
| UserPass | 用户密码 | VARCHAR | 50 | 是 | |
| Question | 密码提示问题 | VARCHAR | 50 | 是 | |
| Answer | 密码提示问题答案 | VARCHAR | 50 | 是 | |
| Acount | 账户金额 | DECIMAL | （18,0） | 是 | |
| Sex | 性别 | VARCHAR | 50 | 是 | |
| Address | 地址 | VARCHAR | 50 | 是 | |
| E-mail | 电子邮件 | VARCHAR | 50 | 是 | |
| Zipcode | 邮编 | VARCHAR | 10 | 是 | |

表 A-16 Category 表结构

| 字段名 | 字段说明 | 数据类型 | 长度 | 允许空值 | 约束 |
|---|---|---|---|---|---|
| CategoryID | 商品分类 ID | INT | — | 否 | 主键 |
| CategoryName | 分类名称 | VARCHAR | 50 | 是 | |

表 A-17 ProductInfo 表结构

| 字段名 | 字段说明 | 数据类型 | 长度 | 允许空值 | 约束 |
|---|---|---|---|---|---|
| ProductID | 商品编号 | INT | — | 否 | 主键，自动增长 |
| ProductName | 商品名称 | VARCHAR | 50 | 是 | |

续表

| 字段名 | 字段说明 | 数据类型 | 长度 | 允许空值 | 约束 |
| --- | --- | --- | --- | --- | --- |
| ProductPrice | 商品价格 | DECIMAL | (18,0) | 是 | |
| Intro | 商品介绍 | VARCHAR | 200 | 是 | |
| CategoryID | 所属分类介绍 | INT | — | 是 | 外键，参照 Category 表 |
| ClickCount | 点击数 | INT | — | 是 | |

表 A-18 ShoppingCart 表结构

| 字段名 | 字段说明 | 数据类型 | 长度 | 允许空值 | 约束 |
| --- | --- | --- | --- | --- | --- |
| RecordID | 购物记录号 | INT | — | 否 | 主键，自动增长 |
| CartID | 购物车编号 | VARCHAR | 50 | 是 | |
| ProductID | 产品编号 | INT | — | 是 | 外键，参照 ProductInfo 表 |
| CreatedDate | 购物日期 | DATETIME | — | 是 | |
| Quantity | 购买数量 | INT | — | 是 | |

表 A-19 Orders 表结构

| 字段名 | 字段说明 | 数据类型 | 长度 | 允许空值 | 约束 |
| --- | --- | --- | --- | --- | --- |
| OrderID | 订单号 | INT | — | 否 | 主键，自动增长 |
| UserID | 用户号 | INT | — | 否 | 外键，参照 UserInfo 表 |
| OrderDate | 订单日期 | DATETIME | — | 是 | |

表 A-20 OrderItems 表结构

| 字段名 | 字段说明 | 数据类型 | 长度 | 允许空值 | 约束 |
| --- | --- | --- | --- | --- | --- |
| OrderID | 订单号 | INT | — | 否 | 主属性<br>外键，参照 Orders 表 |
| ProductID | 商品编号 | INT | — | 否 | 主属性<br>外键，参照 ProductInfo 表 |
| Quantity | 购买数量 | INT | — | 是 | |
| UnitCost | 商品购买单价 | DECIMAL | (18,0) | 是 | |

表 A-21 AdminRole 表结构

| 字段名 | 字段说明 | 数据类型 | 长度 | 允许空值 | 约束 |
| --- | --- | --- | --- | --- | --- |
| RoleID | 角色 ID | INT | — | 否 | 主键，自动增长 |
| RoleName | 权限名 | VARCHAR | 50 | 是 | |

表 A-22 Admins 表结构

| 字段名 | 字段说明 | 数据类型 | 长度 | 允许空值 | 约束 |
| --- | --- | --- | --- | --- | --- |
| AdminID | 管理员 ID | INT | — | 否 | 主键 |
| LoginName | 管理员登录名 | VARCHAR | 50 | 是 | |
| LoginPwd | 管理员密码 | VARCHAR | 50 | 是 | |
| RoleID | 管理员角色 ID | INT | — | 是 | 外键，<br>参照 AdminRole 表 |

表 A-23　AdminAction 表结构

| 字段名 | 字段说明 | 数据类型 | 长度 | 允许空值 | 约束 |
| --- | --- | --- | --- | --- | --- |
| ActionID | 日志 ID | INT | — | 否 | 主键 |
| Action | 角色名称 | VARCHAR | 50 | 是 | |
| ActionDate | 日志时间 | DATETIME | — | 是 | |
| AdminID | 所属管理员编号 | INT | — | 是 | 外键，参照 Admins 表 |

### 3. “供销存系统”数据库 gxc

触发器典型的应用是供销存系统。本书单元 10 以提高项目“供销存系统”数据库 gxc 贯穿。数据库中的表有：商品信息表 ProductInfo、入库单表 StorageInfo、销售单表 SalesInfo。

各表结构见表 A-24～表 A-26。

表 A-24　ProductInfo 表结构

| 字段名 | 字段说明 | 数据类型 | 长度 | 允许空值 | 约束 |
| --- | --- | --- | --- | --- | --- |
| ProductNo | 商品编号 | VARCHAR | 20 | 否 | 主键 |
| ProductName | 商品名称 | VARCHAR | 30 | 否 | |
| ProductType | 商品类型 | VARCHAR | 10 | 是 | |
| StockNum | 库存数量 | DECIMAL(10,2) | — | 否 | |

表 A-25　StorageInfo 表结构

| 字段名 | 字段说明 | 数据类型 | 长度 | 允许空值 | 约束 |
| --- | --- | --- | --- | --- | --- |
| StorageNo | 入库单号 | VARCHAR | 20 | 否 | 主属性 |
| ProductNo | 商品编号 | VARCHAR | 20 | 否 | 主属性<br>外键，参照 ProductInfo 表 |
| StorageNum | 入库数量 | DECIMAL(10,2) | — | 否 | |
| StorageTime | 入库时间 | DATETIME | — | 是 | |

表 A-26　SalesInfo 表结构

| 字段名 | 字段说明 | 数据类型 | 长度 | 允许空值 | 约束 |
| --- | --- | --- | --- | --- | --- |
| SalesNo | 销售单号 | VARCHAR | 20 | 否 | 主属性 |
| ProductNo | 商品编号 | VARCHAR | 20 | 否 | 主属性<br>外键，参照 ProductInfo 表 |
| SalesNum | 销售数量 | DECIMAL(10,2) | — | 否 | |
| SalesTime | 销售时间 | DATETIME | — | 是 | |

```
DROP DATABASE IF EXISTS gxc;
CREATE DATABASE gxc;
USE gxc;
DROP TABLE IF EXISTS ProductInfo;
CREATE TABLE ProductInfo
(ProductNo VARCHAR(20) PRIMARY KEY,            #商品编号
ProductName VARCHAR(30) NOT NULL,              #商品名称
ProductType VARCHAR(10) ,                      #商品类型
```

```
StockNum DECIMAL(10,2) NOT NULL,                    #库存数量
);
DROP TABLE IF EXISTS StorageInfo;
CREATE TABLE StorageInfo
(StorageNo VARCHAR(20) NOT NULL,                    #入库单号
ProductNo VARCHAR(20) NOT NULL,                     #商品编号
StorageNum DECIMAL(10,2) NOT NULL,                  #入库数量
StorageTime DATETIME,                               #入库时间
PRIMARY KEY (StorageNo,ProductNo),
FOREIGN KEY(ProductNo) REFERENCES ProductInfo(ProductNo)
);
DROP TABLE IF EXISTS SalesInfo;
CREATE TABLE SalesInfo
(SalesNo VARCHAR(20) NOT NULL,                      #销售单号
ProductNo VARCHAR(20) NOT NULL,                     #商品编号
SalesNum DECIMAL(10,2) NOT NULL ,                   #销售数量
SalesTime DATETIME,                                 #销售时间
PRIMARY KEY(SalesNo,ProductNo),
FOREIGN KEY(ProductNo) REFERENCES ProductInfo(ProductNo)
);
INSERT INTO ProductInfo VALUES('2000000341316','精品红富士','水果',45);
INSERT INTO ProductInfo VALUES ('6930504300198','李子园酸奶','牛奶',5);
INSERT INTO StorageInfo VALUES ('rk2010100701','6930504300198',20,'2018-10-7');
INSERT INTO StorageInfo VALUES ('rk2010100701','2000000341316',20,'2018-10-7');
INSERT INTO SalesInfo VALUES ('xs2010101001','6930504300198',2,'2018-11-7');
INSERT INTO SalesInfo VALUES ('xs2010101001','2000000341316',3,'2018-11-7');
```

# 附录 B　常用的 MySQL 语句

## 1. 创建和管理数据库

相关语句及功能见表 B-1。

表 B-1　语句及功能 1

| 语句 | 功能 |
| --- | --- |
| SHOW GLOBAL VARIABLES LIKE "%DATADIR%"; | 查看 MySQL 数据库物理文件存放位置 |
| CREATE DATABASE 数据库名; | 创建数据库 |
| CREATE DATABASE IF NOT EXISTS 数据库名; | 先判断同名的数据库是否存在，如果存在就不创建，不存在则创建该数据库 |
| DROP DATABASE 数据库名; | 删除数据库 |
| DROP DATABASE IF EXISTS 数据库名; | 如果存在，删除数据库 |
| USE 数据库名; | 选择数据库，该数据库为当前数据库 |
| SELECT DATABASE(); | 查看当前使用的数据库名 |
| SHOW DATABASES; | 查看当前服务中的所有数据库名称 |
| SHOW CREATE DATABASE 数据库名; | 显示创建该数据库的 CREATE DATABASE 语句 |
| CREATE DATABASE 数据库名 CHARACTER SET utf8; | 创建数据库时直接指定编码为 utf8 |
| ALTER DATABASE 数据库名 CHARACTER SET utf8; | 修改指定数据库的编码为 utf8 |

## 2. 创建和管理表

相关语句及功能见表 B-2。

表 B-2　语句及功能 2

| 语句 | 功能 |
| --- | --- |
| CREATE TABLE [IF NOT EXISTS] 表名<br>(字段名 1 数据类型 [列级约束条件] [默认值],<br>字段名 2 数据类型 [列级约束条件] [默认值],<br>…<br>[表级约束条件]); | 创建表<br>注意：最后一列末尾没有逗号，即“)”符号前不能有逗号 |
| CREATE TABLE 表名 (<br>…<br>)DEFAULT CHARSET=utf8; | 创建表时指定编码 utf8 |
| CREATE TABLE 表名(<br>…<br>) ENGINE=INNODB DEFAULT CHARSET= utf8; | 创建表时指定存储引擎和编码。MySQL 5.5.5 版本后，存储引擎默认为 INNODB |
| ALTER TABLE 表名 CONVERT TO CHARACTER SET utf8; | 修改表及表中字段的编码 |
| AUTO_INCREMENT | 设置字段值自动增加，该字段必须为主键 |
| DEFAULT | 默认值 |
| PRIMARY KEY | 主键约束 |

续表

| 语句 | 功能 |
| --- | --- |
| FOREIGN KEY | 外键约束<br>注意：存储引擎 INNODB 支持外键，MyISAM 不支持外键 |
| UNIQUE | 唯一约束 |
| ON DELETE CASCADE<br>ON UPDATE CASCADE | 级联删除<br>级联更新 |
| SHOW TABLES; | 显示当前数据库中所有的表名 |
| DESCRIBE 表名;<br>或 DESC 表名;<br>或 SHOW COLUMNS FROM 表名; | 查看表基本结构 |
| SHOW CREATE TABLE 表名; | 查看表的完整 CREATE TABLE 语句 |
| ALTER TABLE 表名<br>ENGINE=更改后的存储引擎名;<br>CONVERT TO CHARACTER SET 编码;<br>ADD 新字段名 数据类型;<br>ADD 新字段名 数据类型 AFTER 字段名 2;<br>MODIFY 字段名 新数据类型;<br>CHANGE 旧字段名 新字段名 数据类型;<br>DROP 字段名; | （修改表结构）<br>更改表的存储引擎<br>修改表及表中字段的编码<br>添加新字段<br>在字段名 2 后添加新字段<br>修改字段的数据类型<br>修改字段名及数据类型<br>删除字段 |
| ALTER TABLE 表名<br>ADD [CONSTRAINT 约束名] PRIMARY KEY(主键字段名);<br>ADD [CONSTRAINT 约束名] FOREIGN KEY(外键字段名) REFERENCES 主表(主键字段名);<br>ADD [CONSTRAINT 约束名] UNIQUE(字段名);<br>ALTER COLUMN 字段名 SET DEFAULT 默认值; | （修改表添加约束）<br>添加主键约束<br>添加外键约束<br>添加唯一约束<br>添加默认值 |
| ALTER TABLE 表名<br>ALTER COLUMN 字段名 DROP DEFAULT;<br>DROP PRIMARY KEY;<br>DROP FOREIGN KEY 外键约束名; # | （修改表删除约束）<br>删除默认值<br>删除主键约束<br>删除外键约束 |
| RENAME TABLE 旧表名 TO 新表名;<br>或<br>ALTER TABLE 旧表名 RENAME TO 新表名; | 重命名数据表 |
| DROP TABLE 表名; | 删除表 |
| SET FOREIGN_KEY_CHECKS = 0; | 设置外键失效 |
| SET FOREIGN_KEY_CHECKS = 1; | 设置外键生效 |
| SELECT @@FOREIGN_KEY_CHECKS; | 查看外键约束是否有效 |

**3. 数据库备份与恢复、数据导入和导出**

相关语句及功能见表 B–3。

表 B–3 语句及功能 3

| 语句 | 功能 |
| --- | --- |
| mysqldump -uroot –p --databases 数据库名>路径和备份文件名 | 备份整个数据库<br>注意：mysqldump 是 MySQL 自带的可执行程序命令，位于 MySQL 安装目录 bin 文件夹中，该程序命令在 DOS 窗口中使用 |

续表

| 语句 | 功能 |
| --- | --- |
| source 路径/备份文件名<br>或者<br>\. 路径/备份文件名<br><br>mysql –u root –p 数据库名<路径和备份文件名 | 恢复数据库<br>方法 1：使用 MySQL 的 source 命令执行备份文件<br>方法 2：在 DOS 窗口中输入 mysql 程序命令执行备份文件<br>注意：在执行该语句前，必须先在 MySQL 服务器中创建与备份文件中同名的空数据库 |
| LOAD DATA INFILE '文件的路径和文件名' INTO TABLE 表名 [FIELDS TERMINATED BY '字段值之间的分隔符' LINES TERMINATED BY '记录间的分隔符']; | 将外部文件的数据导入 MySQL 数据库的表中 |
| SELECT 列名 FROM 表名 [WHERE 条件]<br>INTO OUTFILE '路径和文件名' [OPTION]; | 将数据导出到一个文件中，该文件必须是新文件，原本不存在 |
| SELECT CONVERT(列名 USING GB2312) … FROM 表名 [WHERE 条件] INTO OUTFILE '路径和文件名.xls'; | 将数据导出到 Excel 文件中，若出现乱码问题，可以使用<br>CONVERT(列名 USING GB2312) |

#### 4. 查询和更新数据

相关语句及功能见表 B-4。

表 B–4　语句及功能 4

<table>
<tr><th>语句</th><th>功能</th></tr>
<tr><td>INSERT INTO 表名(列名)<br>VALUES(具体的值);</td><td>添加记录<br>在 MySQL 中，一次可以同时插入多行记录，在 VALUES 后以逗号分隔。但标准的 SQL 语句一次只能插入一行</td></tr>
<tr><td>INSERT INTO 表名(列名)<br>SELECT 查询语句;</td><td>将查询结果插入到已经存在的表中</td></tr>
<tr><td>CREATE TABLE 新表名<br>SELECT 语句;</td><td>创建一张新表，并插入查询结果</td></tr>
<tr><td>LOAD DATA INFILE 'D:/data1.txt' INTO TABLE 表名;</td><td>将文本文件 D:/data1.txt 中的数据导入表中</td></tr>
<tr><td>SELECT 列名<br>FROM 表名 JOIN 表名 ON 连接条件<br>WHERE 对行的选择条件<br>GROUP BY 分组的列名<br>HAVING 对组的筛选条件<br>ORDER BY 排序的列名 ASC|DESC<br>LIMIT [位置偏移值,] 行数;</td><td>查询记录<br>使用 LIMIT 限制查询结果的记录行数。位置偏移值可选，表示从哪一行开始显示，若不指定，默认从第一条记录开始，第一条记录的位置偏移值为 0，行数表示返回的记录条数</td></tr>
<tr><td>SELECT 和列名之间加上 DISTINCT</td><td>去掉查询结果中重复行</td></tr>
<tr><td>UPDATE 表名<br>SET 列名=修改后的值<br>WHERE 对行的选择条件;</td><td>修改记录</td></tr>
<tr><td>DELETE FROM 表名<br>WHERE 对行的选择条件;</td><td>删除记录</td></tr>
<tr><td>SELECT 列名<br>FROM 表名 A LEFT JOIN 表名 B ON 连接条件<br>…</td><td>左外部连接</td></tr>
</table>

续表

| 语句 | 功能 |
| --- | --- |
| SELECT 列名<br>FROM 表名A RIGHT JOIN 表名B ON 连接条件<br>… | 右外部连接 |
| SELECT Sno,Sname<br>FROM Student<br>WHERE Sno IN(SELECT Sno FROM sc WHERE Cno='C01'); | 不相关子查询<br>注意：IN 前面必须有字段名，IN 前面的字段名必须与子查询中SELECT后的字段名一致 |
| SELECT Sno,Sname FROM Student WHERE EXISTS (SELECT * FROM sc WHERE Sno=Student.Sno AND Cno='C01'); | 相关子查询<br>注意：EXISTS 前面没有字段名，子查询的SELECT后为*，子查询中的WHERE条件中必须有连接条件关联外部表 |

**5. 创建视图和索引**

相关语句及功能见表B–5。

表B–5 语句及功能5

| 语句 | 功能 |
| --- | --- |
| CREATE VIEW 视图名<br>AS<br>SELECT 语句; | 创建视图，视图中没有实际的物理记录，视图只是窗口 |
| DROP VIEW [ IF EXISTS ] 视图名; | 删除视图 |
| DESCRIBE 视图名;<br>或简写成：DESC 视图名; | 查看视图基本信息 |
| SHOW CREATE VIEW 视图名; | 查看视图的详细定义 |
| CREATE TABLE 表名<br>(…<br>INDEX\|KEY [索引名](列名)<br>); | 创建表的同时创建索引<br>使用INDEX或KEY，索引名可以省略<br>根据先装数据，后建索引的原则，所以一般不建议在创建表的同时创建索引 |
| CREATE INDEX 索引名 ON 表名(列名);<br>或者<br>ALTER TABLE 表名 ADD INDEX\|KEY [索引名](列名); | 在已经存在的表上创建索引 |
| DROP INDEX 索引名 ON 表名;<br>或<br>ALTER TABLE 表名 DROP INDEX\|KEY 索引名; | 删除索引 |
| SHOW INDEX FROM 表名;<br>或者<br>SHOW KEYS FROM 表名; | 显示该表的索引信息 |

**6. 使用变量和流程控制语句**

相关语句及功能见表B–6。

表B–6 语句及功能6

| 语句 | 功能 |
| --- | --- |
| #定义局部变量<br><br>DECLARE 变量名 数据类型 [DEFAULT 默认值];<br><br>#给局部变量赋值 | 自定义变量分局部变量和用户变量<br><br>局部变量要使用DECLARE语句先定义，只在BEGIN-END语句块之间有效，并且必须在开头定义。如果没有DEFAULT子句，初始值为NULL |

续表

| 语句 | 功能 |
| --- | --- |
| SET 变量名= 值;<br>或者<br>SELECT … INTO 变量名 [FROM …]; | 在存储过程内部，使用局部变量，不要使用用户变量 |
| #用户变量<br>#使用 SET 直接赋值，变量名以@开头<br><br>在调用带有输出参数的存储过程时，使用用户变量去接收存储过程输出的值<br>CALL 存储过程名(@变量名);<br>SELECT @变量名; | 用户变量以@开头，使用 SET 语句直接赋值，对当前客户端生效，不能被其他客户端使用。当客户端退出时，该客户端连接中的所有用户变量将自动释放<br>用户变量随处可以使用，但滥用用户变量会导致程序难以理解及管理 |
| IF 条件 THEN<br>…<br>ELSE<br>…<br>END IF; | IF 选择语句<br>注意：END IF 中间有空格，多分支语句还有 CASE 语句，选择和循环语句只在存储过程、函数中使用 |
| #WHILE 循环语句<br>WHILE 条件 DO<br>…<br>END WHILE;<br>#REPEAT 循环语句<br>REPEAT<br>…<br>UNTILE 条件<br>END REPEAT; | WHILE 循环语句<br><br>REPEAT 循环语句<br><br>还有 LOOP 循环语句<br>LOOP<br>…<br>END LOOP;<br>退出循环使用 LEAVE 语句 |

### 7. 创建函数和存储过程

相关语句及功能见表 B-7。

表 B-7　语句及功能 7

| 语句 | 功能 |
| --- | --- |
| DROP FUNCTION [IF EXISTS] 函数名; | 删除函数 |
| CREATE FUNCTION 函数名([参数列表]) RETURNS 返回值的数据类型<br>BEGIN<br>SQL 语句;<br>RETURN 返回值;<br>END;<br><br>参数列表的格式是：变量名 数据类型 | 用户自定义函数一般用于实现较简单的有针对性的功能，可以有输入参数，也可以没有输入参数，但必须有且只有一个返回值。不能在函数中使用 INSERT、UPDATE、DELETE、CREATE 等语句，所以函数不能实现较复杂的功能 |
| DELIMITER // | 将 MySQL 的语句结束符设置为“//”，DELIMITER 后面必须要有空格 |
| DELIMITER //<br>CREATE FUNCTION 函数名([参数列表]) RETURNS 返回值的数据类型<br>BEGIN<br>SQL 语句;<br>RETURN 返回值;<br>END;<br>//<br>DELIMITER ; | 将 MySQL 语句标准结束符“;”更改为“//”<br>（在Navicat中可以不使用DELIMIT ER，软件会默认修改语句结束符。但在 MySQL 中必须使用，否则碰到函数语句中的第一个“;”符号就认为函数创建结束）<br>使用“//”来指示函数的结束<br>将语句结束符更改回分号 |
| SHOW CREATE FUNCTION 函数名; | 查看函数创建语句 |

续表

| 语句 | 功能 |
| --- | --- |
| DROP PROCEDURE [IF EXISTS] 存储过程名; | 删除存储过程 |
| CREATE PROCEDURE 存储过程名()<br>BEGIN<br>…<br>END | 创建存储过程 |
| DELIMITER //<br>CREATE PROCEDURE 存储过程名()<br>BEGIN<br>…<br>END<br>//<br>DELIMITER ; #恢复;为默认结束符 | 使用 DELIMITER 改变存储过程的语句结束符，以“//”结束存储过程 |
| DELIMITER //<br>CREATE PROCEDURE 存储过程名(PROC_PARAMETER)<br>BEGIN<br>…<br>END<br>//<br>DELIMITER ; | 创建带参数的存储过程<br>PROC_PARAMETER 包括:<br>输入或输出类型 参数名称 数据类型<br>参数类型有：IN、OUT、INOUT |
| DELIMITER //<br>CREATE PROCEDURE 存储过程名(IN 输入参数名 数据类型,OUT 输出参数名 数据类型)<br>BEGIN<br>…<br>SELECT …INTO 输出参数名 FROM …;<br>或者<br>SET 输出参数名=值;<br>END<br>//<br>DELIMITER ; | 创建带输入/输出参数的存储过程 |
| CALL 存储过程名(); | 调用没有参数的存储过程 |
| CALL 存储过程名(具体的值); | 调用有输入参数的存储过程，把具体的值传给输入参数。注意，如果有多个输入参数，调用时，值和输入参数要一一对应 |
| CALL 存储过程名(@变量名);<br>SELECT @变量名; | 调用有输出参数的存储过程，使用用户变量去接收存储过程输出的值 |
| SHOW CREATE PROCEDURE 存储过程名; | 查看存储过程的定义 |

**8. 事务、游标、触发器**

相关语句及功能见表 B-8。

表 B-8 语句及功能 8

| 语句 | 功能 |
| --- | --- |
| START TRANSACTION; | 开启事务 |
| COMMIT; | 提交事务 |
| ROLLBACK; | 回滚事务 |
| DECLARE 游标名 CURSOR FOR SELECT 语句; | 定义游标，指向某个查询结果集 |
| OPEN 游标名; | 打开游标 |

续表

| 语句 | 功能 |
| --- | --- |
| DECLARE 变量 1 数据类型(与列值的数据类型相同);<br>…<br>FETCH FROM 游标名 INTO 变量名 1,变量名 2,… ;<br>对取出的值即变量值进行处理…… | 指向某一行提取数据，处理数据，用关键字 FETCH 来取出数据，用 DECLARE 声明变量存放取出的数据 |
| CLOSE 游标名; | 关闭游标 |
| CREATE TRIGGER 触发器名 触发时机 触发事件<br>ON 表名 FOR EACH ROW<br>BEGIN<br>执行语句列表<br>END; | 触发时机：有 BEFORE 或者 AFTER<br>触发事件：为 INSERT 或者 DELETE 或者 UPDATE<br>表名：表示建立触发器的表名，就是在哪张表上建立触发器 |
| NEW.列名：新增行的某列数据<br>OLD.列名：删除行的某列数据 | NEW 和 OLD，用来表示触发器所在表中，触发了触发器的哪一行数据 |
| DROP TRIGGER IF EXISTS 触发器名; | 删除触发器 |

9．用户和权限管理

相关语句及功能见表 B-9。

表 B-9　语句及功能 9

| 语句 | 功能 |
| --- | --- |
| CREATE USER '用户名'@'host' IDENTIFIED BY '密码';<br>FLUSH PRIVILEGES; | 新建普通用户<br>MySQL 的用户描述由两部分组成：用户名、登录主机名或 IP 地址，描述用户的语法为：'用户名'@'host'。<br>host 指定允许用户登录所使用的主机名或 IP 地址<br>注意：添加新用户后，需用 FLUSH PRIVILEGES 刷新 MySQL 的系统权限相关表，否则会出现拒绝访问 |
| ALTER USER '用户名'@'host' IDENTIFIED BY '新密码';<br>FLUSH PRIVILEGES;<br>若修改用户自己的密码，可以不需要直接命名自己的账户：<br>ALTER USER user() IDENTIFIED BY '新密码'; | 修改用户密码 |
| DROP USER '用户名'@'host'; | 删除普通用户 |
| GRANT 权限 ON 对象名 TO 用户名; | 授予权限 |
| REVOKE 权限 ON 对象名 FROM 用户名; | 收回权限 |
| FLUSH PRIVILEGES; | 刷新权限相关表 |
| SHOW GRANTS; | 查看当前用户的权限 |
| SHOW GRANTS FOR 用户名; | 查看某用户的权限 |

# 参考文献

[1] 王珊，陈红. 数据库系统原理教程[M]. 北京：清华大学出版社，1998.
[2] 王英英，李小威. MySQL 5.7 从零开始学[M]. 北京：清华大学出版社，2018.
[3] 软件开发技术联盟. MySQL 自学视频教程[M]. 北京：清华大学出版社，2014.
[4] Forta B. MySQL 必知必会[M]. 北京：人民邮电出版社，2020.

## 郑重声明



读者意见反馈

为收集对教材的意见建议，进一步完善教材编写并做好服务工作，读者可将对本教材的意见建议通过如下渠道反馈至我社。

咨询电话　400-810-0598

反馈邮箱　gjdzfwb@pub.hep.cn

通信地址　北京市朝阳区惠新东街4号富盛大厦1座
　　　　　高等教育出版社总编辑办公室

邮政编码　100029

防伪查询说明（适用于封底贴有防伪标的图书）

用户购书后刮开封底防伪涂层，使用手机微信等软件扫描二维码，会跳转至防伪查询网页，获得所购图书详细信息。

防伪客服电话　(010)58582300